道德資本與社會發展

乙亥秋 俊人

道德资本与社会发展

李志祥 等著

MORAL CAPITAL AND
SOCIAL DEVELOPMENT

南京师范大学出版社

图书在版编目(CIP)数据

道德资本与社会发展/李志祥等著.—南京：南京师范大学出版社，2020.5
ISBN 978-7-5651-4495-0

Ⅰ.①道… Ⅱ.①李… Ⅲ.①经济伦理学 Ⅳ.①B82-053

中国版本图书馆 CIP 数据核字(2020)第 027004 号

书　　名	道德资本与社会发展
作　　者	李志祥　等
责任编辑	秦　月
出版发行	南京师范大学出版社
地　　址	江苏省南京市玄武区后宰门西村 9 号(邮编：210016)
电　　话	(025)83598919(总编办)　83598412(营销部)　83373872(邮购部)
网　　址	http://press.njnu.edu.cn
电子信箱	nspzbb@njnu.edu.cn
照　　排	南京开卷文化传媒有限公司
印　　刷	南京玉河印刷厂
开　　本	787 毫米×960 毫米　1/16
印　　张	15.5
字　　数	270 千
版　　次	2020 年 5 月第 1 版　2020 年 5 月第 1 次印刷
书　　号	ISBN 978-7-5651-4495-0
定　　价	70.00 元

出版人　张志刚

南京师大版图书若有印装问题请与销售商调换
版权所有　侵权必究

序

这是一本以"道德资本"理论为研究对象的学术著作,而"道德资本"理论是我倾注"时空"最多的理论,所以,当主编李志祥教授邀请我为之写序时,我就欣然提笔了。

"道德资本"这个概念,是我在2000年前后提出的。最早构思这个概念时,我颇有几分惴惴不安。我不能十分确定,这个概念是否具有学术上的合理性,能否被学术界的同仁接受。毕竟,"道德"是指向"善"的高尚精神,而传统意义上的"资本"却是指向"利"的"世俗物质",将"道德"视为一种"资本",很容易引起一种误解,误认为"道德资本"概念就是要让道德屈服于资本甚至谄媚于资本。但在与经济学界同行充分交流之后,尤其是在重新精研马克思的《资本论》之后,我坚定了提出并阐释"道德资本"概念的学术信心。

"道德资本"概念的本义,是想通过"道德是一种资本"这个命题,重新发掘道德的社会功能。提出"道德资本"概念,我有一个理论上的底气,那就是历史唯物主义。历史唯物主义告诉我们:社会存在决定社会意识,社会意识反作用于社会存在。"道德"就是一种社会意识,它是由社会存在决定的,也必然要反作用于社会存在。一种好的"道德"、一种适应社会需要的"道德",必然能够促进人类社会的繁荣发展。反之,那些不能促进人类社会繁荣发展的道德,那些甚至会妨碍人类社会繁荣发展的道德,就不是一种好的"道德"。这就是"道德资本"概念提出的基本依据。

"道德资本"概念一经提出,就引起了学术界的广泛关注。部分学者理解并支持这一概念,部分学者进一步阐释并应用了这一概念,但也有部分学者表示质疑。质疑者们提出了很多问题,而问题的核心仍然集中于一点:"道德"是一种"善",而"资本"是一种"非善",把"道德"这个"善"归于"资本"这个"非善",就贬低甚至取消了"道德"的意义。在我看来,如果大家都承认道德具有促进社会繁荣发展的意义,那么对"道德资本"概念的质疑实际上就是对其中"资本"概念的质疑。

为了解决这一困惑,我再次回到《资本论》中,进一步认识到,马克思所批判的"资本",实际上是"资本特殊",是在资本主义社会盘剥工人剩余价值的"资本特殊";而道德资本中的"资本",在本质上是"资本一般",是任何一个社会可以降低成本提高效益的"资本一般"。从这个意义上说,"道德资本"概念并不是要把作为"善"的"道德"归于"恶"的资本,而是要把"善"的"道德"归于"善"的资本,从而进一步彰显道德的善性。

在这里,我要进一步重申,提出和认同道德资本概念,既不是一种泛道德主义,也不是一种道德万能论,而是指投入生产过程之中作为一种生产要素而客观存在的道德形态,生产活动的场域就是道德资本发挥作用的实际边界。从历史上看,资本概念从一开始就同生产活动紧密联系。随着人类生产活动的发展,现代资本逐步涵盖了人力资本、社会资本、文化资本和道德资本等新内容,因此,道德资本是生产活动发展的产物。所以,从社会发展的宏观意义上来看,说道德是一种资本,并不是要从道德上来粉饰资本、美化资本,甚或使道德沦为资本增殖的伪善工具,而是强调道德可以而且应该为获得更多效益和利润发挥其独特的作用。而且,事实上,道德一方面充当资本的盈利手段,另一方面却是对资本做"内在批判"。前者是强调在正当意义上获取更多的利润或剩余价值,后者是指资本在追逐剩余价值的同时,也在客观上塑造着人本身,而这些由于人而被提升了的人类物质方面和精神方面反过来又会内在地成为约束资本负面效应的力量,也即对资本的"内向批判"。在这方面,道德资本的价值目的性较他类资本形态更为突出。这是因为,道德具有服务资本的工具理性,也具有约束资本的价值理性,从而可以促使资本运作趋于理性和正当,避免"资本逻辑"的无度扩张或者资本本性的非理性膨胀。

围绕道德资本概念的阐发和辩护,我出版过几本论著,也发表过数十篇论文,系统论述了"道德资本"概念的理论渊源、科学依据、本质内涵、基本类型、推进策略及其具体应用等,基本上形成了一个粗略的理论体系。在此基础上,我又将"道德资本"理论推向国际学术界。数次在国际学术会议上作主题发言之后,我的"道德资本"理论已经迈出了国门。入选江苏省首批外译项目的《道德资本研究》一书已被译成英文、日文、塞尔维亚文在海外出版发行,最新的《道德资本论》英文版、泰文版也已正式出版,德文版也即将在海外出版发行。

李志祥教授主编的这本《道德资本与社会发展》,是由多位学者从不同方面对道德资本理论的深入拓展之作,至少从三个方面推进了我的"道德资本"理论研究:第一,它集中梳理了学术界围绕"道德资本"理论展开的学术争鸣,清晰展现了道德资本理论的发展历史;第二,它全面分析了"道德"与"资本"("经济")的相互关系,拓深了道德资本理论的学科基础和内在依据;第三,它广泛阐释了道德资本理论在具体理论领域中的应用,进一步挖掘了道德资本理论的社会应用意义。

我坚持认为,"道德资本"概念是一个有生命力的概念,"道德资本"理论是一个值得并且需要深入发展的理论。道德能否成为资本?道德何以成为资本?这些理论问题还可以进一步论证。社会需要什么样的道德资本?如何养成一个社会的道德资本?这些实践问题还需要进一步探索。欢迎感兴趣的同行加入对道德资本理论的探索之中,无论是批评还是推进。在我看来,批评是一种更有力的推进。

是为序。

王小锡

2019 年 10 月于龙凤花园

目 录

序 ·· 王小锡 1

第一部分　道德与资本 ·· 1

论道德与资本的逻辑关系 ··· 王小锡 3

道德与资本的冲突与整合 ··· 王露璐 11

资本的道德与不道德的资本：从《1844年经济学哲学手稿》谈起

·· 余达淮 20

道德是一种资本

——读王小锡教授著《道德资本研究》 ················ 范渊凯 30

第二部分　"道德资本"的探索争鸣 ·· 35

"道德资本"的学理依据 ··· 郭建新、尹明涛 37

以人为本的"道德资本" ··· 尹明涛 45

21世纪以来学术界关于道德资本研究的争鸣 ·········· 朱金瑞、孟维巍 53

道德资本研究述评 ·· 刘　琳 61

伦理学的实践意蕴与道德资本

——王小锡教授与艾伦·吉伯德教授学术对话录 ········ 张　露 69

第三部分　道德资本的社会价值 ·· 75

基于道德资本理论的企业社会责任研究 ······························· 李志祥 77

弱化与强化:马克思资本道德批判的两个层面与当代思考 …… 张志丹 90
试论道德资本的经济功效 ………………………………… 李玉琴 106
"德福一统"的道德资本经济价值观研究 ………………… 史慧明 111

第四部分　道德资本与中国伦理学 ……………………………… 119
　改革开放以来中国伦理学研究述评 ……………………… 江　勇 121
　中国政治伦理学 70 年回顾与展望 ……………… 张　振、陈晓雯 134
　论中国传统经济伦理思想的现代转型 …………………… 汪　洁 144
　当代中国农村若干经济体制效率价值困厄的现状分析及其应对策略
　　……………………………………………………………… 涂平荣 154
　论中国传统诚信的运行机制 …………………… 沈永福、邹柔桑 165

第五部分　道德资本与其他道德问题 …………………………… 177
　马克思、恩格斯的道德观:历史唯物主义、价值规律与研究类型
　　……………………………………………………………… 张　霄 179
　劳动关系伦理的提出及其价值旨归 ……………………… 夏明月 189
　经济伦理视域下的金融信用缺失与重塑 ………………… 张晓磊 202
　环境伦理背景下的企业绿色责任 ………………………… 姜晶花 208
　当代西方美德伦理复兴的缘起:一种元伦理学的视角 …… 陶　涛 218
　论共享发展的内在张力及合理调适 ……………………… 罗　健 227

后　　记 ………………………………………………………… 李志祥 239

第一部分
道德与资本

　　一方是道德,另一方是资本,二者之间到底是一种什么样的关系呢?道德并非只是作为资本,资本也总想突破道德的制约,但是,道德线路与资本线路仍然有其交叉融合之点,这个交叉融合点的理论产物之一就是"道德资本"。

论道德与资本的逻辑关系

我在已经发表的系列著作和文章中,从不同角度阐述了道德资本的存在依据、道德作为资本的基本特点和价值增值作用、道德资本的实践与评估指标、道德资本与资本尤其是与马克思的资本概念的区别与联系等,同时对学界同仁提出的相关质疑给予了学术回应。现就道德与资本的逻辑关系作探讨,试图进一步说明,道德与资本的关系是客观存在的,而且,社会主义条件下的资本运行一定内含着包括道德在内的精神资本。忽视道德资本将是经济活动中的短视、弱视行为。

一、资本的本性与道德力量互为支撑

资本的本性是为了获取更多的利润,这并非就意味着它与科学意义上的道德相悖。就"资本一般"意义上来说,它是指投入生产过程并能带来更多利润的物质和精神条件,是一种能使价值增值的能力。事实上,资本投入生产过程要获得最佳、更多利润,在不变资本一定的情况下要依靠劳动者作用的发挥,即靠活劳动创造新的价值。而活劳动者不只是作为劳动主体的躯体而已,它必然包括劳动者的文化水平、技术能力、道德觉悟等,其中作为资本精神要素的人的道德觉悟决定着资本的理性度、运行特质及其运行效果。所以说,道德与资本共存,资本需要道德,且道德价值因资本的顺畅运动而凸显。事实上,在资本投入生产并发挥作用的过程中,道德起着引导、协调、监督的作用,离开了道德的特殊作用力,"资本一般"意义上的资本就无法充分展示。这就是说,资本要成为资本或者说资本要是资本,一定离不开人的价值取向尤其是道德的作用,唯此才能明确资本的理性投资目的和投资方向。假如资本没有明确的理性投资目的和投资方向,甚至违背理性、失去理性地投资,这样的资本就是"资本特殊"或"特殊资本",很可能是"伪资本""恶资本",与我们所主张的道德是相悖的,它迟早要失去"资本一般"的价值和意义。在资本主义社会,资本从头到脚每个毛孔都滴着血和肮脏的东西,不是因为资本的本性是为了获取更多的利润,而是因为资本的本性恶性扩张,在获利过程中不仅采取了残酷的剥削手段,而且资本家无偿占有的剩余价值又作为资本投入生产过程去更进一步压榨工人。所以,离开道德的引导、协调、监督,资本的本性很可能被非理性地利用,在这种情况下,资本就是不道德的代名词。

其实,资本的本性与道德力量不仅不相抵触,而且是互为支撑的。资本投入生产过程就是为了获取更多的利润,而要实现利润的增加,资本要紧随生产过程不断地运动,即要有生产产品过程,要有销售行为过程,要有与利益相关者的利益分配和协调过程等。然而,这些获利的必经过程顺畅与否,与讲不讲道德之关系十分密切。例如,对于企业来说,用户信任度的提高和信任感的持续往往取决于产品售后服务承诺的兑现程度。尽管产品质量上乘,但是,如果售后服务不到位,企业经营者(包括企业委托销售者)就丧失了信誉,这会影响企业的社会信任度,影响产品的市场占有率,最终影响企业效益。又如,企业内外部利益相关者的利益是否公平合理,将会直接影响资本运动的流畅和效益,只要利益相关者的关系链条或利益链条脱落,那么资本运动的目的就会大打折扣。所以,资本需要道德,资本的运动需要道德的参与。而且,资本的力量和资本的效益往往不取决于企业产品的科技含量,而是取决于对用户的责任心渗透到经济行为及其产品中的程度,也即取决于作为企业核心竞争力重要因素的产品的道德含量。①

有人认为,在物欲横流、不法商人常以非法手段获得不义巨财的社会,一切绝对、终极、超越性的东西几乎已在贪婪下化为乌有,人已沦为物的工具,此时,再鼓吹将道德变为资本与手段,只会使社会愈益沉沦于迷惘之中。然而,这里的问题是,这种赚取不义之财的丑恶行为,难道是所谓的"鼓吹"道德造成的吗?这不正说明缺德经营会给社会带来严重的恶果吗?这不正说明需要用道德来引导、调整、制约人们的赚钱行为吗?难道将道德引入企业经营领域并获取更多利润或效益,就是将道德变为"工具"?其实,"道德沦为赚钱的工具"是不符合逻辑的提法,因为,已经沦为赚钱工具所谓的"道德"还是我们所理解的道德吗?这种所谓的"道德"是不法、缺德之徒恶行的"遮羞布",是缺德行

---

① [荷]丹尼尔·安德里森、勒内·蒂森:《没有重量的财富——无形资产的评估与运行》,王成等译,南京:江苏人民出版社2002年版,第52—67页。

为。这正是需要我们用适应时代要求的道德去谴责、制约和引导的,也是我们提出道德资本理论的真正目的之一。①

二、道德目标与资本目的相向而行

资本的目的与资本的本性相一致,即是说,资本投入生产过程就是为了获得更多利润和效益,这是毋庸置疑也是不须回避的。事实上,资本存在的价值就是赚钱甚至赚更多的钱,其本身没有问题。问题是资本是在什么经济制度下的资本,资本的目的是什么,资本运动中的手段又是什么等。马克思揭露的资本主义条件下的资本,其从头到脚每个毛孔都滴着血和肮脏的东西,它是不道德的代名词。社会主义条件下的资本是在公有制经济制度下坚持理性投资的资本,它可以在制度引导和约束下为正当获利而投资,为没有剥削和压迫的扩大再生产而投资。换句话说,在社会主义制度下,赚钱既是为了自身利益,也是为了社会利益,更是为了经济社会未来发展的利益。而且,资本在实现更多利润和效益的过程中,内含着人的素质随着资本的科学运动也在不断地提高和发展,这是不争的客观事实。这样的资本目的是理性的、道德的。因此,在科学理性制度引导和约束下的资本,它是社会主义的经济道德实体,即是说,这样的资本是道德的,或者说社会主义条件下的资本象征着道德。

当然,资本的本性决定了它最终要赚钱,然而,在经济社会制度尚在改革完善的过程中,在人们的思想道德觉悟还处在需要提升的过程中,换句话说,资本在运动过程中还有脱轨的危险,这就需要道德觉悟的提升和必要的道德手段的约束。这说明,资本的良性运动不仅需要道德引导,更需要道德的约束。所以理性资本与道德同在。这就是说,在社会主义条件下,不存在与道德无关的资本,也不存在与资本不融的道德。

其实,道德的目的与资本的目的是一致的,只是存在的形态和特点有区别而已。曾经有人批评我谈道德资本和道德与赚钱的逻辑关系,是亵渎了神圣的道德,并振振有词地认为,说道德也可以是资本、也可以帮助赚钱,是荒谬的理论观点。我始终认为,不要空谈道德觉悟或道德境界之类的道德词汇,因为,道德觉悟或道德境界不是空中楼阁,当你说某人或某个集体性主体有崇高道德觉悟或道德境界的时候,那依据是什么呢?总不能任凭某个人或某个集

---

① 笔者提出并论证的道德资本及其作用的观点,参见拙作《道德资本论》(译林出版社2016年版)、《道德资本与经济伦理》(人民出版社2009年版)。

体性主体的代言人的口头表达,最终应该是在精神和物质效益上来说明某个人或某个集体性主体的道德觉悟或道德境界的高低,换句话说,没有良好的行为结果(成果)就无法说明某个人或某个集体性主体的道德觉悟或道德境界的高低,即使由于某个人或某个集体性主体的精神境界的宣传或影响而产生了社会精神效益,即人们的思想道德觉悟和社会道德水平提高了,但最终还是要在行动和成效中展示某个人或某个集体性主体的道德觉悟或道德境界。总之,道德觉悟和道德境界与物质效益和最终要展示物质效益的精神效益是一致的,离开这一理念谈道德的神圣、道德的觉悟和境界都只能是空谈。

可以说,在经济领域,资本的目的和道德的目的不仅一致,而且互为存在。有人说,谈道德应用于生活、道德应用于经济,即道德成了"工具"是可怕的、危险的。其实,主张道德的现实作用的发挥并不是质疑者所理解的那种"工具",这种危言耸听的论调其实是不懂道德、不懂生活、不懂经济和经济学的不懂装懂的似是而非的废话。不要说道德应用于生活、道德应用于经济是价值理性和工具理性的统一,是客观现实,就是纯理论层面也不可能谈经济而忽视道德,谈道德而脱离经济,要是这样,那就是典型的科盲。阿马蒂亚·森指出:"就经济学的本质而言,我们不难看出,经济学的伦理学根源和工程学根源都有其自身的合理成分。但是,在这里,我想要说明的是,由'伦理相关的动机观'和'伦理相关的社会成就动机观'所提出的深层问题,应该在现代经济学中占有一席重要地位"[1],他进而强调说,"经济学问题本身就可能是极为重要的伦理学问题"[2]。既然伦理学和经济学关系这么密切(客观也是如此),那么,这两种学科一定是建立在现实的道德与经济的密切关系基础上的,故在理论和现实的研究上,提出并论证道德的经济作用、道德可以帮助获得更多利润是题中应有之义。如果在经济学中只研究抽象的、虚幻的道德,那缺乏道德行动和道德评判的经济学还有说服力吗? 经济学只有更多、更明确地关注影响人类行为的伦理学思考,关注道德的实际影响和作用,才能变得更有说服力。[3]

有人质疑说,如果道德能帮助获得更多利润,那封建道德、资本主义道德

---

[1] [印]阿马蒂亚·森:《伦理学与经济学》,王宇、王文玉译,北京:商务印书馆2000年版,第12页。
[2] [印]阿马蒂亚·森:《伦理学与经济学》,王宇、王文玉译,北京:商务印书馆2000年版,第16页。
[3] [印]阿马蒂亚·森:《伦理学与经济学》,王宇、王文玉译,北京:商务印书馆2000年版,第15页。

或腐朽没落道德也能帮助赚钱？这里的问题是，所有不顺应时代潮流甚或逆社会进程的道德是我们习惯理论思维中的道德吗？不知道持这种观点的人谈的是何种伦理学，那种把各种本质不同的道德观念混为一谈，并且把封建道德、资本主义道德或腐朽没落道德在现时代的负面作用作为否定符合社会发展进程的道德的具体的促进经济社会发展进步的理由，是违背常识的理论纠缠。说实话，在现时代，资本的理性投资需要适应时代的道德即科学道德的支撑，更需要科学道德作为精神资本去激活和引导资本的高效运动并获取更多利润和效益。

三、道德价值与资本理性目标一致

资本的投资是自由的，然而，在哪里、向何项目投资，投资的目的是什么，实现资本目的的手段是什么等，这是投资者不得不考虑的问题，至少，赚钱是投资者的资本投向引导及基本目的。所以，资本投资是有"限制"的。

当然，资本投向及其目的明确并不意味着资本是理性意义上的资本，诸如在"资本特殊"意义上的资本主义条件下的资本，尤其是作为可变资本的劳动者在受压迫、受剥削状态下创造不属于自己的新的价值，被资本家无偿占有，并成为新的更大的异己力量，这样的资本是在非理性状态下运动的，所以，在赚钱的同时，必定会伤害资本尤其是可变资本本身，最终必然影响资本的生存理由和生存价值，即使会带来一定时段和一定程度的扩大再生产，但到头来一定是此起彼伏的经济危机或经济动荡，甚至是经济衰落。这当然是我们今天社会主义制度下不可能出现、也不愿意看到的现象。

社会主义条件下尽管多种经济成分并存，但公有制是主体。这就决定了资本投资一定要符合社会主义制度理念和经济要求并不断趋于理性，这就一定内含道德的引导和协调，必要的时候需要道德来制约或纠正资本的非理性行为及其发展趋势。也就是说，资本需要道德，事实上，资本不能没有道德。就这一理念来看，道德是资本的不可或缺的精神要素，或者说道德是精神资本。资本唯有通过作为精神资本的道德的作用，才能实现资本运动的基本目的。

作为精神资本的道德，它不是为道德而道德，它其实也是为帮助获取更多利润而存在于生产过程中。而且，在生产过程中，道德本身也是直接影响产品质量及其后来销售速度和市场占有率的重要因素。所以，在经济领域，道德的价值始终体现在资本目的的实现过程中，否则，道德就没有在经济活动中存在的理由。不过,经济活动如果忽视甚至排斥道德,那经济一定是非理性经济或畸形经济。进而言之,研究经济活动的经济学,如果不研究经济活动中客观存在的道德内涵,就一定是不完善的经济学,换句话说,道德一定在经济活动中发挥着不可或缺的重要作用,经济学必须正视之。正如罗卫东所说:"作为对经济现象进行研究的经济学,它的最高境界无非是在理论上再现具体。它的逻辑体系只是现实世界的运行逻辑的影像,道德内生于经济活动这种客观的事实决定了关于某种道德观或基于某种道德的行为假定内生于经济学的事实。如果新古典经济学中的所有经济主体的选择不是基于个人利益'最大化''最优''完全竞争'等'道德'规则,而且经济学的演绎又是时刻在强化着这种选择标准的话,这个经济学体系如何可能存在。因此说经济学把道德作为外生变量和既定前提的说法是难以成立的。"①因此,道德价值一定体现在理性资本中,道德价值和理性资本或资本理性是一致的。说到底,道德也是资本。

有人认为,道德可以为资本就是让道德"待价而沽"。然而,道德可以为资本与道德"待价而沽"是一回事吗?这是很不严肃的偷换概念的做法。正如我在以往发表的著作和文章中表明的、也是本文所坚持的观点,即道德可以为资本是强调道德在资本运动中具有不可或缺、不可替代的作用,而与所谓道德"待价而沽",完全是两种不同的含义。难道强调资本中的精神要素之精神,都是"待价而沽"吗?假如资本没有了精神尤其是缺乏精神的引导、协调、约束,那资本还能运动、还是资本吗?不要妄断道德可以是资本就是"荒谬",就是对道德的"亵渎"。

四、结语

对"道德是什么?"的问题的不同理解是产生对道德与资本关系即道德资本观不同态度的基本缘由。那么,道德是什么呢?有人认为,道德是人的精神品质,必然通过外在行为来表现,但外在行为并不是道德本身。正如帮助人是道德行为,但不能说帮助人就是道德,也不能说此人就是具有道德的人。所谓道德,即道得于心,道内化为自觉自由的意志。此处,人的自觉自由是关键。道德是精神属性,是心灵境界,是抽象的主观存在。它不是实体,不是具体事物,具体存在的只是道德行为。鉴于此种观点,有人进而指出,用道德去讲应用、讲效益是"可怕的""危险的"。以上观点是自相矛盾的、违背思维逻辑的、

---

① 罗卫东:《经济学与道德——对经济学某些倾向的反思》,载《浙江学刊》2001年第5期。

幼稚的或粗糙的观点。既然"道德是人的精神品质,必然通过外在行为来表现",怎么又认为道德是精神的,不是具体的行动?既然道德是精神属性,是心灵境界,是抽象的主观存在,它不是实体,不是具体事物,那道德存在的依据和意义又是什么呢?难道真的像有人认为的,"道德具有绝对性和神圣性,正是它的虚化存在或抽象性"?这应该是一种谬误式表达,是对道德的主观唯心主义的一种似乎"道德崇高"意义上的概括。其实,道德和道德行为是不可分的,道德一定是在行为(现实)中的道德,离开了行为(现实)的道德,只能是虚幻的道德,而虚幻的道德是道德吗?同时,道德行为一定是一定道德意志下的行为,没有道德精神内涵的行为,无所谓道德行为,要么是不可以也不需要进行道德评价的行为,要么是不道德的行为。历史唯物主义视角下,道德当然体现为人的精神的立身处世之应当,是道德之本体,但道德也当然是依据应当的行动本身,是道德本真。前者和后者如失去逻辑关联,那还是我们今天所理解的道德吗?那道德存在的理由和价值在哪里呢?所以,"可怕的""危险的"不是道德必须发挥特殊功能、必须作用于经济社会的发展、必须赋予行动,而是抽象的所谓"高大上"的空话连篇、不着边际的虚幻的道德。事实上,一定时代的道德精神(境界)必定是现实的理性(理想)行为的抽象,否则,道德的"神圣性"和"崇高性"又从何谈起呢?马克思曾指出:"在意识看来(而哲学意识就是被这样规定的:在它看来,正在理解着的思维是现实的人,而被理解了的世界本身才是现实的世界),范畴的运动表现为现实的生产行为(只可惜它从外界取得一种推动),而世界是这种生产行为的结果;这——不过又是一个同义反复——只有在下面这个限度内才是正确的:具体总体作为思想总体、作为思想具体,事实上是思维的、理解的产物;但是,绝不是处于直观和表象之外或驾于其上而思维着的、自我产生着的概念的产物,而是把直观和表象加工成概念这一过程的产物。整体,当它在头脑中作为思想整体而出现时,是思维着的头脑的产物,这个头脑用它所专有的方式掌握世界,而这种方式是不同于对于世界的艺术精神的、宗教精神的、实践精神的掌握的。实在主体仍然是在头脑之外保持着它的独立性;只要这个头脑还仅仅是思辨地、理论地活动着。因此,就是在理论方法上,主体,即社会,也必须始终作为前提浮现在表象面前。"①这里说明,思想的、精神的都是对现实的思维和理解的产物,道德尤其是符合历史发展方向的道德,一定是现实社会生活或行动基础上产生的理念,同时也一定

---

① [德]马克思、恩格斯:《马克思恩格斯文集》(第8卷),北京:人民出版社2009年版,第25—26页。

是有着应用于现实社会生活或行动的特殊功能和作用的理念,否则,空谈道德是所谓"道学家"的无聊之举。马克思的这一思想对于我们理解道德不能不联系其功能和作用以及道德与资本的关系等有着十分重要的启迪和指导意义。

习近平总书记说:"道不可坐论,德不能空谈。"[①]空谈误德,社会主义道德的目标就是要不断促进人的素质的提高、人际关系的和谐发展,进而不断促进经济社会的发展,这就是社会主义道德存在的依据和价值。

(王小锡,原载于《道德与文明》2019年第3期)

---

① 习近平:《习近平谈治国理政》,北京:外文出版社2014年版,第173页。

道德与资本的冲突与整合

一、问题的提出:道德与资本是天然的矛盾吗?

西方主流经济学中的"资本"往往被理解为一种生产要素。萨缪尔森认为资本"即一种被生产出来的要素"①,这一表述是具有代表性的资本定义。而马克思早在《1844年经济学哲学手稿》中就批判了国民经济学"见物不见人"的立场,指出:"资本是对劳动及其产品的支配权力。资本家拥有这种权力并不是由于他的个人的特性或人的特性,而只是由于他是资本的所有者。"②在《资本论》中,马克思又通过将资本流通公式与简单商品流通公式进行比较,强调"原预付价值不仅在流通中保存下来,而且在流通中改变了自己的价值量,加上了一个剩余价值,或者说增殖了。正是这种运动使价值转化为资本"③。基于马克思的上述论述,我国马克思主义政治经济学将资本定义为"能够带来剩余价值的价值"。

虽然马克思与西方经济学对"资本"概念的界定不同,但两者的共同点在于,资本总是不可避免地与价值增殖联系在一起。无论是萨缪尔森的"资本品的收益率"④,还是马克思的"剩余价值",都反映出资本与价值增殖、利益回报之间有着必然的联系。也正是基于对此种联系的基本认同,"人力资本""文化资本""社会资本"等概念的出现并没有引起太大争议,尽管它们已包含并呈现出明显的道德因素。但是,道德资本概念的出现却引起了极大的争议。人们认同资本与利益回报之间的联系,却难以接受将道德与利益回报直接关联。一位反对者的质疑颇具代表性:"在西方古代神学家和东方古代儒家的眼里,

---

① [美]萨缪尔森、诺德豪斯:《经济学》,萧琛等译,北京:华夏出版社1999年版,第26页。
② [德]马克思、恩格斯:《马克思恩格斯全集》(第1卷),北京:人民出版社1979年版,第130页。
③ [德]马克思、恩格斯:《马克思恩格斯文集》(第5卷),北京:人民出版社2009年版,第176页。
④ [美]萨缪尔森、诺德豪斯:《经济学》,萧琛等译,北京:华夏出版社1999年版,第205页。

道德是何等神圣和至高无上的人类品性,然而,古今中外的圣贤们大概怎么也不会料到,到了21世纪,道德竟然污秽到与铜臭为伍的俗不可耐的地步。"① 显然,这一质疑是基于"道德资本＝道德服务于资本＝道德屈从于金钱"的逻辑思路,其逻辑起点则在于将道德与资本理解为一对天然的矛盾,并由此产生"道德非资本,资本无道德"的论断。

进一步而言,导致此种道德与资本天然矛盾论的原因有二:一是将道德理解为与经济范畴和经济活动无关的所谓"纯粹的道德",并将这种"纯粹性"视为道德崇高性的前提;二是将资本理解为追求价值增殖而不择手段的所谓"不道德的资本"。这里的问题在于,第一,是否存在着脱离人类经济活动并与经济范畴无关的"纯粹的道德"？第二,资本以价值增殖为目标是否意味着价值增殖的实现必然是"无道德"或"不道德"的？

就第一个问题而言,恩格斯早就告诫我们:"人们自觉地或不自觉地,归根到底总是从他们阶级地位所依据的实际关系中——从他们进行生产和交换的经济关系中,获得自己的伦理观念。"② 这一论断清晰地阐明了马克思主义唯物史观看待经济与道德之间关系的基本立场和方法。秉持这一立场,我们既无法想象脱离人类真实经济活动的道德活动,也无法建构与经济范畴完全割裂的道德范畴。

就第二个问题而言,资本固然是以价值增殖为目标的,但是以何种方式实现这一目标却不可能是"道德无涉"的。"资本来到人间,从头到脚,每个毛孔都滴着血和肮脏的东西。"③ 马克思的这句名言常常被用以证明资本的"不道德"乃至资本的"罪恶"。但是,我们不应忘记,马克思始终将资本理解为体现资本主义制度条件下"人与人的关系"的特定范畴;他对资本的道德批判恰恰在于,在资本主义制度条件下,资本的增殖是以剥削劳动力并由此造成异化和不公正的种种"不道德"为其实现条件的。

社会主义市场经济的建立,肯定了市场经济在资源配置中的基础性地位。与之相对应,确认马克思赋予资本的只是一种特定制度属性,而采取一种"广义资本观",理应成为理解资本这一范畴乃至看待道德与资本关系的基本理论前提。当然,即便采取广义资本观,马克思对资本的道德批判仍然为我们提供

---

① 山南海北:《道德可以被"资本化"吗?》,2005年11月6日发布于"凯迪社区——猫眼看人",http://club.kdnet.net/dispbbs.app? id＝843552&boardid＝/&-page＝/&/＝/＃843552。
② [德]马克思、恩格斯:《马克思恩格斯文集》(第9卷),北京:人民出版社2009年版,第99页。
③ [德]马克思、恩格斯:《马克思恩格斯文集》(第5卷),北京:人民出版社2009年版,第871页。

了消解资本"不道德"的路径,即如果说在资本主义制度条件下资本增殖过程的种种"不道德"导致"不道德的资本",那么,在社会主义市场经济条件下我们恰恰可以而且应当通过种种道德化的资本增殖方式而实现"道德的资本"。换言之,资本的道德属性并非源自其价值增殖的目标,而在于其实现价值增殖的手段和方法。

"道德资本"概念的反对者还提出,如果把道德理解成一种资本,在客观上会引导人们更倾向于关注道德的功利性工具价值而不是道德的社会性目的价值,这在一定程度上消解了道德对于个体和社会的终极意义。问题在于,第一,在市场经济的条件下,道德的功利性工具价值与社会性目的价值必然是二元对立的吗?单一的道德功利论使道德沦为工具与手段,导致道德功利主义和实用主义的泛滥;而纯粹的道德目的论则将道德与人的欲望、利益和幸福相对立,导致道德成为空洞无物的概念构架或悬置无用的道德说教。因此,超越道德目的论与道德工具论的二元对立,在道德目的与道德手段有机结合的基础上建构一种新的"道德目的和工具合一论"①,应成为理解道德资本这一概念的逻辑前提。第二,关注道德的功利性工具价值,是否一定会消解道德对于个体和社会的终极意义?对于这一问题,舒尔茨关于人力资本投资是否违背"财富为人而存在"的目的意义的阐释,是值得我们借鉴的。他指出:"通过向自身投资,人民能够扩大他们得以进行选择的范围。这是自由人可以用来增进自身福利的一条道路。"②同理,道德资本正是试图通过对道德的功利性工具价值的关注,更加凸显并真正实现道德对个体和社会的终极意义。

需要指出的是,承认道德与资本并非天然的矛盾,并不意味着能够由此否认道德与资本之间事实上存在的冲突;相反,现实经济生活中以企业的诚信缺失、伦理失范等问题为表征的种种"道德非资本、资本无道德"现象,提醒我们关注道德与资本之间的冲突,并寻求通过两者的整合以实现冲突的化解。具体而言,笔者以为,实现道德与资本整合的基本路径在于道德的资本化和资本的道德化。

二、道德的资本化:道德的经济价值及其实现

所谓道德的资本化,意指道德通过其促进价值增殖、财富增长的经济价

---

① 王泽应:《论道德目的论与道德工具论》,载《苏州铁道师范学院学报》(社会科学版)2001年第1期。
② [美]舒尔茨:《论人力资本投资》,吴珠华等译,北京:北京经济学院出版社1990年版,第2—3页。

值,而成为一种"资本性"资源。正如我国学者罗卫东所指出的:"道德的经济功能与资本相类似,它介入经济活动,会带来较大的收益。我们可以借用布尔迪厄的宽泛的资本概念称其为'道德资本'。"①尽管道德资本这一概念引起了一定的争论,但是,对于道德是否具有经济价值这一问题,中外学者大多予以认同。大体而言,道德的经济价值可以从宏观、中观和微观三个层面加以验证。

就宏观层面而言,道德的经济价值体现在,道德能够成为推动某一国家、地区经济发展的强大动力。韦伯曾指出,新教的入世禁欲主义观念产生了一种合理化的经济伦理即"资本主义精神",在此种"精神气质"的约束下形成一种理性的经济行动,最终促进了理性资本主义的兴起和发展。② 福山更为具体地通过对一些国家和地区社会信任度的实证分析,阐述了"信任"在其经济发展中的不同作用和效果。他认为,一个社会能否形塑有效合理经营的企业组织和经营形态,是经济能否持续发展的关键要素。但是,形成此种企业组织的力量并非来自理性追求效益最大化的个人,而是来自社会内部基于文化基础而形成超乎家庭团体的自愿结合。这种自愿结合能力的强弱取决于社会中表现社会内部成员之间信任程度的"自发社会力"的高低。缘于此,一个社会信任程度的高低成为影响其经济的重要文化因素。③

进一步而言,道德以何种方式实现对某一国家或地区经济发展的推动作用? 在这一问题上,制度经济学为我们提供了一种具有资源价值的理论路径。诺斯曾指出:"制度是为约束在谋求财富或本人效用最大化中个人行为而制定的一组规章、依循程序和伦理道德行为准则。"④他认为,在人类社会诸种文化传统中逐渐形成的包括行事规则、行为规范及惯例等内容的非正式约束,无论在长期或短期中都会在社会演化中对行为人的选择集合产生重要影响。福山也曾指出:"如果民主与自由主义制度要顺利运作,就必须和若干'前现代'(premodern)的文化习惯并存共荣,如此才能确保这些制度运行无误。法律、

---

① 罗卫东:《论道德的经济功能》,载《中共浙江省委党校学报》1998 年第 1 期。
② [德] 马克斯·韦伯:《新教伦理与资本主义精神》,于晓、陈维纲等译,北京:生活·读书·新知三联书店 1987 年版。
③ [美] 弗兰西斯·福山:《信任——社会道德与繁荣的创造》,李宛容译,呼和浩特:远方出版社 1998 年版。
④ [美] 道格拉斯·C.诺思:《经济史上的结构和变革》,厉以平译,北京:商务印书馆 1999 年版,第 195—196 页。

契约、经济理性只能为后工业化社会提供稳定与繁荣的必要却非充分基础;唯有加上互惠、道德义务、社会责任与信任,才能确保社会的繁荣稳定。"① 易而言之,道德之于某一国家和地区经济发展的推动作用,正在于它以一种"隐形的制度"(康芒斯语)成为不可或缺的资本性资源。此种资本的存在及其运行,可通过减少交易费用、保障正式制度而起到降低成本、提高产出的作用。

就中观层面而言,道德的经济价值体现在,道德能够通过投入企业生产和经营过程带来利润的增加和效益的提高。应当看到,基于经济与伦理内在统一的立场,企业利润与企业道德是一种交融互生的关系。企业通过以人为本的产品设计理念和诚实守信的生产经营方式获得更大的市场份额和更高的利润回报,这一趋利行动本身内含"满足所有者利益和消费者要求"的向善目标,实现了企业利润与企业道德的内在统一。从这一意义上说,道德能够成为实现企业利润的积极的精神资源。

现任考克斯(Caux)组织全球执行官斯蒂芬·杨认为,资本有五种不同的形式,即"社会资本、声望资本、金融资本、实体资本和人力资本","一个企业在社会资本上加大投入之时,也就是它体现社会责任感与伦理道德之际。当企业为更美好的声望而努力时,它往往更好地满足了客户的需求,也更符合社会对它的期望。当企业着力于人力资本的建设时,它也为员工提供了更优质的生活和工作环境"。② 在他看来,成功的企业会通过维持上述不同形式资本的密切联系来实现利润,他还列举哈佛商学院教授和伦敦商业伦理学院研究报告中的数据说明,良好的企业文化和商业道德与企业的利润回报率和业绩增长速度有着明显的正相关关系。可以说,这种正相关关系体现出道德在企业生产经营活动中的经济价值,并且,此种经济价值正是通过道德资本化的路径实现的。

就微观层面而言,道德的经济价值体现在,道德能够通过对经济主体品质、素养和境界的提升而成为一切经济活动不可或缺的精神动力。经济活动从根本上说是人的活动,但劳动者是否能够真正成为生产活动的"第一要素",却与其价值理念和道德素养密切相关。具备积极的人生价值、正确的劳动态度和优秀的职业道德的劳动者,方能成为企业利润增加乃至整个社会财富增长的"资本"。也正是在这一意义上,道德资本与人力资本有着密切的内在关

---

① [美]弗兰西斯·福山:《信任——社会道德与繁荣的创造》,李宛容译,呼和浩特:远方出版社1998年版,第18页。
② [美]斯蒂芬·杨:《道德资本主义:协调私利与公益》,余彬译,上海:上海三联书店2010年版,第8页。

联。"与人力资本直接关联的道德资本,又影响或制约着人力资本的效益的获得。人的创新能力的提高、劳动技能的加强等等,有赖于人的正确的价值取向和科学道德精神与道德实践。"①

西班牙学者西松认为:"道德资本可以被定义为卓越优秀的品格,或者拥有并实行特定的社会背景下认为适合人类的各种美德。……具备美德或者优秀的品质可以被视为道德资本,这不仅因为它们是一种财富形式,而且还因为它们是在个人身上积累和发展起来具有生产力的能力或者力量,其积累和发展途径是在时间、努力和其他方面的投资,其中也包括在资金方面的投资。"②他以诸多世界著名企业为例证,以"行动—习惯—性格—生活方式"为基本线索,诠释个人和企业成败的原因。在他看来,行动是道德资本的基础货币,习惯是道德资本的复利,性格则是道德资本的投资股。企业成功的前提条件是对道德资本的良好管理,而管理道德资本的最佳战略则是追求善德的生活方式。由此,我们不难看出,西松的道德资本理论正是侧重于从微观层面,强调经济主体尤其是领导者的个人美德对于企业发展的资本性作用。

三、资本的道德化:资本的道德属性及其形成

所谓资本的道德化,意指道德渗透在资本的形成、使用和增殖的实现过程中,从而使资本被赋予道德属性而成为"道德的资本"。前文述及,资本的道德属性并非源自其价值增殖的目标,而在于其实现价值增殖的手段和方法。马克思对资本的道德批判是基于将资本视为资本主义制度的特定关系范畴,由此,他将资本的"不道德"归因于资本主义制度条件下资本增殖过程的种种"不道德"。因此,通过资本的道德化使资本合乎道德地实现增殖,是实现道德与资本整合的又一基本路径。

事实上,马克思对资本的阐释始终基于其唯物史观的基本立场:

一方面,他肯定资本在人类发展进程中的历史合理性及其正面意义,指出"只有资本才创造出资产阶级社会,并创造出社会成员对自然界和社会联系本身的普遍占有。由此产生了资本的伟大的文明作用"③。

另一方面,他又揭露资本主义制度条件下资本形成和价值增殖过程中的

---

① 王小锡:《论道德资本》,载《江苏社会科学》2000年第3期。
② [西]阿莱霍·何塞·G.西松:《领导者的道德资本——为什么美德如此重要》,于文轩、于敏译,北京:中央编译出版社2005年版,第41页。
③ [德]马克思、恩格斯:《马克思恩格斯全集》(第30卷),北京:人民出版社1995年版,第390页。

道德缺失,并将无产阶级为改变自身命运而进行的斗争视为超越和战胜资本逻辑的必由之路。马克思之所以认为资本"每个毛孔都滴着血和肮脏的东西",是基于对资本主义产生初期统治者对农民土地与生产资料的暴力掠夺的道德批判立场。换言之,资本之"罪"首先在于其形成过程之"恶"。今天,人们对于资本所产生的"无道德"或"不道德"之判断,在相当程度上仍然源自资本原始积累过程的"恶"赋予资本的"原罪"。同时,马克思还批判了资本不择手段无限追逐剩余价值的存在逻辑,指出:"而资本只有一种生活本能,这就是增殖自身,创造剩余价值,用自己的不变部分即生产资料吮吸尽可能多的剩余劳动。资本是死劳动,它像吸血鬼一样,只有吮吸活劳动才有生命,吮吸的活劳动越多,它的生命就越旺盛。"① 这种以"利润最大化""利润至上"为核心的资本逻辑不仅主宰了资本的增殖过程,更扩张至经济生活、社会生活乃至精神生活领域,从而在资本主义世界中占据了无可争议的宰制性地位。

由此,资本逻辑必然造成资本使用和增殖中的人性关怀缺失、人际关系淡漠、生态环境恶化等问题,这也成为资本无法逃脱之"罪"。从这一意义上说,资本之"祛恶"需要面对和解决的问题是:在市场经济条件下,资本已然无可争议地成为市场配置资源的基本手段,那么,如何在这一前提下实现对资本逻辑的有效约束?

应当看到,资本并不是天然具有道德属性。在市场经济条件下,无论是作为资本价值实体的生产要素和劳动力,还是资本实现价值增殖的目标,本身都不具有善恶属性。但是,资本终究由人掌握、使用和管理,因此,资本所有者和管理者的价值取向、善恶评价及由此形成的道德判断和行动,必然对资本的形成、使用及增殖的实现产生影响。换言之,资本所有者和使用者应当通过种种"道德化"的方式作用于资本,从而以"道德的资本"实现对资本逻辑的伦理规约和理性超越。

首先,以劳动力使用的人性关怀实现人力资本的道德化。马克思曾指出:"作为资本,工人的价值按照需要和供给而增长,而且,从肉体上来说,他的存在、他的生命,也同其他任何商品一样,过去和现在都被看成是商品的供给。"② 恩格斯在《英国工人阶级状况》中更以实地调查和考证获得的大量生动具体的材料,真实展现了19世纪40年代英国工人阶级遭受非人的残酷压迫和剥削

---

① [德]马克思、恩格斯:《马克思恩格斯文集》(第5卷),北京:人民出版社2009年版,第269页。
② [德]马克思、恩格斯:《马克思恩格斯文集》(第1卷),北京:人民出版社2009年版,第170页。

的悲惨情景。可以说,根源于资本主义制度的工人阶级穷困的生活和低贱的地位,是马克思、恩格斯对资本主义进行道德批判的重要依据。

不容乐观的是,在当前我国社会主义市场经济条件下,劳动力使用上的人性缺失仍然存在。黑砖窑虐工事件、富士康跳楼事件等,充分暴露出劳动力在与资本博弈中所处的弱势地位。相当一段时期以来,我国经济发展是一种建立在廉价劳动力基础上的高度倚重"人口红利"的发展模式。这在很大程度上形成了众多企业靠压低薪酬、缩减福利赚取"代工费"的增殖模式。在这一模式中,劳动力的使用仍停留在单纯被视为"商品的供给"的阶段。然而,无论是马克思在生产力理论中对劳动者能动性的阐释,还是以舒尔茨为代表的人力资本理论,都提醒我们需要关注劳动力作为人力资本与一般物质资本之间的差异,即:劳动力所有者是"人"而不是"物"。因此,在劳动力的使用中维护其应有的体面和尊严,不断满足其自我完善和发展的需求,是赋予资本道德属性的基本前提。

其次,以生产要素使用的生态取向实现物质资本的道德化。马克思曾经指出:"只有在资本主义制度下自然界才真正是人的对象,真正是有用物;它不再被认为是自为的力量;而对自然界的独立规律的理论认识本身不过表现为狡猾,其目的是使自然界(不管是作为消费品,还是作为生产资料)服从于人的需要。"①尽管这段论述意在说明资本在人类发展进程中的历史合理性,但是,我们不难推断出,由资本逻辑内涵的无限增殖欲望和由"资本社会"所定位的"自然界服从于人的需要",最终必然导致对自然资源的无度占有、使用和消耗。由此,资本也成为当代社会生态失衡、环境恶化等问题的"恶之根"。

应当看到,作为生产要素的自然资源本身并不具有善恶属性,将自然资源作为物质资本加以利用也并非绝对意义上的"恶"。问题在于,作为生产要素的自然资源,其使用应当以不影响人类可持续发展的目标作为边界。换言之,我们不反对将自然资源作为物质资本加以利用,但是,自然资源的使用不能单纯受制于"利润最大化"的资本逻辑,而应当遵循"最低生态成本"和"最大价值增殖"的双重逻辑。弗兰克纳曾指出:"在任何有效的选择中,一个行为是正当的,当且仅当它或它的指导准则能够促成或趋向于促成的善至少超过恶;反之则是不正当的。在任何有效的选择中,一个行为是应该去做的,当且仅当它或它的指导原则能够促成或趋向于促成的善最大限度地超过恶。"②按照这一原

---

① [德]马克思、恩格斯:《马克思恩格斯全集》(第30卷),北京:人民出版社1995年版,第390页。
② [美]弗兰克纳:《伦理学》,关键译,北京:生活·读书·新知三联书店1987年版,第28页。

则,如果企业将自然资源作为资本获取利润是基于给社会和他人带来更大的环境污染和生态破坏,这种资本就是一种"恶"。因此,企业利用自然资源进行生产活动时要确立生态道德的标准,将生产要素使用的生态取向作为基本道德原则,并通过践行这一原则实现企业物质资本的道德化。

最后,以企业利润获取的伦理责任实现资本增殖的道德化。资本之"恶"并不在于资本以增殖为目的,而在于其增殖的获得途径。事实上,企业社会责任研究中长期聚讼不已的"利润先于伦理"还是"伦理先于利润"之争,正是对资本如何实现增殖的道德反思。迄今为止,企业社会责任仍未形成公认定义,在各种不同的定义中,美国学者卡罗尔提出的"企业社会责任意指在某一特定时期社会对组织所寄托的经济、法律、伦理和决定(慈善)的期望"[①]这一表述,得到较高认同并被广泛引用。他在这一表述基础上建立的"企业社会责任金字塔"被理解为:企业社会责任由经济责任、法律责任、伦理责任和以慈善捐赠为代表的自行决定责任构成且责任度依次递减。由此出发,企业社会责任被设定为"经济—法律—伦理"的责任层序,经济责任、法律责任和伦理责任被视为彼此割裂的"主—次"与"先—后"层面。其结果是,以盈利为核心的经济责任具有天然的优先性,企业可以将伦理责任放置于经济责任之后。

可以说,正是这种"经济责任优先论"导致了资本逻辑在现实经济社会活动中的进一步扩张,并直接引发了种种企业伦理严重缺失的问题。毒奶粉、瘦肉精、地沟油……这些漠视消费者生命安全的严重失德行为,其深层原因在于,资本的逐利冲动失去了应有的价值指向和伦理规约,资本增殖最终建立在对他人和社会利益损害的基础上,资本也由此而成为一种"恶"。因此,构建并践行经济责任与伦理责任内在统一、相互交融的企业社会责任,并将其贯穿于企业利润的获取过程之中,是实现企业资本增殖道德化的有效路径。

由是观之,道德与资本并非天然的矛盾。以道德的资本化实现道德的经济价值,以资本的道德化形成资本的道德属性,不仅是理论层面上道德与资本概念的有效整合,更是社会主义市场经济条件下道德与资本从冲突走向和谐的必由之路。

(王露璐,原载于《哲学研究》2011年第9期)

[①] [美]卡罗尔、巴克霍尔茨:《企业与社会:伦理与利益相关者管理》(原书第5版),黄煜平等译,北京:机械工业出版社2004年版,第23页。

资本的道德与不道德的资本：
从《1844年经济学哲学手稿》谈起

一

国内学者对《1844年经济学哲学手稿》（以下简称《1844年手稿》）的探究经历了20世纪80年代和90年代两次热潮，80年代主要是人道主义问题的提出，论者多就人道主义与共产主义、异化劳动、私有财产等问题展开讨论。90年代以后，对《1844年手稿》的研究更为深刻。有关历史唯物主义的"突破口"、文本问题、经济哲学等问题应运而生。近来的研究还有人坚持认为，《1844年手稿》就是苏联学者或者阿尔都塞认为的是马克思思想不成熟期的产物，而且提供了新的佐证。但是也有学者认为《1844年手稿》是马克思"正确世界观、人生观的发源地"[①]。本文从马克思伦理思想入手，谈一点自己的看法。

《1844年手稿》中是否有伦理思想？孙伯鍨先生对经济与道德的关系专题研究认为，马克思一生都把经济发展和道德进步看作紧密相关的两件事。但他又始终认为，在这两者之间存在着深刻矛盾，"它们虽然相互依赖、相互贯通，但却又彼此对立、排斥和冲突"[②]。孙先生认为，此时的马克思更像阿尔都塞所说的，还存在思想的断裂，"理论思路尚处在资产阶级意识形态的范围之中"[③]，马克思对私有制和异化劳动的批判还是黑格尔式的哲学或者说人本哲学批判。马克思认为："扬弃私有制和消除异化劳动就成了彻底实现人道主义

---

① 李培超：《解读马克思〈1844年经济学哲学手稿〉伦理思想的应有视角》，载《湖南大学社会科学学报》2009年第6期。
② 孙伯鍨：《经济和道德——马克思〈1844年经济学哲学手稿〉的当代意义》，载《南京社会科学》1994年第1期。
③ 孙伯鍨、张一兵、唐正东：《"历史之谜"的历史性剥离与马克思哲学的深层内涵》，载《南京大学学报》（哲学·人文科学·社会科学版）2000年第1期。

并永远解开历史之谜的钥匙。"①

孙先生说,此时《1844年手稿》"不是一个完整自洽的著作,其中存在人本主义异化逻辑和现实主义科学逻辑的隐性对立,而正是这里的科学逻辑成长发育成了历史唯物主义"②。孙先生认为马克思是这样辩证分析的:真正人道的社会只有"通过私有财产及其富有和贫困的运动"才能生成,因为这种生成"所需要的全部材料",只有"以私有财产为中介"的"发达的工业"才能提供。从这个意义上讲,共产主义不是道德理性的产物,实际上是以往全部历史运动的结果。孙先生引用马克思的话:"整个革命运动必然在私有财产的运动中,即在经济的运动中,为自己既找到经验的基础,也找到理论的基础。"③这样的话说明了两个事实:一是马克思的道德立场、道德感情毫无疑问是站在无产阶级一边,但是得出的结论却是,共产主义不是道德的想象,道德解放具有辩证的属性;二是马克思已经初步具备了经济基础决定道德的思想,哲学观念和现实的问题已经成为一个相互斗争、相互依存的矛盾统一体。所以,孙先生说这里有历史唯物主义的萌芽。

但是,不能说《1844年手稿》时期的马克思具有人本主义异化逻辑和现实主义科学逻辑两条思路,而且还处在资产阶级意识形态当中。理由是:首先,依据张一兵先生的讲法,马克思这时思想上已经接受恩格斯对国民经济学的颠倒的思路,他的哲学思考与经济学研究已经统一;其次,在令人吊诡的笔记本Ⅲ"对黑格尔的辩证法和整个哲学的批判"中,马克思似乎已经明确了从费尔巴哈对黑格尔辩证法的严肃的、批判的态度,这种态度就是市民社会决定人与人的关系,而"人与人之间的"社会关系是理论的基本原则。④ 在《1844年手稿》中马克思是娴熟应用这种基本原则的,马克思谈到对"爱"的设想,这是与费尔巴哈的感性本质的"爱"完全不同的;他说:"我们现在假定人就是人,而人对世界的关系是一种人的关系,那么你就只能用爱来交换爱,只能用信任来交换信任。"可是,"如果你在恋爱,但没有引起对方的爱,也就是说,如果你的爱作为爱没有使对方产生相应的爱,如果你作为恋爱者通过你的生命表现没有使你

---

① 孙伯鍨:《经济和道德——马克思〈1844年经济学哲学手稿〉的当代意义》,载《南京社会科学》1994年第1期。
② 张亮:《"马克思的人学"及对它的经济学解读——"纪念〈1844年经济学哲学手稿〉公开发表65周年学术研讨会"述记》,载《南京社会科学》1998年第3期。
③ [德]马克思、恩格斯:《马克思恩格斯文集》(第1卷),北京:人民出版社2009年版,第186页。
④ [德]马克思、恩格斯:《马克思恩格斯文集》(第3卷),北京:人民出版社2002年版,第364页。

成为被爱的人,那么你的爱就是无力的,就是不幸"。① 如果说历史唯物主义应该具有两个基本视角,即历史的和社会关系的,那么马克思此时显然比较清晰地运用了这两个视角。马克思更是通过历史规律,揭示了道德在实践中产生,随经济基础变化而变化的特征。

事实上,1844年的马克思已经经历了思想的变化,马克思的《1844年手稿》是在政治经济学《巴黎笔记》基础上形成的,作为有意识的笔记与摘要,马克思其实已经超越赫斯、蒲鲁东和青年恩格斯。他从经济学对资本的批判,上升到哲学对劳动的批判,认为异化劳动借以实现的手段是实践的,从异化的人得出私有财产的概念,而私有财产的黑格尔式的正、反、合辩证运动形式,最终抵达共产主义,共产主义是对私有财产即人的自我异化的积极的扬弃。马克思这时虽然对恩格斯在《国民经济学大纲》中提出价值与价格问题还比较陌生,还不可能直接发现剩余价值的规律,但是异化劳动的论证形式已经蕴藏着剩余价值的萌芽。在他的思想中还有另一个伟大发现,就是人的发现,就是人的合乎人性的复归。这实际上体现了马克思一生追求的合于社会规律的道德理想,这种道德理想超越了德、法社会主义的基本原则,它不仅仅是一种人本逻辑,它是人道和自然的统一。

"这种共产主义,作为完成了的自然主义=人道主义,而作为完成了的人道主义=自然主义,它是人和自然界之间、人和人之间矛盾的真正解决,是存在和本质、对象化和自我确证、自由和必然、个体和类之间的斗争的真正解决。"② 这是社会主义和共产主义的道德实践,马克思说"它是历史之谜的解答"③。

马克思一生都反对用道德的口吻描述历史事件,他揭示社会发展的辩证法和规律;《资本论》也不过是通过资本的生产、流通及其总过程论述剩余价值的发生、发展及其灭亡的规律。但是,到底要建设一个美好的社会还是在一个美好的社会中发展人? 马克思说,"共产主义是最近将来的必然的形态和有效的原则"④,但是,"共产主义并不是人的发展的目标,并不是人的社会的形态"⑤。在这种辩证的论述当中,人性的复归或者说"每个人的自由发展是一切

---

① [德]马克思、恩格斯:《马克思恩格斯文集》(第3卷),北京:人民出版社2002年版,第364—365页。
② [德]马克思、恩格斯:《马克思恩格斯文集》(第3卷),北京:人民出版社2002年版,第297页。
③ [德]马克思、恩格斯:《马克思恩格斯文集》(第3卷),北京:人民出版社2002年版,第297页。
④ [德]马克思、恩格斯:《马克思恩格斯文集》(第3卷),北京:人民出版社2002年版,第311页。
⑤ [德]马克思、恩格斯:《马克思恩格斯文集》(第3卷),北京:人民出版社2002年版,第311页。

人的自由发展的条件"①才是马克思所揭示的人的发现的真正伊甸园,是人类社会关系的改造与解放,是马克思揭示人与自然相互作用的历史理论的终极关怀。

二

我们现在理解,为什么劳动在马克思的理论分析中如此重要。异化劳动揭示了工人悲惨的命运:一方面,在异化劳动中工人的需要与满足需要的资料精致化;另一方面,这种需要却造成牲畜般的野蛮化和彻底的、粗陋的、抽象的简单化。导致工人劳动技能退化的资本主义的分工,又将工人带入一种高度重复、无需动脑的境地当中。所以工人的前途是循环的、万劫不复的贫困,在对私有财产和工资的追求中日益成为被奴役者。马克思并未抛弃异化的概念,在《1857—1858年经济学手稿》和《资本论》中都还用异化概念,而且有所拓展。异化是一种对象化,一种生产实践。马克思谈到实践问题时说:"我们看到,理论的对立本身的解决,只有通过实践方式,只有借助于人的实践力量,才是可能的。"②在对象化中,自我意识自动消失,而成为事物、山峦、小溪和流云,但是这种对象化的事物反过来推动自我意识的扬弃,几经反复,自我意识最终成为精神。在黑格尔那里,这仅仅作为思想的对立面,在思想当中精神最后成为绝对精神,虽然他有着劳动、伦理或道德或国家的外化。马克思批评黑格尔,在对象化的过程当中有着辩证的过程,这种过程并非是思想的辩证法。换句话说,最后马克思认识到,实践是一个积极的因素,而实践意味着对哲学的背叛,意味着改造世界的能力。马克思所说的异化,显然有一种与黑格尔不同的积极因素。马克思说:"整个所谓世界历史不外是人通过人的劳动而诞生的过程,是自然界对人说来的生成过程。"③"马克思对资本主义制度性社会实践的批判,其实就是要表明,在资本主义社会阶段,社会实践已经陷入了异化状态,即处在内在矛盾的运动之中。而社会实践主体即工人阶级要想展开一种具有明确目标导向的实践活动,就必须首先看清社会实践过程在客体维度上的内在矛盾性,并同时看清它在主体维度上的拜物教物质。"④然而,马克思并未停留在一般对资本主义制度的血泪

---

① [德]马克思、恩格斯:《马克思恩格斯文集》(第2卷),北京:人民出版社2002年版,第53页。
② [德]马克思、恩格斯:《马克思恩格斯文集》(第3卷),北京:人民出版社2002年版,第306页。
③ [德]马克思、恩格斯:《马克思恩格斯文集》(第3卷),北京:人民出版社2002年版,第310页。
④ 唐正东:《有原则的实践:马克思实践概念的应有之义及当代意义》,载《马克思主义与现实》2014年第3期。

控诉上,资本主义给人类带来的解放意义也是不言而喻的。恰恰在笔记本Ⅱ仅有的四张残篇当中,马克思论述了资本的功绩。他说,资本这种动产,"已经使人获得了政治的自由,解脱了束缚市民社会的桎梏,把各领域彼此连成一体,创造了博爱的商业、纯洁的道德、令人愉悦的文化教养"①。这是资本本身的逻辑之一,这一逻辑延续着黑格尔式的辩证逻辑,但是却是从现实出发的颠倒的逻辑。在《德意志意识形态》中马克思写道:"他周围的感性世界决不是某种开天辟地以来就直接存在的、始终如一的东西,而是工业和社会状况的产物,是历史的产物,是世世代代活动的结果,其中每一代都立足于前一代所奠定的基础上,继续发展前一代的工业和交往,并随着需要的改变而改变他们的社会制度。"②资本的功劳是随着社会变化的脚步而使人显出文明气象的,"一切财富都成了工业的财富,成了劳动的财富,而工业是完成了的劳动,正像工厂制度是工业的即劳动的发达的本质,而工业资本是私有财产的完成了的客观形式一样","只有这时私有财产才能完成它对人的统治,并以最普遍的形式成为世界历史性的力量"。③

资本是积累的劳动。资本是"天生的平等派"④,它进行着这样的道德实践,一方面繁荣与发展,另一方面剥削与贫困。"资本的文明的胜利恰恰在于,资本发现并促使人的劳动代替死的物而成为财富的源泉。"⑤资本的文明性突出表现在:"它创造了这样一个社会阶段,与这个社会阶段相比,一切以前的社会阶段都只表现为人类的地方性发展和对自然的崇拜。只有在资本主义制度下自然界才真正是人的对象,真正是有用物。"⑥

这里要谈一谈对社会主义阶段资本的看法。在现阶段中国,市场决定资源配置。社会主义和资本主义都采用市场经济形式,但是社会主义市场经济有自己的上层建筑特征的渗入:其一,在所有制结构上,社会主义市场经济是以公有制经济为主体、多种所有制经济共同发展为其制度基础的;其二,国家发挥作用,是宏观调控与市场决定作用相结合的机制;其三,社会主义市场经济讲求效率与公平并重,社会调控公平。由是,资本的作用体现在劳动的必然

---

① [德]马克思、恩格斯:《马克思恩格斯文集》(第3卷),北京:人民出版社2002年版,第286页。
② [德]马克思、恩格斯:《马克思恩格斯文集》(第1卷),北京:人民出版社2009年版,第528页。
③ [德]马克思、恩格斯:《马克思恩格斯文集》(第3卷),北京:人民出版社2002年版,第293页。
④ [德]马克思、恩格斯:《马克思恩格斯文集》(第5卷),北京:人民出版社2009年版,第104页。
⑤ [德]马克思、恩格斯:《马克思恩格斯文集》(第3卷),北京:人民出版社2002年版,第287页。
⑥ [德]马克思、恩格斯:《马克思恩格斯文集》(第30卷),北京:人民出版社1995年版,第390页。

发展方面,资本"必然要在它的世界发展过程中达到它的抽象的即纯粹的表现"。① 资本不断突破要获得剩余价值的欲望,而社会主义市场经济限制它,抑制它,就像是放飞着资本这只风筝,上层建筑紧紧攥住手,进行干预、调整,让劳动时间在不同生产部门之间有计划的分配和遵循节约原则,让资本发挥更"好"的繁荣与发展的一面。

当然,这里其实很纠结。思考资本的道德,如果资本表明一种生产方式,体现着基础,那么对资本的抑制是有限的,制度因素最终不能决定资本的覆灭;如果制度因素可以超越经济基础,或者制度因素可以超越经济之根本,那么资本就是应该的道德的,不再表现为对资本的血泪控诉。然而,现代社会并不能说已经超越马克思所设想的高度发达的社会主义阶段。在现代中国,生产力依然是低下的,资本依然发挥着积极的作用,在改造着社会的物质基础,并带来社会财富的增加;资本没到时候或者没有表现出绝对恶的一面,它的恶同善交织着,目前发挥着善的一面,还起着添砖加瓦的作用。

三

资本是不能自我消停的,但"资本的结构性危机自我暴露为一般统治的真正危机"。② 资产阶级的政治革命并没有彻底完成人的解放的任务,同样,资产阶级的国民经济学在实现自由时,由于物质需要、由于自己的锁链的强迫,表现为一种有节制的利己主义。早在《论犹太人问题》当中,马克思就说过:"只有当现实的个人把抽象的公民复归于自身,并且作为个人,在自己的经验生活、自己的个体劳动、自己的个体关系中间,成为类存在物的时候,只有当人认识到自身'固有的力量'是社会力量,并把这种力量组织起来因而不再把社会力量以政治力量的形式同自身分离的时候,只有到了那个时候,人的解放才能完成。"③马克思看到了哲学不能用来作为道德解放的武器的弱点。他说:"这种对立的解决绝对不只是认识的任务,而是现实生活的任务,而哲学未能解决这个任务,正是因为哲学把这仅仅看作理论的任务。"④马克思认为劳动这种生

---

① [德]马克思、恩格斯:《马克思恩格斯文集》(第3卷),北京:人民出版社2002年版,第288页。
② [英]梅扎罗斯:《超越资本》,郑一明译,北京:中国人民大学出版社2003年版,第829页。
③ [德]马克思、恩格斯:《马克思恩格斯文集》(第3卷),北京:人民出版社2002年版,第189页。
④ [德]马克思、恩格斯:《马克思恩格斯文集》(第3卷),北京:人民出版社2002年版,第306页。

产实践并非只是生活和经历的经验,而是异化为拜物教从而获得对私有财产的扬弃,是具有特定内容的。马克思提到,工业是一本打开了人的本质力量的书,这本书和人心的联系是通过劳动来创造的。基于劳动的实践已经深深印入马克思的头脑当中。

发生在工人身上的全面的异化最初表现为工人同自己的劳动产品相异化。"工人生产得越多,他能够消费的越少;他创造的价值越多,他自己越没有价值、越低贱;工人的产品越完美,工人自己越畸形;工人创造的对象越文明,工人自己越野蛮;劳动越有力量,工人越无力;劳动越机巧,工人越愚笨,越成为自然界的奴隶。"①这实际上已经蕴含着剩余价值的思想。马克思在《1857—1858年经济学手稿》中第一次使用"剩余价值"的概念。马克思在李嘉图使用利润的地方使用剩余价值,表明了与国民经济学认识论断裂的立场。② 和自身相对立的劳动产品在《资本论》中已经转变为剩余劳动,剩余劳动对象化为价值的劳动,劳动力的交换价值连同它的使用价值一起消失,转而成为剩余价值。这其中背后的操纵者是资本。资本购买劳动产品,然后出售劳动产品,并把出售商品所取得的货币转化为资本。资本主义在平静地显现着 G—W—G′ 的正、反、合运动规律时,实际上表现为剩余价值的生产。生产剩余价值是资本抑制不住的欲望和天性。

什么是资本逻辑?作为现代性基本力量的塑造者,资本构造了现代性的总体图景。"资本"与"逻辑"的联姻并不是人为想象的结果,也不仅仅表现为创造了巨大的社会财富这一表面的逻辑,资本本质上不仅体现着社会的生产关系,而且有着自身的特殊规定性。在这一意义上,我们将资本逻辑理解为资本占据支配地位的现代生产方式的景况。在这一点上,李嘉图看到了资本稀缺性原理;库兹涅夫看到类似于马克斯·韦伯资本主义精神的智力与勤奋对资本逻辑的背叛;皮凯蒂则说,长期来看资本的收益率还是高于国民收入的增长,不平等还在扩展。于是,他们提出在资本逻辑下的道德方案,而这不过是使资本主义这只大象晚一点走向自己的坟茔而已。从资本主义危机越来越表现为金融危机来看,资本的贪婪使一切采用资本主义生产方式的国家都会周期性地陷入绕过生产过程而赚钱的狂热阶段。资本主义信用制度创造出一批"食利者"阶级,他人的、社会的财产是这些"食利者"

---

① [德]马克思、恩格斯:《马克思恩格斯文集》(第1卷),北京:人民出版社2009年版,第158页。
② [法]阿尔都塞、巴里巴尔:《读〈资本论〉》,北京:中央编译出版社2001年版,第171页。

阶级进行冒险赚钱的赌博游戏工具。马克思说:"银行和信用同时又成了使资本主义生产越过它本身界限的最有力的手段,也是引起危机和欺诈行为的一种最有效的工具。"①

四

那么,资本作为一种关系,究竟表现为哪些伦理内涵呢?

首先,平等地剥削劳动力,是资本的首要的人权。资本的出现标志着社会生产过程的新时代。资本是"有形的神明"②,是资本主义社会形态中的生产关系。"资本的实质并不在于积累起来的劳动是替活劳动充当进行新生产的手段。它的实质在于活劳动是替积累起来的劳动充当保存自己并增加其交换价值的手段。"③马克思指出,庸俗的自由贸易论者判断资本的标准和概念就是,在货币占有者和劳动占有者之间,"一个笑容满面,雄心勃勃;一个战战兢兢,畏缩不前,像在市场上出卖了自己的皮一样,只有一个前途——让人家来鞣"。④资本义无反顾地表现出内在的本性,即"力图超越自己界限的一种无限制的和无止境的欲望"。⑤资本导致个人利益与全体利益的严重对立,人的异化不断加深,剥削的境况触目惊心。在互惠互利的幌子之下,资本家和工人的剧中人的面貌发生了变化,人被奴役的状态在不知不觉当中成为社会现实。

其次,资本不仅表现为社会关系,也体现为基于社会关系之中的某种意识和观念。资本不仅表现为显性的可以直观的东西,而且是社会关系的反映,承载着一定的社会关系。资本不仅表现为具体的物品,还表现为交换的社会关系层面。资本的所有者资本家作为人格化的存在,承载着资本的流通与转换的社会意识。马克思说:"对于这个历史上一定的社会生产方式即商品生产的生产关系来说,这些范畴是有社会效力的,因而是客观的思维形式。"⑥这些思维形式的观念形态却在根本上导致了这样的后果,一些物品具有了神秘的非凡的特性,进而使得资本主义的合理性及永恒性的观点得到了一定程度的强

---

① [德]马克思、恩格斯:《马克思恩格斯文集》(第7卷),北京:人民出版社2009年版,第686页。
② [德]马克思、恩格斯:《马克思恩格斯文集》(第3卷),北京:人民出版社2002年版,第361页。
③ [德]马克思、恩格斯:《马克思恩格斯文集》(第1卷),北京:人民出版社2009年版,第726页。
④ [德]马克思、恩格斯:《马克思恩格斯文集》(第7卷),北京:人民出版社2009年版,第205页。
⑤ [德]马克思、恩格斯:《马克思恩格斯文集》(第30卷),北京:人民出版社1995年版,第297页。
⑥ [德]马克思、恩格斯:《马克思恩格斯文集》(第5卷),北京:人民出版社2009年版,第93页。

化,它使人们忽视了真正的财富是人本身,是人的实践和交往。资本还使人们深深迷惑于黄金(货币)的光芒闪耀的感性外观以及这种感性外观所兴叹出来的意识与观念当中。

第三,资本促进秩序、规则的培育,也发展为平等、自由、信用等概念。资本一方面要求民主,另一方面又滋生着摧毁民主的力量。资本主义制度充分表现出灯红酒绿式的"经济的幻象";资本主义经济特有的社会形式是物质资料的生产从属于剩余价值的生产与积累,在这种社会形式当中,物质资料似乎并不重要,重要的是如何促进剩余价值的获得与保护。马克思说,那里占统治地位的是自由、平等、所有权和功利主义(边沁)。"自由!因为商品例如劳动力的买者和卖者,只取决于自己的自由意志。他们是作为自由的、在法律上平等的人缔结契约的。契约是他们的意志借以得到共同的法律表现的最后结果。平等!因为他们彼此只是作为商品占有者发生关系,用等价物交换等价物。所有权!因为每一个人都只支配自己的东西。边沁!因为双方都只顾自己。使他们连在一起并发生关系的唯一力量,是他们的利己心。"①事实上,"在现存的资产阶级社会的总体上,商品表现为价格以及商品的流通等等,只是表面的过程,而在这一过程的背后,在深处,进行的完全是不同的另一些过程,在这些过程中个人之间这种表面上的平等和自由就消失了"②。在马克思看来,"在对资本主义的这张面孔进行素描时,它终将必然丧失特有的现代合法性蕴含(比如,自然权利、平等、自由、正义)。这样,依据正义的历史原则,资本主义的正义就是经不起追溯的"。③

第四,资本关系及其伦理在人类发展当中只是一种暂时性的存在。资本家总是希望将资本永恒化,然而这种观点,"抽掉了使资本成为人类生产某一特殊发展的历史阶段的要素的那些特殊规定"④,因而是形而上的观点。"资本既不是生产力发展的绝对形式,也不是与生产力发展绝对一致的财富形式。"⑤资本的历史使命就是在以资本为基础的生产方式上,生产和再生产出资本和劳动的关系、雇佣工人和资本家的交往关系,并在此基础上摧毁那些旧的

---

① [德]马克思、恩格斯:《马克思恩格斯文集》(第5卷),北京:人民出版社2009年版,第204—205页。
② [德]马克思、恩格斯:《马克思恩格斯文集》(第30卷),北京:人民出版社1995年版,第202页。
③ 张文喜:《马克思对"伦理的正义"概念的批判》,载《中国社会科学》2014年第3期。
④ [德]马克思、恩格斯:《马克思恩格斯文集》(第30卷),北京:人民出版社1995年版,第214页。
⑤ [德]马克思、恩格斯:《马克思恩格斯文集》(第30卷),北京:人民出版社1995年版,第396页。

体制,打破一切生产力发展的阻碍。而"资本的内在矛盾不可避免地将会导致自身的破裂和毁灭,从而产生超越资本原则的新型的生产关系"①。正如马克思说的:"资本家对这种劳动的异己的所有制,只有通过他的所有制改造为非孤立的单个人的所有制,也就是改造为联合起来的、社会的个人的所有制,才可能被消灭。"②资本最终会消亡,连同一切伦理的阴霾;新的关系将产生,将表现为每一个人的自由是一切人的自由条件的共产主义的伦理关系。

(余达淮,原载于《马克思主义与现实》2015 年第 4 期)

---

① 赵苍丽、余达淮:《资本的伦理内涵、结构与逻辑》,载《道德与文明》2014 年第 6 期。
② [德]马克思、恩格斯:《马克思恩格斯文集》(第 8 卷),北京:人民出版社 2009 年版,第 386 页。

道德是一种资本
——读王小锡教授著《道德资本研究》

中国伦理学会副会长、南京师范大学教授王小锡于2014年出版了《道德资本研究》一书。拜读再三,深感此书不仅是对于经济伦理、伦理经济等理念的创新性阐释,更是对道德与经济关系从理论到实践的深刻探讨,尤其是道德资本理论的提出,观点独特,发人深省。

该书是一部开创性的学术力作。作者在率先提出道德资本的概念、开创性地提出并系统论证了"道德资本""道德生产力"和"经济德性"等学术观点后,通过该书以不同视角系统论证了道德与经济、道德与获利之间的逻辑关联,说明"真正的经济"是内涵道德的经济,坚持道德的理路和分析方法,才能真正认识和把握经济及其发展规律;现代企业发展要有作为物质资本的硬实力,但也离不开作为精神文化资本的软实力,而精神文化资本的核心内容是企业道德资本。作者认为,企业道德资本对于企业来说不是可有可无的问题,而是企业必须要培育和积累道德资本。企业道德资本决定着企业发展的方向、速度和效益,道德资本缺失的企业很可能会造成灾难性的后果,生产毒奶粉、问题食品等许多企业的经营教训已证明这一点。进而,作者从五方面论证了作为资本的道德在实现价值增殖上的独特作用:其一,作者认为,道德是人性化产品设计的灵魂。经济发展速度或企业经营效益往往取决于企业的产品设计和产品质量。产品设计和产品质量决定了产品的市场占有率和销售速度,进而影响企业利润的实现及其增长。进一步而言,虽然企业的产品设计和产品质量至少受制于科学技术、社会文化和道德三个因素,其中道德决定产品的人性化程度和价值指向等,这是产品质量的灵魂,更是扩大市场占有率、实现更多利润的必不可少的精神要素。其二,作者认为,在信息化程度越来越高的今天,生产技术和生产工艺的趋同程度越来越高,趋同的时间越来越短。由此,如何缩短单位产品的个别劳动时间已成为企业间竞争的关键。可以说,在同类产品上,谁缩短了单位产品的个别劳动时间,即单位产品的个别劳动时间低于社会必要劳动时间,谁就降低了单位产品成本;同时,谁就会在单位时间内生产的商品使用价值量增大,那么,谁就能够在市场竞争中赢得主动、获得利润并最终成功。在此,单位产品个别劳动时间的缩短,很大程度上依赖于产品制造过程中的道德渗入。实践也说明,一些企业生产的产品成本增加,并不是技术等问题,而是企业内部管理不善、关系复杂、矛盾重重、内耗严重而导致的。其三,作者认为,道德是市场信誉之源。企业在产品的制造、销售和服务过程中讲信誉,必然会不断扩大市场占有率。道德责任意识是企业的精神支柱,道德承诺和道德举动是企业获取市场信誉并获得更多利润和效益不可或缺的重要因素。其四,作者认为,道德是激活有形资本并提高资本增殖能力的重要条件。资本的本质特征在于运动,资本只有不停地运动,才能实现价值增殖,否则就不能称其为"资本"。在资本运动的过程中,道德能够通过激活人力资本和有形资本促使价值增殖。其五,作者认为,道德也是生产力。作为人的品质或品性的道德,在人进入生产过程并发挥作用时,也就直接转化成生产力。没有人的"主观生产力"的参与,"死的生产力"不可能成为社会劳动生产力。而缺失基本的道德素质,人作为生产力第一要素在进入生产过程中就将处在被动状态,在发挥劳动资料和劳动对象的能量时,往往也是没有动力,没有目标的,"死的生产力"不能最大限度或最好状态地激活。因此,道德也是生产力,是企业获取更多效益和利润的精神生产力。由是观之,作者深刻地阐释了道德作为资本的理论逻辑。

　　该书是一部理论与实践密切结合、逻辑严谨的学术力作。该书首先对于"道德资本之理论依据",作出了有说服力的理论分析。认为道德与经济、道德与利润之间有着密切的逻辑联系,道德与经济的联系本来就是一种社会现象。在此基础上,该书对道德资本概念、形式和作用机理等基本原理给出了详尽的论证与说明。认为资本是作为生产性资源投入生产过程并使价值增殖的物质和精神的统一体。资本不只是传统理论所认为的物化的或货币化的物质资本与货币资本,也可以是非物化的思想观念的精神资本,或称无形资本。事实上,离开了精神资本,所谓的物质资本与货币资本就不能成立,也毫无意义,因为,资本之为资本,需要作为具有主观意识的人去激活才能体现或实现,否则,物质、货币只能是生产性资源而已。当然,作为精神资本,它包括思想、知识、文化、价值、道德等等,这其中,道德是精神资本的基础的核心的要素,离开了一定的道德境界,其他精神资本要素必不能发挥正常的促使企业增殖的作用,这也就必然影响物质资本与货币资本投入生产过程的效益。

与此同时,该书富有新意地叙述了中国传统思想史上的经济道德观尤其是道德的经济作用的主要思想,以此展示道德资本思想的历史叙述,为企业道德资本理念的确立和道德资本的积累提供思想史资源。该书的难能可贵之处还在于,在理论探讨的基础上,面对企业经营的实践,探讨了道德特殊的经济作用力、企业道德资本形成的基本途径及其所表现的手段,并且富有建设性地建构了"道德资本及其评估指标体系",为企业发展提供了独特的经营决策依据和实践操作模式。

该书还以其辩证的理路回应了学界对作者的理论质疑。"道德资本"这一概念提出后曾遭到了学术界的一些质疑,如有人认为,在马克思那里,资本的本质不是物,而是生产关系,资本的每一个毛孔都是肮脏的,在马克思的意义上,道德与资本的联姻不可想象。作者认为,如果把社会主义道德或趋善意义上的道德与马克思意义上的资本联姻,的确不可想象。但现在的问题是,道德资本概念并不是简单地把道德与资本联姻,道德工具理性作用与道德工具化是不能等同的。如果把道德仅仅作为赚钱的工具,这时候的道德不是我们所指的趋善意义上的道德,而是趋恶意义上的道德,甚或是伪道德,是缺德。更何况,这里所说的道德资本概念中的资本并非马克思批判资本主义本质时使用和论述的经典资本概念,而是资本一般视阈下的范畴。社会道德能够以其特有的引导、规范、制约和协调功能作用于生产过程,促进经济价值增值。因此,从资本一般概念出发,道德作为影响价值形成与增值的精神因素具有资本属性。再如,与道德资本概念相关的"道德生产力"概念的提出也引起了个别学者的质疑,有人认为,道德是精神层面的东西,怎么能成为生产力。作者认为,道德是精神生产力或道德是生产力的提出,仅仅是指道德是生产力中的重要内容或因素,在生产力的发展过程中,它起着独特的精神功能的作用,同时,作为精神生产力在作用于物质生产力过程中又起着社会劳动生产力的作用。当然,作者强调指出,这里的道德是指科学的道德,它既是社会道德生活规律的正确反映,又应该符合社会历史的发展要求,过时了的不符合历史发展要求的道德甚或腐朽没落的道德不仅不能成为生产力的精神内涵或因素,反而必然地影响或阻碍生产力的发展。

诚然,作为极具时代特殊性的理论,"道德资本"仍然有着需要进一步阐释的空间。譬如,道德在长期的经济活动中可以并且应当承担资本的功效,那么在一个可能不讲道德与法制的环境中,我们该如何处理在短期内忽视道德而只着眼于盈利的现象,等等。不过,还是要说,王小锡教授的这本力作,为我们开打了一扇窗。当阳光照射在暗香浮动的书页上，我们开始重新审视道德的理想性与现实性。伦理研究既要关注理论的元研究，也应关注生活实践。"只要我们不是在绝对的意义上理解道德价值的目的与手段的区别，就会发现手段在特定的情景下也是可以转化为目的的。"

（范渊凯，原载于《伦理学研究》2016年第3期）

第二部分
"道德资本"的探索争鸣

　　作为经济伦理学界新近提出的重要概念,"道德资本"是否具有学术上的合理性?这个问题引起了学术界的广泛关注:支持者认为道德在一定意义上具有资本功能,反对者认为道德不可能也不应该成为一种资本。

"道德资本"的学理依据*

由于现代经济学与伦理学之间隔阂的不断加深,而经济伦理学作为一门新兴的学科,自身体系尚未完善,这使得"道德资本"①这一范畴一经提出便面临各种质疑和诘问:一是在事实层面上,道德是否"是"一种资本?二是在价值层面上,道德是否"应该"成为一种资本?本文主要围绕这两个问题展开论述。

一、道德"是"一种资本

虽然"道德资本"一词已经被时下学界广泛传用,但是在"道德资本"这一概念的解释上,显然并没有达成一致的认识。很多人把"道德资本"单纯地等同于"道德的资本"加以使用。事实上,这是一种误解,"道德资本"这一范畴的原意是相对于"资本一般"而言的,它暗含着这样一个事实判断:道德是一种资本形态。但对此有些学者提出了自己的质疑。郑根成先生在《试论道德的资本性特点——兼论道德资本》一文中观点鲜明地指出:虽然"道德因素本身在某种意义上也具有促成资本增殖的作用,但是,这只是说明道德在特定的环境中——经济运行的环境中具有了资本的某些特点",它"不是一种资本实体",因此,"道德不是一种资本"。② 很显然,在这里我们必须要理清以下两个问题:一是资本是否仅仅局限于"实体资本",二是资本到底是什么。

那么,资本是否就仅仅局限于"实体资本"呢?对此,人力资本论者曾做过如下论述:如果资本主要是指以自然资源为基础的实物资本,并且资本是推动社会经济发展的主要力量,那么一个必然成立的推论是:拥有自然资源最多的

---

* 本文收入本书时题目有改动,原题作《论"道德资本"之依据》。

① "道德资本"概念由南京师范大学王小锡教授提出并论证,他的《一论道德资本》到《六论道德资本》,以及在《道德资本论》(人民出版社 2005 年版)一书中的观点是本文立论的基础。

② 郑根成、罗剑成:《试论道德的资本性特点——兼论道德资本》,载《株洲工学院学报》2002 年第 5 期。

国家就应该是经济发展最快,生产利润最多的国家,但这个推论显然与事实情况不符。实际上,人类的认识总是随着社会实践的不断深入而日益扩展的,即使早前认为资本是一种实体资本,也并不能证明它永远只能局限于实体资本。历史证明,从人力资本的出现破除了资本的总体性特征、有形性特征和独立性特征后,文化资本的出现,又揭示了文化观念可以具有资本的性质。在现代社会中,资本的形式和内容早已趋于多样化,已经不再仅仅局限于传统理论所认为的物化的或货币化的物质资本与货币资本,它还包括非物质的存在,比如,早已被理论界所接受并且没有异议的"人力资本"范畴以及"文化资本""道德资本"等。正如有学者所指出的,如果对资本的理解仅仅局限于传统的物质概念,那么,"人力资本""社会资本""文化资本"等一系列概念都不能成立。可以这么说,仅仅把资本局限在"实体资本",不仅早已经不能适应现时代的发展,并且对目前的经济发展也缺乏应有的解释力。正是基于此,舒尔茨才认为,一种客观存在,"假若它能够提供一种有经济价值的生产性服务,它就成了一种资本"[①]。换句话说,凡是能创造新价值的有用物均可构成资本。"资本(就)是一种力,一种能够投入生产并增进社会财富的能力","它既包括资金、房产、机器设备、劳动力、能源等一切实物形态的价值实体,也包括科学技术、管理制度、社会意识形态等非实物形态的价值符号"[②]。很显然,伦理道德自然也应当可以纳入其中。

由上而知,道德可以成为资本。然而,这只是"道德资本"的必要条件而非充分条件,那么充分条件又是什么呢?按照前文舒尔茨的理解,资本就是一种客观存在的有用物,只要在参与经济运行的过程中能够创造新价值,提供一种有经济价值的生产性服务,那么它就是一种资本。如果这种理解没错的话,"道德资本"这一范畴显然是成立的,理由主要基于以下两点。

首先,道德要而且必然要参与经济运行过程。关于这一点,马克思早在其经典著作中作出过阐述。他在《经济学手稿》(1857—1858)中指出,生产力包括"物质生产力和精神生产力","精神生产力就是指生产力中的科学因素和科学力量"。显而易见,包括道德科学在内的社会科学是这种科学因素和科学力量。举例来说,假若科技是作为第一生产力教会人们如何把"电流转化为光能"的话,那么道德科学则是"动力生产力"和"最终生产力",它确定了"人类为

[①] [美] 西奥多·W.舒尔茨:《论人力资本投资》,吴珠华等译,北京:北京经济学院出版社1990年版,第68页。
[②] 王小锡等:《道德资本论》,北京:人民出版社2005年版,第6页。

何要"和"如何为人类所要"的问题。前者的价值需求是人类之所以探求"电流转化成光能"这种科技的源动力,后者则是决定这种转化如何才能被人们所利用的生产实践的"最后一步",即避免使这种电流的转化成为无用的生产从而使整个生产成为无用的生产,而这两者恰恰就是由人的伦理道德因素所构成的。试想,假若把"人"抽象出来而仅仅作为一种实物资本投入到生产过程的话,那整个生产过程必定无法运行,同样,一切的"资本"也就无所谓资本了,至多只是作为一种资产与资源而存在。因而,就经济运行过程来看,道德是而且必然会是投入生产过程的重要资本。从其本质上来看,作为人力资本内涵的知识、能力的使用是一种道德现象,它的使用直接取决于人的人生价值取向、对社会和他人的责任感以及劳动态度等道德觉悟。

其次,在相同的条件下,道德因素一旦渗透进入资本运行过程中,资本在周转中所实现的价值增殖比道德缺席的情况所实现的增殖要大得多,并且这种增值的可持续性也同样要大得多。这一点在经济伦理学的研究中,学者和投资者也早已达成共识。"科学的伦理道德就其功能来说,它不仅要求人们不断地完善自身,而且要求人们珍惜和完善相互之间的生存关系,以理性生存样式不断创造和完善人类的生存条件和环境,推动社会的不断进步。这种功能应用到生产领域,必然会因人的素质尤其是道德水平的提高,而形成一种不断进取精神和人际间和谐协作的合力,并因此促使有形资产最大限度地发挥作用和产生效益,促进劳动生产率的提高。"①它能在投入生产过程中以其特有的功能促使生产力水平提高;在加强管理伦理意识和手段中增强企业活力;在提高产品质量的同时降低产品成本;在培养和树立企业信誉的基础上提高产品的市场占有率。难怪马克斯·韦伯在《新教伦理与资本主义精神》一书中引用本杰明·富兰克林的话说:"切记,信用就是金钱。"②除此之外,历史实践也同样证明了:在现代社会中,经济增长早已经不再仅仅取决于财、物等有形资本的发展,而更加取决于人力资本、道德资本等无形资本的发展,并且这些无形的资本的影响正在日益加强。为此,美国著名学者、诺贝尔经济学奖获得者舒尔茨指出:"设想某一经济体系拥有土地和可进行再生产的物质资本,包括如同美国现在所可能拥有的生产技术,但是他的运转却受到下列的各种约束:不

---

① 王小锡等:《道德资本论》,北京:人民出版社 2005 年版,第 6—7 页。
② [德]马克斯·韦伯:《新教伦理与资本主义精神》,于晓、陈维纲译,北京:生活·读书·新知三联书店 1987 年版,第 33 页。

可能有人取得任何职业经验;没有受过任何的学校教育;除了所居住地区的信息之外,谁也不拥有任何别的经济信息;每个人都受其所在环境的巨大约束;人的平均寿命仅仅为40岁。在这样的情况下,经济生产肯定会悲剧性地大大下降。除非通过人力投资使人的能力显著的提高,(否则)低水平的产出必定会与极其僵硬的经济组织同时并存。"①虽然舒尔茨的这段论述主要是为了论证人力资本在社会经济发展中的重要作用,但不能否认的是:伦理道德作为人力资本的核心内容,它直接影响和制约着人力资本效益的获得,没有人的伦理道德的参与,人力资本也只是一种"死的资本"。人力资本具有能动性,是人力资本与物质资本的最大不同。人力资本的有效投入程度不像物质资本那样具有恒定性,它物化于人本身,它的开发、利用取决于人自身的活动,是通过自觉意识——尤其是伦理道德素质——的驱使而在生产过程中发挥功效的。因而,就其本质上来看,作为人力资本内涵的知识、能力的使用是一种道德现象,而它的使用则直接取于人的人生价值取向、对社会和他人的责任感以及劳动态度等道德觉悟。显然,道德才是人力资本得以实现和提升的力量之源,只有提高了人的伦理道德素质才能提高人力资本本身,才能更快更好地促进社会经济的发展。道德对经济的影响由此可见一斑。

综上而言,道德不仅是一种资本,而且必然以一种资本的形态参与到经济的运行过程中来,它对于经济的运行发展具有重要的促进作用。

二、道德作为资本的目的性与工具性之统一

18世纪的英国哲学家休谟首先注意到,人们经常在进行事实判断后会继而作出价值判断,而实际上从前者中并不能推导出后者。那么,假若道德"是"一种资本的话,它是否又"应该"成为一种资本呢?对于后者的否定回答必然会造成对"道德资本"这一范畴的质疑,目前质疑主要集中于以下两种:一种是凭着感情而发的质疑:"在西方古代神学家和东方古代儒家的眼里,道德是何等神圣和至高无上的人类品性,然而,古今中外的圣贤们大概怎么也不会料到,到了21世纪,道德竟然被污秽到与铜臭为伍的俗不可耐的地步。"②另一种是在学理上提出的质疑:"把道德解读为一种资本,强调的是道德因素的工具

---

① [美]西奥多·W.舒尔茨:《论人力资本投资》,吴珠华等译,北京:北京经济学院出版社1990年版,第19页。

② 此种质疑主要流行于一些普通民众和不了解道德资本论的学者之中,他们想当然地认为,把道德与钱相提并论,就是贬低了道德。

性,这可能使道德陷入到一种'工具化'的危险境地,道德也因此可能沦落为经济合理性的附庸,成为经济目标的一种简单工具。"① 那么,"道德资本"的提出,是否真的会贬低道德,从而损害道德的纯洁性,把道德本身推向不道德呢?

其实无论是在感情上,还是在学理上,对于这种"道德意义危机"的担心都是多余的,尤其是试图通过掩盖道德的工具性功能而突出道德的价值意义,这更是一种不明智的选择。任何一种形式的规范和社会道德都是来源于人的利益及利益实现的需求,"它们(道德准则或道德正义)乃是人类实践经验的结果,而且在漫长的时间检验过程中,唯一的考量就是每一项道德规则是否能够为增进人类福祉起到有益的作用"②。正如马克思所说:"人们奋斗所争取的一切,都同他们的利益有关。"③ 并且,"'思想'一旦离开'利益',就一定会使自己出丑"④。因而,从道德发生学上看,道德规范在其源初首先一定是以一种工具理性的状态而存在的,直到这种工具理性不断地得到加强,以至于毋庸置疑,从而才以其目的性价值出现在人类面前。正如有学者所指出的:"道德不是自然生成的,而是人类创造的——人类创造道德是为了运用道德、让道德为自己服务——这种运用和服务既有目的意义上的,也有手段意义上的。"⑤

可以这么说,道德的目的性功能与工具性功能从来就不是截然对立的,没有目的性功能所提供的目的、责任和约束,道德就不能称其为道德;反过来,没有工具性功能所提供的现实意义,道德就难以显示其现实价值。道德批判常常"从一开始就预定了一种价值分类和价值秩序,即认为人的经济行仅仅具有纯工具性的价值和意义,它必须服从于更高的道德目的和原则。这样,在道德和经济之间便设定了一种先验的道德优先性秩序,不仅人为地割裂和化约了两者间内在互动的复杂关系,也架空了道德本身,使之不可避免地成为某种道德乌托邦"⑥。事实上,在现代经济势力日益强大以后,道德的地位和功能开始发生了改变,尽管它依然肩负着赋予世界以意义的崇高地位,但是,在过去一度被掩盖了的道德的工具性功能和作用也逐渐地显露了出来,它开始像其他

---

① 郑根成:《论道德的资本逻辑》,载《湖南工业大学学报》(社会科学版)2007 年第 1 期。
② [英]哈耶克:《哈耶克论文集》,邓正来编译,北京:首都经济贸易大学出版社 2001 年版,第 74 页。
③ [德]马克思、恩格斯:《马克思恩格斯文集》(第 1 卷),北京:人民出版社 1956 年版,第 82 页。
④ [德]马克思、恩格斯:《马克思恩格斯文集》(第 1 卷),北京:人民出版社 2009 年版,第 286 页。
⑤ 钱广荣:《"道德资本"研究的意义及其学科定位——王小锡教授"道德资本"研究述评》,载《道德与文明》2008 年第 1 期。
⑥ 万俊人:《现代性的伦理话语》,哈尔滨:黑龙江人民出版社 2002 年版,第 280 页。

事物一样,在为社会的经济发展而服务。只要我们不在绝对的意义上理解目的和手段,我们就不难发现,道德的手段和目的在不同的情况下及相对于不同的对象都是可以相互转化的。

首先,道德作为一种资本服务于经济生活时,它是以一种手段而存在的;但是,"道德资本"在参与经济生活后,道德又将成为经济生活的目的。因为"道德资本"在肯定和加强道德工具性功能的同时,还预先限定了这样一个前提:即这种"道德资本"本身必须是而且一定是道德的。这就意味着,道德在其成为一种"道德资本"而参与经济生活的同时就已经为经济生活确立了一个"善"的目的,而且也只能是为了这个"善"的目的。"道德资本是精神资本,其作为资本存在时就意味着作为经济活动主体的人已经具备优秀的品德,同时也表明实物资本或货币资本已经在按照人的一定的价值取向和善的目标在运作。否则,道德资本就不能成立。"①因此,"道德资本不能像其他形式的资本那样具有善恶二重性或者同等的效用","它永远不会被用于罪恶的目的"②。

其次,一个注重用"道德资本"赚钱的企业,它在为社会和消费者生产优质产品的过程中,也同时为企业职工和消费者提供优良道德的精神消费。在企业主那里道德主要表现为手段价值(虽然烤出好面包是出于赚钱的目的,但事实上,也并不能因此就否认其中也具有目的性价值,因为只有当目的性价值得以实现的时候,其手段性价值才具有意义),而在职工和消费者那里则主要表现为目的性价值。

因此,认为道德在成为一种资本后将使道德成为经济目标的一种简单工具,并从而使之沦为经济合理性的附庸,甚至直接将自身推向不道德的质疑显然是难以成立的。"道德资本"这一范畴的提出,并不是也不会否认道德的目的性功能;相反,正视和承认道德的工具性功能,可以加强道德的目的性功能。

三、"道德资本"在破解经济与道德"二元对立"上的方法论意蕴

"道德资本"范畴的提出,在破解经济与道德"二元对立"上敢于正视社会经济生活中的客观变化,并坦然接受这种变化,承担起理论研究者的历史使命

---

① 王小锡:《六论道德资本》,载《道德与文明》2006年第5期。
② [西]阿莱霍·何塞·G.西松:《领导者的道德资本——为什么美德如此重要》,于文轩、丁敏译,北京:中央编译出版社2005年版,第46页。

和社会责任,尤其是在社会发展处于变革的时期更是有着敢于打破一般偏见探索真理的勇气。道德资本的研究"以一个耀眼的新话题不仅'凸显了经济运作中道德因素的地位与作用',更重要的是为我们最终走出'二律背反'的困扰指出了一个有益的思维路向:在生产和经营活动乃至整个社会生活中,道德本来也是一种'资本',资本(物质财富)和'道德资本'(精神财富)本来是可以通过我们的认识和建构实现逻辑与历史的统一的。概言之,'道德资本'研究问题的提出,对帮助当代中国人破解经济与道德'二元对立'的时代难题,无疑具有方法论的启迪意义"①。

首先,"道德资本"的提出,不仅规定了经济活动"善"的目的,而且也使经济建设获得更多、更全面的资源,从而摆脱了市场经济的低效困境。道德资本的逻辑并非把道德"当成"一种资本参与经济活动,而是道德事实上就"是"一种资本,它实实在在地促进着经济的发展。而且"道德资本之道德,是投入生产过程并能增进社会财富的有用的道德或称科学的道德,这样的道德一定是一定社会生活中道德'应然'的体现,作为资本的道德也就是经济活动中的'应该'"②。因此,它在成为一种资本而参与经济生活的过程中显然已经为经济生活确立了一个目的——"道德资本"服务的经济生活是为了而且只能是为了另一个"善"的目的。同时,道德资本的介入也将使经济建设获得更多、更全面的资源。假若说市场经济起物欲激励的作用,从而使市场经济本身陷入困境的话,那么引入道德资本,则是对物欲加以理性地规约和提升,促使其摆脱困境,从而实现市场经济的健康发展和高效化。道德资本作为"精神资本"或"知识资本"中的一种,其"特殊性就在于道德具有超前性(理想性)或导向性,它作为资本投入生产过程必然会形成一种其他资本无法替代的'力'。它作为一种看不见的理性之手或理性力量,能促使所有投入生产过程的资本实现理性化运作,牵引着人们实现利润的最大化"③。而且,"道德资本在经济运行过程中,不存在随着利润和效益的增加或减少而增加投入或撤出投入的问题。……它永远只会起促进经济发展的作用。尽管有时实物资本或货币资本投入后的效益不明显,甚至会亏本,但这不可能是道德资本的原因。倒是道德资本会因高尚的经济活动主体及其价值取向,努力改变实物资本或货币资本的投资方式或

---

① 钱广荣:《"道德资本"研究的意义及其学科定位——王小锡教授"道德资本"研究述评》,载《道德与文明》2008年第1期。
② 王小锡:《六论道德资本》,载《道德与文明》2006年第5期。
③ 王小锡等:《道德资本论》,北京:人民出版社2005年版,第8页。

投资去向,进而获得效益和利润的增值。而且,有时实物资本或货币资本因经济不景气、经营不善撤出原投资渠道时,此举动本身往往是道德资本在发挥着引导、协调作用"①。

其次,道德建设同样也将由于经济的发展而获得更加坚实的伦理基础,同时,运用经济学的概念——资本来分析道德,也将使道德自身变得更具有说服力和解释力。"道德之为道德,不仅在于主张什么、觉悟如何,更在于其特殊功能的发挥获得了什么。而且,主张是否真实和崇高,觉悟是否深刻和伟大,最终要看道德的工具性功能与效益。""人类社会相信那些最能促进他们整体幸福的那种思想品质才被称为'道德的'。"②可以说,不论是道德情感主义还是道德虚无主义,道德含义中所隐含的规则或准则可以增进个人或社会的福利都是没有任何疑义的。因此只有个人的自我利益和社会的集体利益相一致的道德,才是真正的道德,才会最终被人们所接受,即使这一接受过程可能是艰难的、漫长的;而与个人的自我利益和社会的集体利益相脱节的道德,就如同把房子建在沙滩上,最终必将坍塌,即使这一道德可能在某一时期得到了纵容,但最终必将因经不起实践的检验而消亡。正是基于此,道德资本所要求的道德必须能起到资本作用,必须能够促进经济的发展,因而它也是社会经济生活所要求的道德,是与现实利益相一致的道德。倡导这种道德不会产生"说一套、做一套"的局面,从而更有利于促进道德真正走向生活化。因此,在现实中正视道德的工具性,还道德"是"一种资本形态之本来面目,以探求能够促进经济发展的道德,这是推动经济与道德内在相结合的一条最为有效的途径。

(郭建新、尹明涛,原载于《江海学刊》2009 年第 3 期)

---

① 王小锡:《六论道德资本》,载《道德与文明》2006 年第 5 期。
② [德] 莫里茨·石里克:《伦理学问题》,北京:华夏出版社 2001 年版,第 149 页。

以人为本的"道德资本"

　　道德资本这一范畴,自其提出之日起,就存在着各种争议与质疑。但是,经济伦理学的发展证明,道德资本不仅逐渐成为经济伦理学体系中不可或缺的一部分,而且在这一系列的争论中,它的影响力正在不断地扩大,并且被越来越多的学者专家所认同。本文将以"人"为中心,从经济学、伦理学以及经济学与伦理学相结合的三个角度,对道德资本这一范畴做一些探索和阐述。

一、经济学的视角:另一种以人为中心的理论指向

　　人是所有经济活动的制动者、参加者和归宿者,假若经济学离开对"人"这个主体的分析,将人游离于自身之外,不仅会使整个经济活动变成无源之水、无本之木,而且经济学自身也将失去存在的价值。可以说,无法理解人,就无法理解整个经济学的架构。也正是如此,英国经济学家马歇尔才在其《经济学原理》一书中指出,经济学不仅是一门研究财富的学问,同时也是一门研究人的学问。①

　　但是,综观经济学史,"人"这个主体却一直是被经济学(家)所忽视的对象,尤其是进入近代社会以来,随着经济学自身极大地完善了数字化及实证的科学手段后,这种对"人"的忽视的局面则显得愈加明显。他们试图把经济学科建设成一门"价值中立"的"科学",为此,主张必须把价值问题从经济学的领域中清除出去,因为他们认为:"如果像道德监察官那样带着某种任意的标准和主观价值判断的赞同或不赞同的态度来研究社会事实,那将是徒劳无益的。"②其结果是,在漫长的经济学史上,人完全被"经济人"所代替,成了经济学

---

① 参见[英]阿尔弗雷德·马歇尔:《经济学原理》(上卷),朱志泰译,北京:商务印书馆1964年版,第3页。
② Mises & Ludwigvon: Human Action: A Treatiseon Economics, London: W. Hodge, 1949, p.2.

中唯一确信的人的存在方式。尽管作为概念,人还时有出现,诸如劳动者、工厂主、销售商、经纪人、"鲁宾孙"等等。但是,这些人都是已经丧失了人性的、被抽象成唯有经济利益最大化的"人",他们实际上(经济学家眼中是"它们")是没有感情、失去人性的"经济动物",至多也不过是作者导演的经济悲喜剧中的一种"摆设"。对此,马丁·霍利斯与爱德华·内尔讽刺道:"他不高不矮、不胖不瘦、不曾结婚也不是单身汉。我们不知道他是否爱狗、爱他的妻子或喜欢儿童游戏胜于喜欢诗。我们不知道他要干什么。但我们知道,无论他要干什么,他会不顾一切地以最大化的方式得到它。"①在这里,"人"仅仅作为一个符号而存在,他可有可无,不再具有任何的"能动"意义,就如同"泰罗制"管理下的人们,他们与物直接等同;他们是一个受动者,他们所要完成的任务已经被机器和原材料所决定,他们工作的节奏也已经被流水线的速度所规定,他们只是机器的一个延长部分,从而将包括道德在内的人的因素完全排除出了经济活动之外。很显然,这不仅无益于经济学科的建设,同样,也无益于经济发展本身。正如有学者所指出的:"假若人不能作为真正的或完美意义上的人而存在,甚或成为一个消极被动甚至反动的'存在物',那么不管技术设备有多好、物质资源有多丰富,其生产力水平注定是提不高的。"②"设想某一经济体系拥有土地和可进行再生产的物质资本,包括如同美国现在所可能拥有的生产技术,但是它的运转却受到下列的各种约束:不可能有人取得任何职业经验;没有受过任何的学校教育;除了所居住地区的信息之外,谁也不拥有任何别的经济信息;每个人都受其所在环境的巨大约束;人的平均寿命仅仅为 40 岁。在这样的情况下,经济生产肯定会悲剧性地大大下跌。除非通过人力投资使人的能力显著地提高,(否则)低水平的产出必定会与极其僵硬的经济组织同时并存"。③

可以说,经济学中的这种"见物不见人"的非人化研究状况直到 20 世纪 60 年代才有了一些改变。虽然当时人力资本概念的提出,其初衷是为了解释二战后德、日等国迅速复兴的文化根源,但是这一概念对人的教育水平、文化背景以及伦理规范等因素的关注,却第一次破天荒地将人作为经济学的主体纳

---

① M. Hollis & E. J. Nell: Rational Economic Man. Cambridge: Cambridge University Press, 1975, p.54.
② 王小锡等:《道德资本论》,北京:人民出版社 2005 年版,第 24 页。
③ [美] 舒尔茨:《论人力资本投资》,吴珠华等译,北京:北京经济学院出版社 1990 年版,第 19 页。

入了考察对象,使人重新被注意到并重新回到了经济学的视野之中。但是,这时候的人仍然是没有被真正理解的"人"。马克思指出:"人的本质并不是单个人所固有的抽象物,在其现实性上,它是一切社会关系的总和。"①人力资本所关注的主体主要是作为独立个体的知识教育以及文化等因素,却忽略了最为根本且最为重要的人与人之间的社会关系,即道德关系。因此,只有在现实关系中考察人,建立人,才能真正地认识人,使人重新回归到经济学中来。

无疑,道德资本这一范畴的提出,这时候就具有了重要的转向意义。如果说人力资本的出现,使"人"从"经济人"中复活过来,并重新回到了经济生活中来的话,那么道德资本范畴的确立,则使经济学中的"人"第一次在社会关系中尤其是道德关系中成为被真正的理解的"人"。它不仅要求人们在社会关系中即人与人之间的道德关系中打量人,而且认为,经济生活中的这种处理人与人之间关系的道德本身就是参与经济生活中的一种重要资本。诚如王小锡先生所指出的那样:"所有经济行为都是行为主体的价值取向的一种表态方式,即使仅仅是为了活命的最简单的经济行为,也是在一定层面上的生存目标的'自主'表达。否则,'人的'经济行为就该遭到怀疑,人的经济行为将'变质'为动物的行为。"②因此,"经济问题不是一个纯而又纯的投入产出的物质的或数量的问题,它虽是物质及其数量问题,但也内含着精神及其伦理问题。"③不内含伦理的经济无法理解,也不可能存在。伦理道德作为人力资本的核心内容,它直接决定着人力资本效益的获得,人力资本的有效投入程度不像物质资本那样具有恒定性,它物化于人本身,它的开发和利用完全取决于人自身的活动,只有通过人的自觉意识,即伦理道德素质的驱使才能在生产过程中发挥功效。换句话说就是,任何作为物质的存在形式的经济成果都是精神化了的物。商品生产者作为经济主体,他生产商品的过程就是其人格化的过程;商品作为物,同样体现了商品生产者的人格。④ 试想,假若把"人"抽象出来而仅仅作为一种实物资本投入到生产过程的话,那么,可以想象的是,整个生产过程也必定无法运行,同样,一切的"资本"也就无所谓资本了,至多只是作为一种资产与资源而存在。

由此可见,人,尤其是一个拥有道德人格并在社会关系中被正确理解的人

---

① [德]马克思、恩格斯:《马克思恩格斯文集》(第1卷),北京:人民出版社2009年版,第505页。
② 王小锡等:《道德资本论》,北京:人民出版社2005年版,第42页。
③ 王小锡:《经济伦理学的学科依据》,载《华东师范大学学报》(哲学社会科学版)2001年第2期。
④ 章海山:《经济伦理方法论的研究》,载《道德与文明》2000年第2期。

对于经济学发展的重要性。难怪阿马蒂亚·森要感叹,经济学和伦理学的逐渐分离,不仅使伦理学丧失了基础,同样也使经济学自身走向了绝境。① 以为经济学必然以物为中心来展开自己的理论体系,显然,这是一种天大的误会与莫大的过失。如果说,在经济学创始初期,面对刚刚从贫穷与饥饿摆脱出来的人类来说,我们还有理由忽视"人"的存在,以物质财富的生产与分配作为自己的研究对象及中心的话,那么,在面对经济发展、文明进步、人类自主意识强化的今天,我们则很有必要反躬自问:经济学是否还有必要以"物"为中心?!

毫无疑问,道德资本已经为经济学的发展指出了另一个有益方向:它以经济生活中的人及其人的关系为对象,以人为基点而展开理论体系;一句话,是一种以"人"为中心的经济学理论研究。

二、伦理学的视角:对人利益追求的一种重新正视

传统的道义论一向否认人的利益追求,通常以抽象的人性观为基础,注重动机的合理性,却往往将义利分离开来甚至直接对立。他们认为利益(或效率)不应当是道德关注的中心,伦理学应当关注的是形而上的道义,即道德原则和规范,强调事物或行为的正当性和合理性,而非形而下的多变的利益。为此,他们认为,市场经济中一切的不道德现象都源于人们对利益或效率的追寻,因此只有对市场的赢利原则进行"基础性的批判",才能从根本上改变市场的不道德性。显然,这种道义论的立场只看到了问题的一个方面,即纯经济合理性导致经济与道德相背离的一面,却"忽视经济学作为一种分析手段的贡献和经济刺激对实现伦理目标的帮助"②。

事实上,离开人的利益谈道德,道德就是空谈。马克思曾经指出:"人们奋斗所争取的一切,都同他们的利益有关。"③在其本质上,"道德之为道德,不仅在于主张什么、觉悟如何,更在于其特殊功能的发挥获得了什么"④。可以说,

---

① 参见[印]阿马蒂亚·森:《伦理学与经济学》,王宇、王文玉译,北京:商务印书馆2000年版,第13—15页。
② [美]乔治·恩德勒:《面向行动的经济伦理学》,高国希、吴新文等译,上海:上海社会科学院出版社2002年版,第16页。
③ [德]马克思、恩格斯:《马克思恩格斯文集》(第1卷),北京:人民出版社1956年版,第82页。
④ 王小锡、李志祥:《五论道德资本》,载《江苏社会科学》2006年第5期。

"人类社会只相信那些最能促进他们整体幸福的那种思想品质才被称为'道德的'"①。就如同亚里士多德所理解的那样,道德是引导人们追求幸福生活的实践智慧或学问,是让人们过得更幸福的生活艺术,而并不是悬空不着的精神幻觉。在以往讨论经济问题的时候,我们总是自觉或不自觉地从一开始就站在与经济学相对立的立场上来谈问题,显然,这是错误的。"道德是为了人而存在,并非人为道德而存在。"②利益作为人的一种本质需要,道德理应为促进人们的利益服务,也唯其如此,伦理道德才具有其应有的生命力。尤其在当前的市场经济条件之下,否认人的利益追求,更是得不偿失,正如韩朝华博士所说的:"拒斥个人利益、否定个人自主的道德批判可以高义薄云,慷慨激昂,却贴不准市场制度的基本原则和价值内涵。这样的道德批判往往诱导人们注重结果的均平,而忽略自我责任和自我进取。它长于煽情,拙于建设。它容易使人对传统社会中的安全感和僵化秩序幻发温情脉脉的憧憬,而对承受转型期痛苦的必要性产生怀疑。"③事实上,追求个体正当的经济利益与遵循道德的前进方向并不相违背。就人类道德生活目的本身来说,并不排除、也不应该排除人们的正当的经济利益。正当的经济利益追求本身就是人的一种基本的道德权利,因而是合乎道德且应当也是道德所应提倡的价值行为。

"道德资本"这一范畴的提出,正是王小锡先生试图使现实经济生活中的"善"与"效率"重新走向统一的一种努力与尝试。它试图"从经济与道德的耦合点出发,发掘两者的动力点,强调经济与道德互为目的与手段,确立道德标准与经济目的的一致性"④,为此,它摒弃了以往道义论对人的利益的忽视,不仅要求道德内在追求动机的合理性,而且也注重道德行为结果的效果和效益,从而使道德从抽象的"道德境界"转化为了具体的实实在在的"功德无量"。可以说,在当前市场经济发展的条件下,尤其是"以经济建设为中心"这一主题未变的现实情况之下,它的提出具有重要的重建意义。

道德资本首先强调的是道德的"资本性",即效益性。"所谓道德资本,从

---

① [德] 莫里茨·石里克:《伦理学问题》,孙美堂译,北京:华夏出版社2001年版,第149页。
② 甘绍平:《伦理智慧》,北京:中国发展出版社2000年版,第7页。
③ [德] 柯武刚、史漫飞:《制度经济学——社会秩序与公共政策》,韩朝华译,北京:商务印书馆2000年版,第638页。
④ 朱辉宇、姜晶花:《研究思路的突破带来理论观点的创新——读〈经济的德性〉》,载《南京社会科学》2003年第2期。

内涵上,它是指投入经济运行过程,以传统习俗、内心信念、社会舆论为主要手段,能够有助于带来剩余价值或创造新价值,从而实现经济物品保值、增殖的一切伦理价值符号。"①可以说,它正是通过对社会经济运行规律的考察,运用功利量化分析和经济表达形式,对道德的建构过程进行了解构,从而重新建构了人的利益诉求在现实社会关系中即人与人之间的道德关系中的重要作用。同时,它又把自身与抑制人性、将欲望视为洪水猛兽的传统道德体系严格地划分了开来。

总之,当我们在反对极端个人主义倾向的时候,不能在严厉压抑个体的传统文化惯性的影响下走向极端,甚至连人的正当利益追求也忌讳起来。尤其是在现当代,我国生产力发展水平不高、人们日益增长的物质需求和精神需求还不能得到满足之际,我们所主张的道德不应当仅仅只是目的,同样相对于"人"这一主体来说,其在客观上也应该是一种手段、一种"资本"。它必须在自身成为目的的同时也服务于经济发展这一目标,从而满足"人"的需求。如果说一味强调"道德"的目的性而忽略其功用性的话,人们就会在这个社会重大变革时期成为持消极道德(以抑制欲求和无所作为来独善其身)的被动主体,从而不能积极地成为中国现代化建设的主力军,甚至会慷慨激昂地站在社会进步的对立面去"卫道",或者随波逐流地为道德失范现象推波助澜。

三、经济学与伦理学相结合的视角:以人的道德来限制人展现在资本上的"唯利是图"

"在这篇文章中,我把视道德为一种资本的逻辑称之为'道德的资本逻辑'。……所谓道德的资本逻辑,指的是以资本及其运作逻辑来演绎当代市场经济境遇下道德因素的地位与作用。"②"资本害怕没有利润或利润太少,就像自然界害怕真空一样。一旦有适当的利润,资本就胆大起来。如果有10%的利润,它就保证到处被使用;有20%的利润,它就活跃起来;有50%的利润,它就铤而走险;为了100%的利润,它就敢践踏一切人间法律;有300%的利润,它就敢犯任何罪行,甚至冒绞首的危险。"③

正是基于以上的假设和认识,有些学者认为,道德资本的实质就是用资本

---

① 王小锡等:《道德资本论》,北京:人民出版社2005年版,第6页。
② 郑根成:《论道德的资本逻辑》,载《湖南工业大学学报》(社会科学版)2007年第1期。
③ [德]马克思、恩格斯:《马克思恩格斯文集》(第5卷),北京:人民出版社2009年版,第871页。

的"无限制的逐利性"将人"无休止的欲望追求"合法化,因此,其必将道德引向不道德,并导致市场经济过程中的尔虞我诈和残酷竞争,甚至道德沦丧。例如郑根成先生在其《论道德的资本逻辑》一文中指出:"把道德解读为一种资本,道德本身也就被视为可以进入流通领域的交易对象。这种理论可能会带来一个巨大危机——道德的意义危机。资本的运作过程,就是追求利润最大化及资本无限扩张的过程,在这个过程中,资本为了达到其目的是不择手段的。而且我们也知道,资本目的是通过对劳动力价值的剥夺来实现的,资本的这种运作过程及其目的实现的方式都是由其本性所决定了的。如果这种理解没有错的话,那么,把道德解读为一种资本,尤其是当前我国转型社会时期,旧的道德价值体系日趋瓦解而新的道德价值体系还没有完全建立起来的情况下,必将引起人们对道德价值理解的混乱,因为这一观点在客观上会引导人们更倾向于关注道德的功利性工具价值,而不是道德的社会性目的性价值,道德于个体、于社会的向善的超越意义无疑也会倾向于被消解。这无疑是破坏了整个社会的道德基础,并最终也将使得经济目的难以实现。"[①]

很显然,他们并不懂得"道德资本"这一范畴的真正内涵。"道德资本"这一概念,是王小锡教授在其《论道德资本》一文中首次明确提出来的。它相对于"资本一般"而言,暗含着这样一个事实判断:道德是一种资本形态。这与郑根成教授所说的"把道德解读为一种资本"是有其本质的区别的。"道德资本"的范畴是对客观规律的一种总结,属于对事实层面的陈述,它并不以人的主观意志为转移;而"把道德解读为一种资本"的逻辑则恰恰是建立在个人的主观意志之上,可以说,其首先是必须否认参与经济生活中的"道德是一种资本"这一事实的,因为只要我们略加以反推,就会清楚地知道没人会如此表述——"把猫视为猫"。因为猫事实上就是猫,而不是谁把它"视为"的问题,除非精神错乱,才会说我是把猫"视为"猫。因此,按照郑教授的论述,假若"把道德解读为一种资本"当成道德的资本逻辑的话,那么道德资本的逻辑则是"道德是一种资本"的逻辑。而把这两者胡加等同,为批判而批判的观点显然是有失准确的。事实上,道德资本的逻辑并不是我们"以"资本的逻辑来"演绎"道德,而是道德在参与经济运行过程中"事实地"成为一种资本,并促进了经济的发展;故此,它不会也不可能使道德完全沦为资本"逐利性"的工具,恰恰相反,它是以人的道德限制人展现在资本上的"唯利是图"。

---

① 郑根成:《论道德的资本逻辑》,载《湖南工业大学学报》(社会科学版)2007年第1期。

首先,"道德资本"在肯定和加强了道德工具性功能的同时,或者说在正视了人的利益追求的同时,它还预先地限定了这样一个前提,即这种"道德资本"本身必须是而且一定是道德的。这就意味着,道德在其成为一种"道德资本"而参与经济生活的同时就已经为经济生活确立了一个"善"的目的,而且也只能是为了这个"善"的目的。"道德资本之道德,是投入生产过程并能增进社会财富的有用的道德或称科学的道德,这样的道德一定是一定社会生活中道德'应然'的体现,作为资本的道德也就是经济活动中的'应该'。"① 因此,"道德资本"所服务的经济生活是为了而且只能是为了另一个"应然"的目的。"道德资本"本身蕴含的这种目的性指向,保证了资本的投向,限制了资本本身的唯利是图和人无休止的欲望追逐,从而保证了市场经济的健康发展。

其次,"道德资本是精神资本,其作为资本存在时就意味着作为经济活动主体的人已经具备优秀的品德,同时也表明实物资本或货币资本已经在按照人的一定的价值取向和善的目标在运作。否则,道德资本就不能成立"②。因此,"道德资本不能像其他形式的资本那样具有善恶二重性或者同等的效用","它永远不会被用于罪恶的目的"③。正如王小锡先生在其《六论道德资本》中所说:"道德资本在经济运行过程中,不存在随着利润和效益的增加或减少而增加投入或撤出投入的问题。……它永远只会起促进经济发展的作用。尽管有时实物资本或货币资本投入后的效益不明显,甚至会亏本,但这不可能是道德资本的原因。倒是道德资本会因高尚的经济活动主体及其价值取向,努力改变实物资本或货币资本的投资方式或投资去向,进而获得效益和利润的增值。而且,有时实物资本或货币资本因经济不景气、经营不善撤出原投资渠道时,此举动本身往往是道德资本在发挥着引导、协调作用。"④ 从而确保了投入市场的"资本"的目的性与市场经济发展的正向性。

(尹明涛,原载于《江苏社会科学》2009 年第 2 期)

---

① 王小锡:《六论道德资本》,载《道德与文明》2006 年第 5 期。
② 王小锡:《六论道德资本》,载《道德与文明》2006 年第 5 期。
③ [西]阿莱霍·何塞·G.西松:《领导者的道德资本——为什么美德如此重要》,于文轩、丁敏译,北京:中央编译出版社 2005 年版,第 46 页。
④ 王小锡:《六论道德资本》,载《道德与文明》2006 年第 5 期。

21世纪以来学术界关于道德资本研究的争鸣

随着改革开放的逐步深入和社会主义市场经济的进一步发展,道德在经济社会中的作用日益突出。同时,经济领域里出现的一系列失德、败德现象也引起了社会各界尤其是学术界对道德之价值的理性分析。自20世纪80年代末以来,围绕道德能否成为一种新型的资本形态,国内学术界展开了几次大的讨论。对道德资本的概念、道德与资本的关系、道德在经济活动中的作用等进行了热烈的讨论。这种学术探索方式,有利于进一步厘清道德资本的属性、构成、作用机理、社会价值等,也有利于推动良好学术环境的形成。

一、道德资本的含义及功能

20世纪90年代,商品经济浪潮席卷中国,经济体制改革步伐加快,人们的生活有所改善,但是生活压力感和未来的不确定预期明显加强,基于道德的外源性作用,出现了涉及道德资本的个别论述,但未对道德资本进行明确的概念界定,理论体系构建也不完整。2000年,南京师范大学王小锡教授在《论道德资本》一文中首次对道德资本的含义、特点等进行了较为系统的阐述,认为道德是生产过程中的重要资本。道德资本从内涵上是指投入经济运行过程,以传统习俗、内心信念、社会舆论为主要手段,能够有助于带来剩余价值或创造新价值,从而实现经济物品保值增值的一切伦理价值符号;从外延上指一切有明文规定的各种道德行为规范体系和制度条例,又包括一切无明文规定的价值观念、道德精神、民风民俗等。① 在他看来,道德资本的三大特点,即道德资本是无形的,是人力资本的精神层面和实物资本的精神内涵;道德资本是渗透型、导向型和制约型资本;道德资本形成过程是缓慢且艰巨的。② 为了实现道

---

① 王小锡、杨文兵:《再论道德资本》,载《江苏社会科学》2002年第1期。
② 王小锡:《论道德资本》,载《江苏社会科学》2000年第3期。

德资本的价值,人们应该注重人的道德素质与生产力水平之间的互动关系,应在发展过程中坚持人本管理,产品设计和质量上重视道德属性,将信誉作为企业利润获得的根本条件。此后,王小锡等教授发表了一系列文章,对道德资本的内涵外延、功能特征等问题进行了系统论述。"一石激起千层浪",这一崭新概念的提出引发了多方关注并在2000年至2006年间形成了第一次学术争论。此次争论主要围绕以下问题进行:

一是道德与资本的关系。有学者对道德是否可以理解为一种资本表示质疑,提出了道德只具有资本的某些特点,道德因素在某种意义上具有促成资本增殖的作用,但是道德本身并没有实现价值的增值,只能称之为"道德的资本性特点",而非道德资本,不能将道德资本看作资本实体。[①] 面对质疑,王小锡教授从道德资本的二重性出发进行回应,认为道德资本始终要与有形资本的运作相统一,内蕴于实物形态资本,不可能游离于有形资本之外,并通过生产、交换、分配、消费四大环节发挥应有功能,道德资本不仅具有寄生性,而且具有相对独立性。[②] 随后,王小锡教授发表了《三论道德资本》《四论道德资本》《五论道德资本》《六论道德资本》等系列论文并出版专著《道德资本论》,详细论证了道德资本的概念含义、理论依据、基本特征、作用机理、社会意义等,并指出,从广义资本观来看,资本与道德两者在资源配置方面属性相近、本质相通,资本的本性与道德互为存在,道德能够以一种资本资源形态出现,具有非强制性,其本身就是广义资本在社会伦理范畴的集中体现。道德之所以成为资本,正是因为其构成了对交易各方的有效约束。[③] 而作为非正式制度的道德,在经济活动中是一种"慢变量",能够防范交易过程中的"道德风险",减少经济活动中的机会主义行为,降低交易成本,强化"利他——约束"的自律机制,提升资源配置效率,营造良善环境,促进经济健康发展。正是基于这种特殊的激励和约束机制,道德才具备成为制度资源的属性,完成了向道德资本的"华丽转身"。有学者表示支持并认为,道德资本是资本的一种特殊形态,是无形资本或精神资本,符合资本一般的规定,具有资本结构的一般内容。[④] 亦有学者提出道德具有"资本力",是企业无形资本的核心内容,能够提升经济效益、增强

---

① 郑根成、罗剑成:《试论道德的资本性特点——兼论道德资本》,载《株洲工学院学报》2002年第5期。
② 王小锡、朱辉宇:《三论道德资本》,载《江苏社会科学》2002年第6期。
③ 华桂宏、王小锡:《四论道德资本》,载《江苏社会科学》2004年第6期。
④ 黄长健:《道德资本与资本一般》,载《兰州学刊》2005年第2期。

企业凝聚力、推动经济增长,行为主体内在的道德自觉是资本发挥作用的力量源泉,更是组织内外人际合作的信任基础。①

二是道德资本工具性与目的性之间的关系。道德资本究竟是工具性的、目的性的,还是价值性的?对之如何理解,学界争论不已。有学者尖锐指出,道德资本固然强调了道德的重要性,但道德却没有也不会因此而成为资本。因为将道德理解为资本会带来道德意义的危机,导致道德功利性工具价值,而非社会性目的价值,道德于个体、于社会的终极意义和终极价值将会被消解。王小锡教授认为道德目标与资本目标相向而行,道德对于人来说应当是"目的性功能"与"工具性功能"的统一。道德资本概念是传统道德和资本概念历史发展的时代产物,是经济伦理思想的与时俱进。传统道德观念中,道德的目的性功能被放在首位,工具性功能处于边缘地位。特别是制度经济学中强调将道德视为发展经济的重要手段和获取利润的特殊工具,突出了道德的工具性功能。矫枉亦非过正,道德资本概念并非否认道德的目的性功能,而是要在承认道德目的性功能的基础上,进一步强化道德的工具性功能研究,毕竟道德之为道德,最终要看道德的工具性功能与效益。② 也有学者明确指出,道德的目的性功能与工具性功能从来就不是截然对立的,没有目的性功能所提供的目的、责任和约束,道德不能称其为道德;没有工具性功能所提供的现实意义,道德难以显示其现实价值。因此,道德资本范畴的提出在破解经济与道德"二元对立"观上具有独到的方法论意义。③ 其实,国外学界对这一问题早有评判,西班牙著名学者西松认为道德资本的价值具有本体性和工具性的统一。④ 由此可以看出,道德资本的提出是国内经济伦理学界长期发展和积淀形成的理论创新,不是"文字游戏",是对传统实物资本理念的超越,是在社会实践发展中自觉形成的原创性成果,是对资本概念的全面性理解和创造性完善。

应该说,道德资本争论适应了当时社会发展的需要,其时代必然性体现在道德资本对商业诚信等市场经济价值属性的强调与复归,具有十分重要的社会价值。同时,这种讨论也有利于学界对交叉学科概念的澄清,促进了经济伦理学的发展。

---

① 郑泽黎:《道德资本力略论》,载《重庆社会科学》2006 年第 4 期。
② 王小锡、李志祥:《五论道德资本》,载《江苏社会科学》2006 年第 5 期。
③ 郭建新、尹明涛:《论"道德资本"之依据》,载《江海学刊》2009 年第 3 期。
④ [西]阿莱霍·何塞·G.西松:《领导者的道德资本——为什么美德如此重要》,于文轩、丁敏等译,北京:中央编译出版社 2005 年版,第 220 页。

二、资本的道德依据

随着国际金融危机全球影响的加剧,国内企业转型升级迫在眉睫,某些经济学家一直强调市场经济与道德是矛盾的,利润最大化和"经济人"的思维导向使一些企业陷入迷惘,因此,从2007年到2009年,围绕道德与资本能否共存、资本的功能究竟有哪些等问题学术界展开了激烈的争鸣。道德资本又一次被推上了理论的"风口浪尖",社会各界从道德制度建设、伦理文化基因、企业社会责任等角度展开了多学科、多阶层的大辩论,讨论状态异常激烈,问题内涵更加深入,实践指向更为凸显,呈现出"百花齐放、百家争鸣"的状态。

一是参与阶层更加广泛。如果说之前对道德资本理论的探讨更多地在伦理学界内部开展,而此时期政界要人、经济学家、社会学者等多领域多学科背景人士加入讨论,拓展了道德资本研究的学科视野,从更深层次明晰了资本与道德关系问题,为道德资本理论的发展与完善打下了良好基础。面对毒牛奶等食品安全事件,时任国务院总理温家宝强调:"每个企业家都应该流着道德的血液,每个企业都应该承担起社会责任。合法经营与道德结合的企业,才是社会需要的企业。"[1]基于世界经济形势的变化和我国企业发展状态的分析,2007年初著名经济学家成思危针对社会流行的"资本无道德"观点进行批评,指出中国企业正面临企业社会责任的挑战性考验。那种资本无道德,财富非伦理,为富可以不仁的经济理论和商业实践,在中国社会不能容忍。企业要承担起社会责任,做"尊法纪,重伦理,行公益"的好公民,尽早完成由"经济人"向"道德人"的转换。社会形成良好道德舆论,对企业承担社会责任进行约束和激励。[2]成文被多次转载后,引起社会巨大反响。质疑者更是抛出了"资本无道德企业有责任"的论断,认为资本在本质上不包含道德成分,不能对资本采取"歧视性"态度,强迫资本"承担"道德责任,企业社会责任是一种法律上的责任,在法律规定之外,企业作为资本的人格化不需要承担其他责任,应防止企业社会责任异化和扩大化。[3] 亦有人提出在资本市场讲道德建设是对牛弹琴,资本本身无所谓道德,既不追求做善事,也

---

[1] 温家宝:《在夏季达沃斯论坛年会企业家座谈会上回答提问》,http://politics.people.com.cn/GB/1024/8118803.html,2008-09-28。
[2] 成思危:《中国不能接受"资本无道德"论》,载《中国经济周刊》2007年第5期。
[3] 乔新生:《资本无道德企业有责任》,载《中国经济导报》2007年2月10日。

不追求做坏事,只追求资本价值增值。即使资本遵循道德运行,也不是资本自身的自觉意志,不能指望资本自身承担社会责任。① 甚至有人错误地认为,道德资本是伦理学家思维的产物,其功利性的特征将使道德低下"高贵的头颅",沦为资本的附庸。上述观点反映出社会各方对资本和道德的关系仍有不同理解。

二是讨论问题更加深入。这一时期道德资本的探索不再简单讨论资本与道德的关系问题,更多地从制度建设、社会责任、伦理文化等角度展开。针对"市场无伦理,经济无道德,制度无人性"的论调,王小锡指出管理和制度"伦理无涉"的时代宣告终结,道德引导行动的合理性成为社会重要制度资源,社会赋予了企业应有的道德责任,经济活动需要"价值回归",并认为道德资本呈现出道德制度形态、理性关系形态、主体觉悟形态、道德产品形态。② 有学者进一步反驳,资本的道德属性是资本内在本性之一,资本是趋利和趋善的矛盾统一体,是增值属性和道德属性的有机统一。企业作为"社会公民",应具备社会道德,承担社会责任,对各利益相关方有趋善的诉求,市场经济出现问题更多反映了行为主体趋善内涵的缺失。③ 经济学家马光远一针见血地指出,应铲除"资本无道德"在中国生存的土壤,"资本无道德"的本质是对现代商业伦理的公然违背和法律规则的漠视。"无道德"的资本通过"寻租"等行为,劣币驱逐良币,打败了资本内涵的道德基因,使得在经济指标考核政绩体制下,"资本无道德"成为企业和政府集体行动的逻辑。④ 还有学者强调,"资本无道德"内容有三方面:制度无道德、监管无道德、官僚无道德,"资本道德"是基于制度与政府力量的形式道德,应该通过制度建设与严格执法的方式让"道德"取代"无道德"成为资本的显性基因,从而形成伦理文化。⑤

三是理论探讨与企业实践结合更为紧密。许多学者从商业伦理和社会实践角度出发,反思新世纪以来我国市场环境恶化、食品药品安全危机、企业诚信缺失、道德规范缺位等严重问题,指出企业社会责任缺失是"病灶"。有学者认为"资本无道德",为富可以不仁的商业实践已经到了难以容忍的地步,这正是道德滥觞下无序无德的利润最大化的恶果,产生这种现实的原因无外乎道

---

① 鲁品越:《资本有没有道德属性》,载《解放日报》2007年2月12日。
② 王小锡:《七论道德资本:道德资本的基本形态研究》,载《道德与文明》2009年第4期。
③ 靳环宇:《资本天生具有道德属性》,载《解放日报》2007年4月9日。
④ 马光远:《"资本无道德"的现实困局与法治之道》,载《中国经营报》2007年2月5日。
⑤ 舒圣祥:《"资本道德"来自何方?》,载《管理与财富》2007年第2期。

德信仰虚空,道德的制度化和社会道德舆论建设无力,公权力越位错位,社会偏重利润获取而弱化道德资本归置。① 面对企业诚信问题频发,为了赚快钱而放弃道德原则,采取不正当手段进行市场竞争,有人提出企业的道德和信用建设必须引进竞争机制,唯有在充分的竞争中,企业才会对是否讲信用、短期利益和长期利益、个人利益和他人利益进行均衡考量,通过反复博弈选择合理的道德追求,达成市场主体间的合作,进而尊重对方权利。② 通过反思政府监管不足和法律规范乏力,有人建议营造良好社会关系,进而以社会舆论来引导企业及企业家理性的自觉,用制度来监督个体行为,用法律约束企业行为主体。在市场经济条件下,诚信本身是一种资本,企业经济行为在微观个体利益创造与宏观社会利益追求过程中寻求平衡,就是企业社会责任。而这一阶段道德资本的讨论更"接地气",研究视角更多关注企业成长和社会民生。

总之,道德资本不是企业的"赔本买卖",当它应用到生产领域时,必然会因人的素质尤其是道德水平的提高而形成一种不断进取的精神和人际间和谐协作的合力,塑造良性企业环境和伦理氛围,并促使货币和实物资本最大限度地发挥作用并产生效益,使企业获得更多的利润,进而提升企业的竞争力。

三、道德资本理论发展

伴随中国综合国力的逐渐提升和国际影响力的日益扩大,将道德作为文化软实力的重要组成部分已成为学界共识。道德资本问题经历了数次争鸣,虽然仍有学者坚持认为道德资本功能庸俗化或有导致道德工具化的危险倾向,但是大多数学者对这一问题的认识已渐趋于理性,道德资本理论已得到较广泛的学界认可。从 2010 年开始,学术界争论的主要特点表现为对道德资本理论的全方位分析,道德资本理论评估体系的系统构建和实证研究,道德资本理论在域内外得到传播,并引起了国际同行的认同。

一是道德资本的属性澄清和学理分析。理论越辩越明。这一时期,学界对道德资本的本质内涵、外延、作用等理论呈现出更多的认可,早期出现的道德实用主义、道德万能论等指责均非理性的学术态度。简单地将道德资本视为利己或利他的资本形态这本身就是对道德资本最大的"误读",毕竟资本关系孕育于价值之中,道德之所以为资本是强调道德在资本运动中具有不可或

---

① 邓海建:《给"资本道德"寻找一条回家的路》,载《新西部》2007 年第 Z1 期。
② 邓聿文:《只有充分竞争才能使资本讲道德》,载《上海证券报》2007 年 1 月 31 日版。

缺、不可替代的作用，即在资本投入生产并发挥作用的过程中，道德起着引导、协调、监督的作用。而道德在价值合理性限度内具有正向经济价值，是一种有价值的生产性资源，道德与资本本质上具有耦合性，道德价值与资本理性目标具有一致性。道德资本从人的理性回归角度重新理解资本的内涵，其核心应是为社会主义市场经济条件下资本属性寻求新的价值塑造，从而实现道德与资本的有效整合，缓解现实中的矛盾和冲突。葛晨虹教授认为，如果没有道德价值的关切，很难有合理有序的经济活动。道德理性成为市场经济的内在价值，与市场经济运行形成"共振"，不强加外在说教，不盲从市场行为规范，引导经济主体的合理发展。从某种角度讲，道德价值目的性与工具性的统一体现了人们道德的自为状态，道德只有内化为经济主体的自觉意识并进入生产过程之中，才能发挥精神生产力和价值增值的作用。因此，资本的本性与道德不仅不相抵触，而且是互为存在的。道德资本改变了资本趋利逻辑，避免了资本非理性膨胀，不断地推动着资本伦理化和社会人性化的发展。

二是道德资本的系统性构建和实证性研究。经过理论纠偏和场域探索之后，王小锡教授团队对道德资本进行了全方位的系统性构建和实证性研究。他九次撰文澄清并梳理道德资本概念，系统性建构了道德资本理论体系，同时，又深入全国各地企业进行调查研究，结合国内企业发展的现状及道德环境变化情况，规范了道德资本评估的八大指标，即企业道德理念与道德原则、道德性制度、道德环境、道德忠诚、产品道德含量、道德性销售、社会道德责任、道德领导与领导道德，提出了受到企业界赞誉的道德资本实践与评估指标体系，为企业培育道德资本提供了可操作的行动依据，进而探索一条健全合理的企业发展之路。对该问题的研究，周中之教授提出，在实践层面，要超越功利论和道义论的对立，把道德理想性和现实性统一起来；在操作层面，建立在工具理性基础上的道德资本才更接"地气"；在信仰层面，要超越功利思想，引导人们追求高尚。① 实事上，道德资本具有"正外部性"，不具有排他性，道德资本的影响和受益方应该超越企业自身，这才是作为理性价值的道德在企业发展和资本运行中应起到的作用。总之，道德资本的构成应是一种综合性理念体现，不偏颇某项指标，并将道德精神渗透企业运营发展的全过程，其目的不是限制资本的发展，而是要规范资本的运行秩序，降低资本运行风险和运行成本，增

---

① 吴楠等：《道德是一种资本吗？》，http://www.wenming.cn/ll_pd/wh/201501/t20150114_2401330.shtml，2015-01-14。

进道德资本存量,促进企业提质增效和经济又好又快发展。

三是道德资本理论的国内热度与国外影响。自2000年道德资本概念首次明确提出至今,王小锡教授团队发表系列论文论证道德资本的内涵外延、运行机理、作用影响、评估体系等,并出版了《道德资本与经济伦理》《道德资本论》等专著数十部,形成了较为完整的道德资本理论,引发国内外学界持续关注。《道德资本论》作为我国经济伦理方面的原创性著作,受到学界高度关注。章海山教授认为,该书作为世界独特的经济伦理或伦理经济理念,具有严密的逻辑理路。李建华教授指出,该书集中了王小锡长期以来在道德资本问题研究中的观点,形成了相对完整的理论体系和面向实践的学术研究路径。王淑芹教授赞誉,该书提供了一种新的学术研究思路,客观地分析和阐述了经济内蕴的道德禀性。与此同时,中国伦理学会专门成立经济伦理分会,并组织了数十场高规格、国际性的论坛,如2017年4月15日举办的"道德资本与企业经营"研讨会等,对道德资本的内涵与实践、企业道德文化、企业家精神等展开热烈的讨论。引进与输出并举,是当代中国伦理学人深化理论、延展思想的必由之路。道德资本作为我国改革开放以来伦理学界极具鲜明特点的理论体系,其影响远播全球。《道德资本研究》由德国斯普林格出版社面向全球出版发行,之后又成功翻译日文、泰文、塞尔维亚文等多种文字,引发了相关国家学者热议,在国际伦理学界和企业界引起广泛反响。

总之,学术争鸣是推进学术研究的应有之义,服务社会是理论的生命力所在。近年来,学术界围绕道德资本研究的一次次讨论,体现着社会各界对中国经济社会发展内生动力的关心,更彰显着学术界的使命担当。道德资本不仅是一种生产型资本,而且是一种投资性资本(王小锡语),已经得到了社会各界的认可。但同时,随着改革开放的深入和社会主义市场经济的发展,道德的功能会进一步拓展,作用将进一步扩大。对道德资本的内在逻辑、道德资本的价值、道德资本发挥作用的机理诸方面的研究需要伦理学、经济学等多学科学者更深入的探讨。

(朱金瑞、孟维巍,原载于《伦理学研究》2019年第1期)

道德资本研究述评

道德资本是近年来受到重视同时也引起争议的概念。据统计，自1997年起对道德资本的学术关注度逐年递增，总体趋势呈现上升态势，并且伴随着争论分别在2007年和2011年形成了两个小高峰，引起了学界的高度关注。因此，深入透视近年来我国道德资本研究的状况有助于道德资本理论的辨析以及实践问题的解决。

一、道德资本的概念及争议

国内的道德资本研究从提出时起就引起了广泛关注和深入讨论。较早对道德资本提出较为完整定义的王小锡教授认为，道德作为资本范畴，"是一种力，一种能够投入生产并增进社会财富的能力"[1]，"从内涵上，它是指投入经济运行过程，以传统习俗、内心信念、社会舆论为主要手段，能够有助于带来剩余价值或创造新价值，从而实现经济物品保值、增殖的一切伦理价值符号；从外延上，它既包括一切有明文规定的各种道德行为规范体系和制度条例，又包括一切无明文规定的价值观念、道德精神、民风民俗等等"[2]。这个概念的提出引起了较大的反响，赞同和反对方都提出了各自的看法。赞同的学者据此认为道德资本是资本的一种特殊形态，是一种特殊的资本，是无形资本和精神资本，符合资本一般的基本规定，具有资本生产力和资本生产关系的一般内容。[3] 有的学者接受了这个概念并且进行了完善，比如有学者指出道德资本是特殊的人力资本，适用于广泛的社会和个人生活领域。[4] 有人认为"道德资本就是

---

[1] 王小锡：《论道德资本》，载《江苏社会科学》2000年第3期。
[2] 王小锡、杨文兵：《再论道德资本》，载《江苏社会科学》2002年第1期。
[3] 黄长健：《道德资本与资本一般》，载《兰州学刊》2005年第2期。
[4] 高峰：《论人力资本及其向道德资本的延伸》，载《湖南师范大学社会科学学报》2007年第3期。

一种社会资本,是社会资本的子项,同时也是特殊的人力资本"①。总体而言,赞同者在道德资本对经济社会的实际作用方面做了较多的论证。作为首倡者的王小锡教授及其同仁发表了系列关于道德资本的论文并对其进行详细的论证,同时也对反对之声做了相应的回应。②

国外对道德资本的研究是涵盖在社会资本研究中的,尤其是在研究社会资本与公共生活、社区发展、制度演进、领导理论等的关系方面,集中在对不同社会生活领域形成的道德资源的讨论上。社会资本概念自从法国哲学家布尔迪厄使用以来,经过西方多位学者比如普特南、奥尔特罗姆、林南等的扩展和阐发以及阿罗等人的反对,在社会学和经济学等领域产生了较大的理论反响。赞成社会资本的学者比如普特南、科尔曼和赫希曼,把社会资本当作道德资源,比如普特南在《繁荣的社群——社会资本与公共生活》中通过对意大利社区 20 年的研究认为,社会资本指的是社会组织的特征,例如信任、规范和网络,它们能通过推动协调和行动来提高社会效率。社会资本一般包括联系、惯例和信任,它们可以在不同的社会背景下转移。③ 奥斯特罗姆在《流行的狂热抑或基本概念》中指出,社会资本包括共享的互惠和信任规范、习俗和规则体系,其中致力于构建人际关系模式的个人都在有意无意地建立资产。④ 西班牙学者西松在《领导者的道德资本——为什么美德如此重要》中把道德资本作为研究社会资本的最佳研究角度来对待,也即作为领导者的个性特征的角度。通过对员工和企业创造的"道德价值"进行评估,扩大其积极作用,促使商业伦理制度化,使其能够广泛渗透,这样做直接要回答的就是如何克服社会资本的道德矛盾,如何将道德价值有效融入企业文化的问题。⑤ 西松认为道德资本可以被定义为卓越优秀的品格和美德,西松强调它们是一种财富形式,是在个人

---

① 张静、杨永燕:《道德资本的含义、特征及作用》,载《西安外事学院学报》2008 年第 3 期。
② 参见王小锡教授等系列论文:《论道德资本》(2000),《再论道德资本》(2002),《三论道德资本》(2002),《四论道德资本》(2004),《五论道德资本》(2006),《六论道德资本——兼评西松著〈领导者的道德资本〉》(2006),《七论道德资本——论道德的基本形态研究》(2009),《八论道德资本——道德在何种意义上成为资本》(2011)等。
③ [美]罗伯特·D.普特南:《繁荣的社群——社会资本与公共生活》,载李惠斌、杨雪冬:《社会资本与社会发展》,北京:社会科学文献出版社 2000 年版,第 155—160 页。
④ [美]A.奥斯特罗姆:《流行的狂热抑或基本概念》,载曹荣湘:《走出囚徒困境——社会资本与制度分析》,上海:上海三联书店 2003 年版,第 23—30 页。
⑤ [西]阿莱霍·何塞·G.西松:《领导者的道德资本——为什么美德如此重要》,于文轩、丁敏译,北京:中央编译出版社 2005 年版,第 5—7 页。

身上积累和发展起来具有生产力的能力或者力量,它将人作为一个整体进行全面的完善。①

对国内的道德资本观点持有反对看法的学者也提出了相应的理由。较早提出不同看法的郑根成教授提出了道德不是一种资本的观点,他指出道德因素虽然在经济运行中确能促成资本增殖,但其本身却没有这个过程实现资本式的增殖,故只是具备了资本的某些特点而不是一种资本实体,因此道德不是一种资本。作者表达出的担忧是:把道德理解成为一种资本的最大问题在于它隐藏着一种危机——道德意义的危机,将引起人们对道德价值理解的混乱,消解道德对社会的终极价值意义。② 有学者指出尽管国内外学者都把道德资本看成是一种具有创造价值的能力并可以增殖的(无形)资本形式,但前者对道德资本的定义过于宽泛,将凡与道德伦理和一切精神、文化、制度性有关的东西都归于道德资本的范畴,使得道德资本与社会资本没有什么区别;后者则从个体美德或品格角度来定义道德资本,显得更为明确,从个体角度丰富和深化了人力资本的内涵。③

反对者在提出"道德"是不是一种"资本"疑问的同时,指出"道德资本"的论证逻辑是"在资本概念泛化运动的维度上做'道德资本'的合理性论证",并且归之为"道德的资本化运动"。"使道德陷入一种'工具化'的危险境地,成为经济目标的简单工具","导致道德意义的危机"等结论。④ 与之类似的观点认为,"道德"与"资本"的联姻是不可想象的。这种或然性描述意义上的"道德资本"不能作为普遍命题,"道德资本"将道德作为工具性的规范价值和纯粹手段,有可能使"道德"被弃若敝屣。⑤

有的学者则提出要"认清道德与资本的界限"⑥,要在道德与资本之间有一个明确而严格的划界,既要有效阻断资本无限扩张与资本化"一切的一切"之企图,侵蚀人类精神道德领域而让其功利化;又要防止道德的泛化,将一切的一切均打上道德的烙印。

---

① [西]阿莱霍·何塞·G.西松:《领导者的道德资本——为什么美德如此重要》,于文轩、丁敏译,北京:中央编译出版社 2005 年版,第 41 页。
② 郑根成、罗剑成:《试论道德的资本性特点——兼论道德资本》,载《株洲工学院学报》2002 年第 5 期。
③ 廖小平:《论人力资本、社会资本和道德资本》,载《道德与文明》2009 年第 5 期。
④ 郑根成:《道德陷入"工具化"的危险境地》,载《社会科学报》2012 年 7 月 5 日。
⑤ 高兆明:《"道德资本"概念质疑》,载《哲学动态》2012 年第 11 期。
⑥ 章忠民:《认清道德与资本的界限》,载《社会科学报》2012 年 7 月 5 日。

在国外的反对观点中,主流经济学家比如曾获得诺贝尔经济学奖的阿罗认为社会资本的三个重要概念即信任、规则和网络都是曾经被西方经济学讨论过的东西,最大的问题是社会资本无法精确测度。尽管阿罗认为给予社会交互行为一定的奖赏是必要的,但是在学术界,他认为确实没有看到所有人都同意把某种叫作"社会资本"的东西当作资本的另一种形式[①],他的这个观点依据的是主流西方经济学的资本观念。国外研究社会资本中的道德资源的价值在于对市场失灵、政府失灵等公共政策与治理问题的解决提供思路,在人力资源管理、组织管理、领导学、社区治理、集体行为选择、福利制度等众多领域都扮演了十分重要的角色,有的学者通过对社会资本投资行为的经济模型研究来弥补其经验研究载体匮乏的缺憾,尤其是社会道德资源的异质性和教育程度、收入水平的异质性紧密相连,同样严重削弱了个体社会资本的获得。[②] 通观中外对道德资本的赞同与反对观点可以明显观察到国内对道德资本持有的怀疑和反对态度比国外学者要强烈得多。

对比中外关于道德资本研究方面的不同观点可以发现,国内外大多数学者对道德资本提出的异议主要集中在三个方面:第一,立足于某种资本观或道德观来审视道德资本提出的合理性问题;第二,道德资本带来的社会道德意义危机的可能性与现实性问题;第三,道德资本在企业运作中的测度困境问题。因此,前两个方面主要是国内学者集中讨论的,立足于何种资本观是理解道德资本的关键。

二、道德资本发挥作用的形式

尽管道德资本理论研究中存在诸多争议,但是在经济实践中关注道德资本的作用成为分析企业发展的独特视角。尤其是我国领导人在反思 2008 年席卷全球的金融危机时曾经指出的那样:道德缺失是导致这次金融危机的一个深层次原因,应对金融危机,企业要承担社会责任,企业家身上要流淌着道德的血液,这些都成为企业道德资本研究的推动力量。

1. 关于人力资本与道德资本

国内有学者通过考察广义资本观下的人力资本观点,认为人力资本包括

---

① [美]肯尼思·阿罗:《放弃"社会资本"》,载曹荣湘:《走出囚徒困境——社会资本与制度分析》,上海:上海三联书店 2003 年版,第 227 页。
② [美]爱德华·格拉泽:《社会资本的投资及其收益》,载曹荣湘:《走出囚徒困境——社会资本与制度分析》,上海:上海三联书店 2003 年版,第 194 页。

道德资本。作为人力资本理论创始人的美国经济学者舒尔茨指出,研究经济发展的动力,有必要引进总括的资本概念,既包括物质资本也包括人力资本,两者都具有资本的属性,过去的资本理论仅仅考察有形的物质资本。① 国内有学者认为,社会资本和道德资本作为人力资本不可或缺的内在要素,大大丰富和深化了人力资本的内涵,道德资本是人力的资本的构成部分,道德资本丰富和深化了人力资本的内涵。② 类似的观点还有,认为道德资本是人力资本的精神层面和实物资本的精神内涵。作为人力资本的道德资本是渗透型、导向型和制约型资本,其形成是缓慢和艰巨的过程。③ 西松强调,道德资本将人作为一个整体进行全面的完善,具备较丰富道德资本的人不会轻易以牺牲其优秀的道德品质为代价,去追求健康、知识、社会关系或者利润即知识资本或者人力资本。④ 对比我国学者的观点可见,西松并不是简单地说明人力资本和道德资本的包含关系,而是要说明道德资本与人力资本、社会资本和知识资本相比的独特之处。

2. 企业诚信和责任作为道德资本

有学者提出,在分析企业逐利中的不诚信问题时,要在道德逻辑研究线路的基础上将道德逻辑和资本逻辑结合起来,也即道德资本逻辑线路,使得企业道德行为在合乎道德逻辑的同时也合乎资本逻辑,最终目的在于将企业诚信行为从道德负担转化为道德资本,使企业像追逐其他资本一样主动追逐道德资本,从而真正提升企业的诚信水平。企业诚信对于企业而言不是一种道德负担,应当是一种道德责任,履行该道德责任给行为者带来的利益大于为此支出的成本。但是,决定企业诚信转变为道德资本的现实因素在社会、在组成社会的个人和政府。⑤ 有的学者认为,作为道德资本的企业诚信和责任是道德资本的理性关系形态,在企业与社会之间才会形成良性的动态关系,生成企业形象和信誉,决定企业在竞争中的成败。⑥ 归纳起来看,在作为道德资本的企业诚信和责任问题上,学界的看法比较一致。

3. 企业运作与道德资本

企业的生产经营活动离不开道德因素介入其中发挥作用。有学者认识到

---

① [美]西奥多·W.舒尔茨:《人力投资》,贾湛、施伟等译,北京:华夏出版社1990年版,第1页。
② 高峰:《论人力资本及其向道德资本的延伸》,载《湖南师范大学社会科学学报》2007年第3期。
③ 王东:《论人力资源中的道德资本》,载《华东理工大学学报》(社会科学版)2001年第3期。
④ [西]阿莱霍·何塞·G.西松:《领导者的道德资本——为什么美德如此重要》,于文轩、丁敏译,北京:中央编译出版社2005年版,第5—7页。
⑤ 李志祥:《企业诚信与道德资本逻辑》,载《长白学刊》2011年第4期。
⑥ 王小锡:《七论道德资本——道德资本的基本形态研究》,载《道德与文明》2009年第4期。

道德资本要素对化解市场经济低效困境问题所起的作用,市场经济主体追求利益最大化的倾向并不总是导致较高社会经济效率,反而会导致交易成本日益增大、"囚徒困境"不合作行为、"搭便车"等低效率现象。而道德信任及正当性规范有助于节省市场经济运行的大量交易费用,道德的社会化功能及其对人的社会性的凸显与强调,可以大大减少不合作的倾向和隔离性行为。[①]

企业运作更加需要科学技术、管理制度、社会意识形态等非实物形态的要素介入,道德作为社会意识形态的重要构成要素,必然在企业运作中发挥重要作用。有学者归纳了道德资本在企业生产和交换过程中的功能,指出道德资本有利于确保作为生产起点的生产目的的双赢性,有利于确保运用于生产过程的生产手段的人本性,有利于确保作为生产结果的生产产品的生态性。从企业的内外部交换过程来看,道德资本有利于纠正交换动机的逐利失范和交换过程中的伦理缺陷,内化交换结果的外部效应。[②] 有学者针对企业营销的成败说明产品的道德含量、品牌的道德价值、决策的伦理理念、营销过程的伦理投入等都将成为企业的无形资产或道德资本对营销活动产生作用和影响。[③]

三、道德资本研究的启示

道德资本因于市场经济发展实践中的善德缺失而提出。综观国内外对道德资本的研究,对道德是否是资本存在着或多或少的分歧,但是对当前社会存在的道德意义危机却有高度的认同,对道德工具性意义的排斥也表明了这种担忧,从对道德资本的争论中我们可以得到一些启示。

1. 善德之经济意义的探讨是有益的

从当前我国的市场经济发展状况来看,经济行为中的善德缺失在给人们的生命健康带来严重损害的同时,割裂了社会的信任纽带,我国乳业的失守典型地说明了这种状况。无论是在宏观政策、中观企业和微观个体的各个层面,作为善德的道德资本的缺失都会使企业其他形式的资本诸如人力资本、知识资本和社会资本长期积累下来的优势转瞬之间转变为其衰败之源。善德作为推动经济运行的良性因素,并不是自然而然地产生的,在微观经济个体身上需要投入时间、精力和社会资源。期望人们具备的善德发挥推动经济良性运行

[①] 王泽应、刘湘波:《论道德资本要素对市场经济低效困境的化解》,载《湖南师范大学社会科学学报》1999年第5期。
[②] 杨文兵:《论道德资本在企业运作过程中的功能发挥》,载《求实》2004年第2期。
[③] 郭建新:《道德资本与企业营销》,载《学海》2001年第4期。

的作用，并非是要使得人们的善德成为交易的工具，因为如果这样做：一方面这种交易本身就不再成为具有良善动机的经济行为，另一方面，这种交易由于交易主体的缺失而在现实中缺乏任何可能性。因为善德在社会合作性体系中是根本不存在买家的。只要自己能够得到社会合作性体系对善德行为的肯定，人们不需要购买，自己本身就可以做到善德行为。如果这种交易可以存在，那么必须是在任何道德意识都不存在的社会中才有可能。由于个体的善恶行为是无法预知的，而经济行为的逐利性是确定的，在这两者之间发生不协调从而导致社会道德意义的危机，其实正是经济行为中作为善德的道德资本缺失所造成的。因此，探讨如何在经济行为中促使推动经济良性发展的善德资本的累积性增长，无论在理论上还是实践上都是有益的尝试。

2. 立足于恰当资本观来理解道德资本

从当前我国对道德资本研究的观点来看，其中对马克思的资本观时有误解，甚至有的学者认为由于马克思所处时代的局限性，马克思没有预见到资本的多形态性，而主要是把资本理解为一种物质资本。这样的断言是极不准确的，恰恰相反，正是马克思在其《资本论》及其手稿中对古典经济学仅仅把资本作为物质资本来看待进行了深刻的批判。

马克思认为古典经济学家仅仅把资本理解为物是错误的，资本应当被理解为关系，并且绝不是简单的关系，而是一种过程。当然在马克思看来，资本在历史上是从价值关系中产生的，资本关系潜藏在价值关系中，"要阐明资本的概念，就必须不是从劳动出发，而是从价值出发，并且从已经在流通运动中发展起来的交换价值出发"①。因此，马克思在其政治经济学批判的第一分册中着重说明了资本一般比如价值、货币等形式上的抽象一般形式。

马克思在资本一般这个层面说明了资本关系中的道德资源问题，主要表现为社会个体受到社会存在制约的道德意识方面，商品拜物教反映的是主观价值论的意识表现，货币拜物教反映的是所谓自由平等的市场神话论的意识形态，这些都是社会资本中的道德资源，没有这种道德资源的资本主义社会是无法存续发展的。

马克思还从资本现实运动诸如竞争、信用、地产和雇佣劳动同剩余价值的有机联系中也就是处于现实运动的资本层面，阐明了资本主义社会的经济运动规律，同时也说明了资本主义社会道德资源在社会发展中的作用，这种作用

---

① ［德］马克思、恩格斯：《马克思恩格斯文集》（第30卷），北京：人民出版社1995年版，第215页。

首先要受到资本关系的制约。在马克思看来,一般寓于个别之中,一般是作为个别的运动被"创造"出来的,但是把个别结合起来的存在总体是一般的前提。因此,马克思举例说,当商品要按照会提供平均利润的价格出售的时候,"在这种形式上,资本就意识到自己是一种社会权力,每个资本家都按照他在社会总资本中占有的份额而分享这种权力"①。资本主义的社会道德资源实际上是要服从资本现实运动的规律,比如竞争的自由性,实际上不是个人的自由,而是资本的自由。个人自由是在以资本为基础的生产范围内的自由,意志自由只是借助于对事物的认识来做出决定的那种能力。

因此,马克思并未否认资本的物质形态,但更为重要的是在他的历史唯物主义方法基础上考察了社会资本的各种形态,既包括资本循环中的各种物质形态,也包括反映资本关系的道德意识形态和资本运动中的信用道德制度,甚至指出了这些道德资本对于维系资本循环运动顺利进行所起到的重要作用。

3. 着重于制度建设来规约道德资本

当人们在谈论道德资本的作用和意义的时候,实际上是指这种内生的社会精神资源在社会结构中的作用和价值。西松在《领导者的道德资本——为什么美德如此重要》中说明,由于作为善德的道德资本表现为善德行为的实践,但人们无法完全预知人类行为的善恶选择和发展方向,所以领导力的需要就是不可避免的,西松将领导力作为一种为实现共同目标而形成的相互关系,也即一种要求自愿接受领导的类似于合作的关系。② 实际上这种所谓类似于合作的关系从社会意义上说也就是制度关系,从个体意义上说是习俗和惯例。善德资本要想发挥作用,必须具备制度正义的社会环境,否则,经济学上所言的劣币驱逐良币的现象不可避免。市场经济中的信用制度最能说明这种合作关系中的道德资本规约,信用这种道德资本在发达的市场经济条件下实际上成为扬弃资本所有权支配利用大量社会资本的重要手段。因此,制度建设应是当前道德资本培育的重中之重。

(刘琳,原载于《道德与文明》2013 年第 6 期)

---

① [德]马克思、恩格斯:《马克思恩格斯文集》(第 7 卷),北京:人民出版社 2009 年版,第 217 页。
② [西]阿莱霍·何塞·G.西松:《领导者的道德资本——为什么美德如此重要》,于文轩、丁敏译,北京:中央编译出版社 2005 年版,第 57 页。

伦理学的实践意蕴与道德资本
——王小锡教授与艾伦·吉伯德教授学术对话录

2012年5月,美国密西根大学哲学系布兰特杰出大学讲座教授艾伦·吉伯德(Allan Gibbard)①,应邀在南京师范大学公共管理学院开展讲学活动。这是吉伯德教授应国内大学邀请的首次中国之行。讲学期间,吉伯德教授分别以:规范性直觉能否成为规范性知识的来源?(Could normative insight besourceof normative knowledge?)、作为规范概念的意义(Meaningasa Normative Concept)、协调我们的目标(Reconcilingour Aims)为题开展了三场学术讲座,并与中国伦理学会副会长、南京师范大学公共管理学院院长王小锡教授进行了一场学术对话。②

此次王小锡教授(以下简称王)与吉伯德教授(以下简称吉)对话的内容主要涉及规范表达主义的研究对象与理论依据、元伦理学与应用伦理学的对接、道德资本与道德作用的发挥机制等议题。对话的主要学术观点如下。

一、规范表达主义的研究对象与理论依据

吉伯德教授所提出的规范表达主义在当今英美元伦理学理论中独树一帜,代表了非认知主义的最新理论形态。规范性直觉作为其理论体系存在的依据,在其研究中占有重要的地位。而王小锡教授也曾经就规范所体现的社会生活中客观存在的"应该"发表过文章③,两位学者的对话由此问题展开。

王:吉伯特教授研究并提出了元伦理学的规范表达主义,我对此很感兴

---

① 艾伦·吉伯德教授是当今世界最有影响力的哲学家之一,师从著名的美国政治哲学家、伦理学家约翰·罗尔斯教授。他曾多次获得美国国家人文科学研究基金等奖项,多次担任美国哲学协会中部分会主席、副主席,2005年当选美国哲学会成员,2009年当选美国国家科学院院士。
② 本次对话由南京师范大学公共管理学院陈真教授担任翻译。
③ 关于"应该"的相关论述,请参见王小锡教授《道德、伦理、应该及其相互关系》一文,发表于《江海学刊》2004年第2期。

趣,请您简要介绍一下。

吉:规范表达主义是一种伦理学原理,它不是研究具体的一个个道德判断,而是以整个伦理学为研究对象,研究道德判断本身的性质。伦理学是关于什么样的行为是合理的,或者说什么样的行为是可以得到辩护的理论,同时也是关于情感的,即哪些情感是合理的或是能得到辩护的。比如,某些行为对他人造成伤害,人们便会对这类行为产生仇恨的感觉,像这样一些情感、感受也存在是否合理的问题。

王:您的规范表达主义与情感表达主义的联系和区别是什么?

吉:两者有联系也有不同之处。情感表达主义在说一个行为正确或错误时,只是将情感表达出来,并没有做出任何道德判断。而规范表达主义在说一个行为正确或错误时,其结论的做出是有某种依据的。当我们进行道德判断时,实际上是处于这样一种心理状态中,即预先接受了一套规范体系,然后根据这套规范体系进行判断。因此,当主体做出具体道德判断时,就不纯粹是一种情感的表达。而究竟哪些情感的反应是有正当理由的,在很大程度上则取决于主体是否处于这样一个规范体系的心理状态中。而人们之间的社会活动,就是要发展一个关于交往的规范体系。从这个意义上讲,您所从事的经济伦理研究,也就是要发展一个经济领域内的伦理学规范体系。

王:诚如您所言,社会生活中有许多行为规范。而人们需要自觉地"按理性生存",就是要遵照这些规范生活。那么,这个规范体系建立的依据是什么?也就是说,我们所认为的社会生活中客观存在的"应该"究竟是什么?只有充分理解这个"应该",才能使得您所说的"规范"有据可依,否则我们如何判断这个"规范"本身正确与否。

吉:规范体系的建立依赖于一个人的道德直觉,比方说我们看到某个人伤害别人,或是做出作弊之类的行为,直觉上就会认为是不正确的。但问题是有时直觉并非是连贯的,在逻辑上会发生冲突,不同的人对同一事物的直觉也有可能存在差异。此时需要做的有两件事:一个是设法使人们之间互相冲突的直觉变得一致,另一个是通过交往以达成道德共识。

王:您说的有道理,但在更为深入的层面上,我认为主体行为选择的标准有二个:一是看是否有利于道德主体自身的存在和发展,二是看是否有利于实现双方利益的共赢,或多方利益的多赢。简单地讲,即两利相遇取其重。比如对堕胎这一行为的看法,在美国存在颇多争议,而在中国则一定条件下是被允许的。对于个人而言,可能生养多个更好,但对社会来说,却无法在人口急剧膨胀中得到发展。这就是当个人利益与社会利益相遇时,后者显得更为重要。所以,对诸如此类情况的道德判断,遵循两利相遇取其重的原则,得出的结论也是堕胎在一定条件下是被允许的。

吉:我同意您的看法。但有个问题,我们还必须追问理由本身的合理性。比如您刚才所举的例子,并非在任何情况下堕胎都是正确的选择,但我们之所以认为某种行为是合理或不合理的,最终还是要通过直觉来判断。社会有不同的利益诉求,各个利益主体因此有着自身理由的正当性。我的导师约翰·罗尔斯教授曾提出过"反思平衡"的观点,就是从无可置疑的理论出发,来进行道德判断。比如我们认为种族屠杀就是不道德的,正是基于这样一个理论做出的结论。诺贝尔经济学奖获得者哈萨尼也曾经提出一个"理想社会的契约理论",对人们的要求本身进行量化衡量,以决定什么样的社会政策是合理的。

王:有道理。虽然规范的形成有其客观的"应该"依据,但它受人们的社会、经济、文化背景的影响。在不同的国度、不同的地域、不同的民族、不同的时代背景下,"应该"也有其特殊性。比如刚才所举的堕胎的例子即是如此,对这个问题处理中所注重的"应该"之价值取向,不同的民族文化、不同国度会有不同的看法。

吉:我非常赞同您的观点。关于这个例子,美国与中国的情况的确有所不同,因为美国并不存在社会长远发展的问题,故而会更多地关注胎儿是否留这样的问题。

二、元伦理学与应用伦理学的对接

王:接下来我想和您探讨一下关于中美伦理学研究方法的问题。近三十年来,我国伦理学研究在三个方面发展较快:一是以马克思主义伦理学为基础的伦理学理论体系的构建;二是历史研究,包括中国伦理思想史、西方伦理思想史、以及马克思主义伦理思想史的研究,我目前就正在主持国家社科基金重大招标项目"中国经济伦理思想通史"的研究工作;三是应用伦理学研究。但长久以来,新的学科理论体系仍未得以迅速发展,一个主要的原因就在于研究方法的停滞,即"形而上"与"形而下"未能有效结合,元伦理学、分析伦理学、道德哲学与应用伦理学未能有效结合。我注意到美国当前的伦理学教材,包括狄乔治教授的《经济伦理学》和恩德勒教授的《面向实践的经济伦理学》,都比较注重理论与实践的结合。我认为中国伦理学的发展,必须要关注"形而上"与"形而下"的结合。您的规范表达主义理论独树一帜,是否也需要与实践相结合？如果需要，又是如何结合的？美国学界目前关于这个问题的认识如何？

吉：您提到的这个问题非常好。对于伦理学家而言，的确需要思考如何用伦理学的理论来解决现实问题。其实西方的元伦理学研究与现实生活的联系是相当密切的。我的老师罗尔斯教授提出"无知之幕"，就是要站在一个公正而非自我的立场来考量现实问题，判断社会应该采取怎样的政策，比如社会收入如何分配就是其中一个重要的论题。西方的"自由放任资本主义"，提倡"适者生存"的观点，却导致了很多人的贫困，因而这一理论受到了诸多伦理学家的谴责。中国在理论和现实结合的诸多方面都做得很出色，但我个人觉得应该更加关注农村收入的提高。

王：有道理。正因为存在这样的情况，我国非常重视，提出了"三农"问题，即农业、农村、农民，目的就是要解决农民增收、农业增长、农村稳定。而且在每年的中央一号文件中，都特别强调这个问题。

吉：我很赞同这么做。

王：近年来我国伦理学研究重点关注这样四个方面的问题：一是伦理学学科重大基础理论的研究，二是当代价值观问题研究，三是道德规范体系的构建，四是应用伦理问题研究，尤其是如何应对当前社会的现实道德问题。那么，目前美国伦理学界研究关注的重点是什么？

吉：中国的伦理学界做得非常好。但美国目前伦理学研究的现状是不太令人满意的，对表面的、肤浅的、具体化问题的较多关注，使得理论研究缺乏一种整体的视角。我认为美国的伦理学界应该确立一个社会共同的价值目标，从社会整体的角度来考虑国家的发展问题。

王：美国元伦理学研究十分深入，对应用研究也十分重视，例如您所提出的诸多观点就极富深刻意味。尽管有些学者的专著很关注应用性，但理论与实践仍未能十分有效地结合，比如某些教材仅热衷于讨论具体的道德问题，却忽略了对问题的学理透视。当然，这是中美两国伦理学研究要面对的共同问题。

吉：我很赞同您的观点。在美国，元伦理学与应用伦理学的对接的确存在问题。我曾经考虑过采用"自由交换"的理念来解决这一问题，但并未使之在很高的层面上得以应用。需要补充的是，在美国，有权势的人或者利益集团会运用财富的力量来影响政府的决策，使之有利于自身而非整个社会大众，这也使得理论对实践指导的作用被削弱。

三、道德资本与道德作用的发挥机制

王：我想和您探讨一下道德在经济中作用的发挥问题。我认为道德主要以四种形态在社会经济生活中发挥作用，即：主体自觉、理性关系、道德制度、以及物化道德。具体地说，主体自觉，即主体道德境界的提升，有利于激发劳动的积极性和创造性。理性关系，即道德觉悟的提高和人际关系的和谐，能够减少人际"摩擦消耗"，提高生产效率和资源的利用率，并最终产生"1＋1＞2"的经济效益。道德制度，或者说制度性道德，是从道德之"应该"，也就是您提出的有凭据的、科学的道德所形成的理性制度，通过这样的道德制度来规约人的行为，能够增加社会经济利益。物化道德，即任何物体在设计的过程都必须要考虑到人和人际关系协调的需求，因而是内涵道德的，而且越是在设计过程中考虑人和人际关系协调需求，道德就越能通过物体的形式发挥作用。通常人们觉得道德是一个抽象的概念，但我认为，道德是如何形成的，也是非常值得关注的问题。您对此有何看法？

吉：我很同意您的观点。一个人应当有很强的内心道德力量，但仅凭此是不够的，还必须要有很好的制度，以使得内心的道德力量外化。当然，要做到这点非常困难，在制度的设计过程中会遭遇到种种阻碍，比如前面我们谈到的既得利益集团，就会因为自身利益的考量在制度设计的过程中进行抵制。当然，这也从另一方面凸显了道德思考的重要性以及道德对现实的指导意义。

王：我曾经提出"道德资本"这个概念，它是指道德投入生产并增进社会财富的能力，是能带来利润和效益的道德理念及其行为。也就是说，在经济领域，道德也是一种资本，能够帮助赚钱，也需要去帮助赚钱。唯有如此，才能说明经济领域中道德存在的重要性，否则经济领域就不需要道德了。请谈谈您的看法。

吉：您说得很对。一些经济学家有个说法，认为企业家应该尽可能地赚更多的钱，而不用顾及他人，这在某种意义上也许是正确的。但仍然需要进行更为深入的思考，究竟怎样的企业行为才是正当的？经济伦理的作用，就是使得企业家能够按照我们所希望的合理的方式去经营。

王：针对"道德资本"的观点，有些不同的意见，比如认为道德只是精神层面上的东西，如何谈及道德能够赚钱。这就带来一个问题。如果道德的目的就是为了提升精神境界，那精神境界的依据又是什么？我认为，这个依据一定是精神目的与物质目的的统一。也就是说，在经济社会的发展过程中，道德与

利益还是有一定关联的,道德也需要获利,当然,这里的利也包括精神利益。在经济运行的过程中,道德资本发挥着重要的作用,一方面它影响和决定着经济活动主体的价值取向、劳动态度和行为方式,另一方面它协调着经济运行过程中各个利益主体的关系,使之始终处于理性的生存关系中,并由此增进社会财富。

吉:的确如此。我的同事弗兰肯纳曾经提出过这样一个观点:道德应该适应于人,而非人去适应道德。《圣经》里有过同样的表述。可见,道德绝不仅仅是精神层面的东西。

王:最后,请吉伯德教授对中国伦理学的学科建设、理论研究提出一些建议和希望。

吉:如同我对美国伦理学研究的建议一样,道德的指导就是要想办法设计一个合作互惠的体系,这是一个核心问题。比如美国的医疗保险,从道德上讲每个人都有权享受,但又存在诸如合理成本这样一些关乎经济学的问题,因此需要有一个合作互惠的体系存在。恐怕中国也存在同样的问题。

王:您提出的建议非常好,值得我们思考。希望今后能够多来往多交流,因为伦理学有很多的世界性的共同语言,需要在交流融合中不断发展。

吉:您说得非常好!我们今天的交流有许多共同之处。中国有着强烈的伦理学传统,这也是西方应该学习的。

(张露,原载于《伦理学研究》2012年第4期)

第三部分
道德资本的社会价值

　　道德资本理论具有非常重要的社会应用价值,其核心在于它提供了一种基于非彼岸力量的"德福一致"证明,找到了一条促进道德生活与社会生活协调发展的可行路径,从而为企业社会责任、资本道德批判以及经济社会发展提供了全新的观察和证成视角。

基于道德资本理论的企业社会责任研究

自谢尔顿于 1924 年提出"社会责任"概念以来,包括企业在内的社会各界经历了公司社会责任运动、企业公民运动、社会企业运动、社会责任投资运动、SA8000 认证等实践运动的冲击以及利益相关者理论、企业社会契约论、企业公民理论、企业人格化理论等理论创新的洗礼,最终在企业与社会责任的关系方面达成了基本共识:"企业行为是否应当承担社会责任?从某种程度上讲,这个问题只有'是'一个答案。"①但是,在企业为什么要承担社会责任、企业要承担哪些社会责任以及企业如何承担社会责任等重要问题上,学术界仍然观点不一,争论不休。近年来经济伦理学界兴起的道德资本理论,从哲学高度揭示了道德的资本内涵,对于重新阐释、推进发展企业社会责任理论具有十分重要的意义。

一、企业社会责任在何种意义上是道德资本

从企业社会责任运动和企业社会责任理论的历史发展来看,企业社会责任正在经历一个从企业道德负担向企业道德资本的转化过程:在市场经济兴起之初,社会责任通常被视作一个额外的负担,被企业界排除在经营活动之外;而随着市场经济的不断成熟,社会责任开始被视作一种内在的资本,被企业纳入到经营决策之中。

1. 企业对社会责任的排斥

企业求"利",社会责任讲"义",二者在本性上各不相同甚至完全相反。极端求"利"只以利润为目的,不受任何责任的约束;而单纯讲"义"则以应当为标准,不考虑任何私利的欲求。企业与社会责任的分离对立,支撑的是"企业非道德神话"。诺贝尔经济学奖得主弗里德曼非常明确地表达了这一神话:"企

---

① [美] J.贝克特:《企业是否负有社会责任》,载《国外社会科学》2006 年第 6 期。

业仅具有一种而且只有一种社会责任——在法律和规章制度许可的范围之内,利用它的资源和从事旨在在增加它的利润的活动。"[①]在市场经济兴起之初,企业基本上没有"社会责任"概念,社会责任被视为与企业无关的事物。企业只对资本家负责,不对社会负责;只关心经济责任,不关心社会责任。在自由主义经济学家看来,企业讲"利"就够了,市场这只"看不见的手"能够将企业的"利"自发地引向社会的"义"。斯密解释说:"他受着一只看不见的手的指导,去尽力达到一个并非他本意想要达到的目的。……他追求自己的利益,往往使他能比在真正出于本意的情况下更有效地促进社会的利益。"[②]

事实上,在经济自由主义与社会达尔文主义的支持下,企业非道德神话的可怕之处不在于"非道德性",而在于很有可能由"非道德性"发展而来的"不道德性"。以获得利润为唯一目标的企业很容易将社会责任扔在一边,进而肆意破坏和践踏社会责任。"物竞天择,适者生存",造就的是资本主义原始积累时期的血腥扩张、残酷剥削和无情竞争。马克思曾经深刻揭示了这种罪恶:"资本来到世间,从头到脚,每个毛孔都滴着血和肮脏的东西。"[③]

2. 企业对社会责任的认可

企业非道德神话是一种盲目的企业中心主义观念,它以资本利益为核心,强调企业对外界的无限扩张和无度索取。这种扩张和索取必然会突破一定的界限,严重侵犯其利益相关者的合法权益。首当其冲的是工人的合法权益,然后是消费者的合法权益,然后是居民的合法权益,还有社区和政府的合法权益,等等。当资本和企业的侵权行为变得令人无法忍受时,被侵权主体就会通过革命和运动等各种方式予以反抗,极力捍卫自己的正当权利。从资本主义诞生之日起直至今天仍然此起彼伏的各国工人运动、从19世纪中叶就开始萌芽至20世纪60年代席卷全球的消费者运动以及始于20世纪60年代的环保运动,无一不是被侵权主体对资本和企业侵权行为的反抗,其结果是催生了各种各样的权益保护组织,以及保护相关权益的各种法律。马克思曾指出:"正常工作日的规定,是几个世纪以来资本家和工人之间斗争的结果。"[④]

---

① [美] 米尔顿·弗里德曼:《资本主义与自由》,张瑞玉译,北京:商务印书馆 1986 年版,第 128 页。
② [英] 亚当·斯密:《国民财富的性质和原因的研究》(下),郭大力、王亚南译,北京:商务印书馆 1974 年版,第 27 页。
③ [德] 马克思、恩格斯:《马克思恩格斯文集》(第 5 卷),北京:人民出版社 2009 年版,第 871 页。
④ [德] 马克思、恩格斯:《马克思恩格斯文集》(第 5 卷),北京:人民出版社 2009 年版,第 312 页。

正是在持续不断、各种各样的侵权行为和维权运动中,企业的社会责任问题开始被提出,社会各界围绕企业是否应该承担社会责任展开了热烈讨论。从20世纪30年代的贝利—多德之争,到20世纪60年代的贝利—曼恩之争,最终得出的共识是企业既有自利的经济动机,又要承担一定的社会责任。在此过程中,经济学家、伦理学家、管理学家、法学家们纷纷提出了要求企业承担社会责任的理论。其实,无论是利益相关者理论、社会契约理论、权利—责任理论,还是企业公民理论、社会企业理论、企业人格理论,所有要求企业承担社会责任的理论都坚持一个核心观点:企业是社会的一个组成部分,它依赖特定社会而生存发展,也必须遵守特定社会的各项要求。社会契约者指明了这一点:"只要某人是一个共同体的成员,他就有道德义务去遵守现存的真实的规范,那是由绝大多数的成员以其态度和行为公认为正确的规范。"①

3. 道德与经济的统一

一方面,作为一个经济组织,企业不得不承担一定的经济责任,正如美国经济学家斯蒂格利茨所说,"长期不能赚得利润的企业将不复存在"②。另一方面,作为一个社会组织,企业又不得不承担一定的社会责任。那么,在企业所应承担的责任中,经济责任与社会责任之间是一个什么样的关系呢?这几乎是所有要求企业承担社会责任的理论都必须面对和回答的一个问题,对这一问题的回答直接关系到企业社会责任的意义、地位和范围。

在这个问题上,无论是强调社会责任具有内在价值的社会契约论、社会企业论、企业公民论以及企业人格论,还是强调社会责任具有经济价值的利益相关者理论、理性选择理论以及博弈论③,都坚持相同的"义利共生"思想:社会责任可能与短期的经济责任相冲突,但与长期的经济责任基本一致。管理学家罗宾斯指出:"没有足够的证据表明,一个公司的合乎道德的行为明显降低了其长期经济绩效,公司的合乎道德的行为和经济绩效间存在一种正相关关系。"④哈利特说得更直接:"尽管在短期内,忽视严格的道德准则会带来更多的利润,但从

---

① [美] 托马斯·唐纳森、托马斯·邓菲:《有约束力的关系:对企业伦理学的一种社会契约论的研究》,赵月瑟译,上海:上海社会科学院出版社2001年版,第52页。
② [美] 斯蒂格利茨:《经济学》(上册),姚开建等译,北京:中国人民大学出版社1997年版,第258页。
③ 学者马风光称前者为"以社会为中心",而后者为"以企业为中心",参见马风光:《企业的社会责任模式论》,《福建论坛(经济社会版)》2000年第9期;另一位学者王蕾则称前者为"伦理价值模式",后者为"伦理回报模式",参见王蕾:《企业道德的两个基本问题》,《伦理学研究》2010年第1期。
④ [美] 斯蒂芬·P.罗宾斯:《管理学》,孙健敏等译,北京:中国人民大学出版社1997年版,第100页。

长远来看,符合道德标准的做法与日渐增多的利润是一致的。"①双方的分歧仅仅在于企业履行社会责任是出于社会责任的内在价值还是出于社会责任的经济价值。

道德资本理论强调道德与资本的统一,"把道德视为一种有价值的生产性资源,以此来分析道德在经济价值增值过程中特殊的功能和作用"②,这与强调企业社会责任的"义利共生"思想不谋而合,在企业层面上支持社会责任与经济责任的内在一致性。在道德资本理论看来,一方面,社会责任具有一定的规范性,是社会根据自己的需求向企业提出来的,是企业不得不遵守的外在约束;另一方面,社会责任也具有一定的工具性,和资金、技术、人力、制度一样是企业发展的重要资本,能够为资本带来特殊的利润。

二、企业社会责任如何转化为道德资本

企业社会责任并非天生就是道德资本,企业履责行为并非自然就会带来利润。正如有学者所指出的:"如果企业伦理的行动能立刻获得经济回报,很显然不存在企业伦理问题。"③也就是说,企业履责行为与道德资本之间有一条鸿沟,只有借助一定的外在条件,企业履责行为才能真正转化为道德资本。那么,促使社会责任转化为道德资本的条件有哪些呢?

1. 企业履责行为与道德赏罚

对于一个企业来说,履行社会责任必然要付出一定的成本,这是无可否认的事实;而履行社会责任能否收回成本甚至带来利润,则是一个摇摆不定的未知数。也就是说,履行社会责任并不必然蕴含利润,企业社会责任与道德资本的联系不是自然的;相反,企业社会责任与道德资本的分离却是自然的。正是在这个意义上,王小锡教授指出:"在现代经济生活条件下,道德不会自然地或自发地带来经济价值。"④因此,履行社会责任与固定资产投资及人力资本投资就不可能在同一个层面上,因为固定资产投资和人力资本投资都能够收回成本并带来利润,而履行社会责任并不必然产生这样的结果。

履行社会责任与道德资本之间的联系既然不是自然的,那就只能是人为

---

① [美]罗伯特·F.哈利特:《商业伦理》,胡敏等译,北京:中信出版社2000年版,第6页。
② 王小锡:《论道德的经济价值》,载《中国社会科学》2011年第4期。
③ 高小玲:《现代企业道德风险研究述评——企业道德论争、风险源与风险管理》,载《经济评论》2008年第2期。
④ 王小锡:《论道德的经济价值》,载《中国社会科学》2011年第4期。

的。那么,这种人为的联系中介是什么呢? 只能是道德赏罚。从广义上看,所有的社会责任都属于道德责任,在此意义上,是否履行社会责任就构成了道德评价的对象。从伦理学的角度看,道德评价本身就是一种道德认同或道德否定,与道德认同联系在一起的是道德赞赏,与道德否定联系在一起的是道德谴责。当然,如果道德赏罚仅仅停留在道德的领域内,仅仅停留在情感或口头赞赏和谴责的层面上,那么它就无法有效完成履责行为与道德资本的连接任务。只有当道德赏罚从情感和舆论的层面走向行动和经济选择的层面,道德赏罚才能将二者有效连接起来。事实上,道德具有强烈的实践性,能够"影响我们的情感和行为","产生或制止行为"①。尽管道德考虑并不是影响行为的唯一因素,道德上的赏罚必然会影响到公众的行为和经济选择,营销专家布伦克特指出:"信任促进人们所追求的关系,而不信任却在阻碍或打击此等关系。"②

2. 基于道德败坏的惩罚

道德作用于企业履行社会责任的一种方式是基于道德败坏的社会惩罚。从伦理学的角度看,人们对一个不积极做善事的人不予以道德谴责,但肯定会对一个主动做恶事的人进行道德谴责。这是因为不积极做善事不会损害他人的正当利益,而主动做恶事则必然会损害他人的正当利益,因而必然会引起利益受损者的谴责和报复。社会契约论早就强调"任何试图为自己的奢华而阻挠别人的人都得为战争的爆发负责"③。同样,对于一个企业来说,如果不履行一种社会责任,最后损害利益相关者的正当利益,那就必然会遭到利益受损者的谴责和报复。而利益受损者的谴责,也必然不会仅仅停留在道德舆论层面,最终有可能演变为对企业的种种抵制,使企业"因道德上出问题导致企业利益受损"。

来自利益受损者的抵制,可能以两种方式阻碍企业的经济发展。一是以自由选择的方式拒绝道德败坏的企业。在自由市场上,每一个利益相关者都是自由的,都有自由选择的权利。他可以自由地接受一个企业,与企业进行合作;也可以自由地拒绝一个企业,不与之进行合作。无论是企业内的工人、管理人员,还是企业外的投资人、供应商、消费者、政府社区以及公众,都有可能以不同的方式拒绝抵制一个道德败坏的企业。企业公民运动倡导者曾指出:"有责任感的消费主要有两种形式:杯葛(boycott),即不买某些与个人公民义

---

① [英]休谟:《人性论》(下册),关文运译,北京:商务印书馆1980年版,第497页。
② [美]金黛如:《信任与生意:障碍与桥梁》,陆晓禾等译,上海:上海社会科学院出版社2003年版,第80页。
③ [英]霍布斯:《论公民》,应星、冯克利译,贵阳:贵州人民出版社2003年版,第31页。

务相违背的产品;拜葛(buycott),即购买生产产地和生产条件等都被证明符合消费者义务标准的产品。"①一是以诉诸法律的方式制裁道德败坏的企业。自由市场是以法律为基础的,每一个利益相关者的正当利益都受法律保护。当企业败德行为侵犯相关者受法律保护的正当利益之后,利益受损者还有可能提起诉讼,运用法律的武器对企业进行经济制裁。"义利共生论"的提出者欧阳润平教授提出:"企业的经济目标和道德目标互为前提,只讲经济目标不讲道德目标的企业最不经济。"②

3. 基于道德卓越的奖赏

道德对企业履行社会责任的另一种作用是基于道德卓越的社会奖赏。从伦理学的角度看,人们通常不会对不主动做恶事的行为予以道德赞赏,而是会对积极做善事予以道德赞赏。这是因为不主动做恶事不会增加其他人的福祉,但积极做善事一定会增加他人的福祉,一定会在福祉增加者那里产生报恩心理。亚当·斯密曾指出:"对地位相等的人来说,仅仅因为仁慈不足,似乎不应受到惩罚,但努力多行善举则应大受褒奖。"③同样,对一个企业来说,如果履行一种社会责任,增加了利益相关者的福祉,那就必然引起福祉增加者的感激和报恩心。而这种感激和报恩心就有可能突破道德和心理的层面,最终转化为当事人的行为选择。

来自福祉增加者的道德赞赏,往往会以两种不同的方式促进企业的经济发展:一方面提升企业内部人员对企业的认同度而激发企业员工的工作积极性。企业的道德卓越,会激发企业员工的自豪感,进而产生更为积极的工作热情,提高自己的工作效率。另一方面提升企业外部人员对企业的认可度而提升外部人员的合作意愿。有着社会责任需求的投资人、供应商、政府社区、消费者、社会公众,都更愿意与道德卓越的企业合作,愿意为产品中的企业社会责任成本支付额外价格,从而形成对企业履责行为的"回报"或"奖励"。社会责任投资中的"积极筛选"就"倾向于投资那些比其同行有更良好记录的公司,

---

① [法]热罗姆·巴莱、弗郎索瓦丝·德布里:《企业与道德伦理》,丽泉、侣程译,天津:天津人民出版社2006年版,第367—368页。

② 欧阳润平:《企业伦理学:培育企业道德实力的理论与方法》,长沙:湖南人民出版社2003年版,第38页。

③ [英]亚当·斯密:《道德情操论》,余涌译,北京:中国社会科学出版社2003年版,第87页。

以及那些承诺达到企业公民典范的行业"。① 周祖城教授总结了这两个方面的道德奖赏:"从企业内部看,卓越道德有利于赢得员工的忠诚,使企业拥有高素质的员工,有利于企业建立良好的员工关系,激发出员工的工作热情,有利于获得卓越领导。从企业外部看,卓越道德有助于获得公众支持、顾客满意、投资者青睐和供应者信任。"②

三、哪些企业社会责任可以转化为道德资本

企业社会责任具有一定的层次性,不同层次的企业社会责任对于企业发展具有不同的意义。③ 从道德资本理论来看,并非所有的企业社会责任在任何时候都可以转化为道德资本,履责行为能否转化为道德资本的关键在于它能否激起一定程度的道德赏罚。

1. 法律责任

在所有的社会责任中,法律所规定的责任具有最为重要的意义。一方面,法律往往会体现一些最基本的道德要求,如果不遵守这些基本要求就难以维系一定的社会秩序;另一方面,法律体现了社会公认的道德要求,这些道德要求在公民已经形成一致意见后才上升为法律。法律的本质是维护社会正义,以"禁止"的方式确保主体的合法权益。企业一旦违反法律,侵犯其他主体的合法权益,必然会引发受害主体的维权行为,这不仅会引发来自公民的道德谴责,还会引发来自国家的法律制裁。无论是道德谴责还是法律制裁,最终都能够转化为对企业的经济赏罚,影响企业的经济发展。

---

① [美]埃米·多米尼:《社会责任投资:改变世界,创造财富》,兴业全球基金管理有限公司译,上海:上海人民出版社 2008 年版,第 18 页。

② 周祖城:《论道德管理》,载《南开学报》(哲学社会科学版)2003 年第 6 期。

③ 关于企业社会责任的层次性,学术界有不少论述可供参考:学者安晋军把企业道德责任区分为底线道德责任(如保护环境、爱护员工、尊重利益相关者)、中层道德责任(如员工提供发展机会和为社区提供就业机会)和高端道德责任(如捐赠和支持公益事业),参见安晋军:《近年来国内企业道德责任研究综述》,《前沿》2011 年第 5 期;董淑兰和刘宁则将企业社会责任划分为初级层(对员工和股东的责任)、中级层(对供应商、消费者和债权人的责任)和高级层(对政府、环境、弱势与公益群体的责任),参见董淑兰、刘宁:《企业社会责任层级结构研究——基于上市公司 2014 年报的信息披露》,《会计之友》2011 年第 10 期;王淑芹把企业道德责任区分为"企业基本的道德责任"(即法律责任)和"企业积极的道德责任"(即超出法律责任以外的对企业的道德期待以及企业的自觉性道德追求),参见王淑芹:《企业道德责任论》,《伦理学研究》2006 年第 6 期;胡凯和胡骄平认为企业道德责任的底线是"基于企业生存考虑的道德责任边界",而上限是"基于企业影响力和竞争力考虑的道德责任边界",参见胡凯、胡骄平:《论企业道德责任边界决策的必然性》,《求索》2011 年第 7 期。

对于企业来说,履行法律责任就是要严格遵守与企业行为相关的法律规定。企业要遵守的法律法规,既包括维护利益相关者合法权益的种种法律,如涉及劳动者、妇女儿童、消费者合法权益的法律,也包括对种种活动进行制约的相关法律,如企业法、合同法、缴税纳税、环境保护等相关法律。我国2005年修改的《新公司法》中专门增加了公司社会责任的规定,其中第五条提出:"公司从事经营活动,必须遵守法律、行政法规,遵守社会公德、商业道德,诚实守信,接受政府和社会公众的监督,承担社会责任。"可以说,守法经营是企业最基本的社会责任,即使是提倡企业非道德神话的自由主义经济学家亚当·斯密,也要求自由追求自己的利益时"不违反正义的法律"[①]。

2. 消极道德责任

消极道德责任与法律责任非常相似,它们都涉及企业活动最基础性的道德要求,并且也主要体现为"禁止"形式,规定着企业不能侵犯哪些主体的权益。二者有所不同的是,消极道德责任既包括一部分已经成为法律规定的责任,还包括一部分尚未成为法律规定的责任。消极道德责任主要涉及不同主体的道德权益,其本质要求是"禁止主动作恶"。在消极道德责任已经得到公众认可的情况下,不履行消极道德责任就意味着要侵犯不同主体的道德权益,必然会遭到受害人的道德谴责,并进而引起社会公众的道德谴责,转化为种种形式的经济抵制,如不进这样的企业工作、不给这样的企业供应货物、不给这样的企业提供资金、不向这样的企业购买商品、不给这样的企业提供建设用地,等等。管理学大师德鲁克早就指出:"企业管理层有责任引导企业不违反社会信念或破坏社会的凝聚力。这意味着企业有一种消极的责任——不可以对公民不当施压,要求员工绝对的忠诚。如果企业忘掉了这个原则,社会将会强力反弹,通过政府扩权,来约束企业。"[②]

就目前来看,因为消极道德责任关乎特定主体的权益,公众在这方面是比较容易达成共识的。目前世界公认的关于企业消极道德责任的规定有两个:一个是由社会责任国际组织(SAI)于1997年开始提出的全球首个道德规范国际标准——SA8000,包括童工、强迫和强制性劳动、健康与安全、结社自由及集体谈判权、歧视、惩罚措施、工作时间、报酬、管理体系等九个方面的内容;另

[①] [英]亚当·斯密:《国民财富的性质和原因的研究》(下),郭大力、王亚南译,北京:商务印书馆1974年版,第252页。

[②] [美]彼得·德鲁克:《管理的实践》,齐若兰译,北京:机械工业出版社2006年版,第319页。

一个是由联合国于2000年开始推行的"全球契约",其主要内容包括人权、劳工标准、环境和反贪污等四个方面共计十项规定。应该说,这些道德责任基本上得到了世界各国的公认,是关于企业消极道德责任的很好概括。正是对消极道德责任的遵守,为参与市场交易的各方主体提供着最为基本的信任。经济学家张维迎指出:"没有信任就不会有交易发生,就不会有市场。"①

3. 积极道德责任

对企业来说,除了消极道德责任之外,还有积极道德责任。积极道德责任与消极道德责任的不同之处在于:消极道德责任涉及正当道德权益的侵犯问题,而积极道德责任涉及普通道德福祉的增加问题。在任何一个社会里,正当道德权益都不允许受到侵犯,侵权行为会受到严格禁止;但是,没有哪个社会会硬性要求增加不相关人员的道德福祉,慈善行为从来都没有得到过严格规定,只能停留在积极提倡的层面。几乎在所有的企业社会责任理论中,积极道德责任都被视为最高级的社会责任,如"慈善责任"就高处卡罗尔金字塔模型的最顶层。但是,一旦企业承担了积极道德责任,就会赢得受益者的道德赞赏,并进而引发社会公众的道德赞赏。这种道德赞赏最终有可能转化为企业的无形资产,帮助企业赢得种种经济支持,如企业员工的支持、公众作为消费者的支持以及供应商和投资者的支持等。周祖城教授解释说:"企业经营的成功离不开利益相关者的支持,而利益相关者更愿意与以道德经营的企业打交道。"②

对于企业来说,积极履行道德责任通常是非义务性的,并不是非履行不可的责任,而是履行了就可以为企业加分的责任。这种道德责任有一个前提条件,即目前的道德困境并不是由该企业造成的,企业之所以承担这种道德责任,帮助解决一定的道德困境,主要不是为自己的行为负责,而是为社会负责,是为了回报社会。因此,积极履行道德责任大多属于慈善和公益的范畴,一方面是帮助因各种原因陷入生活困境的人,另一方面是致力于改善特定的社会公共环境。

四、中国企业社会责任运动向何处去

随着企业和市场的日益成熟,企业和社会各界已经基本达成了一个共识,

---

① 张维迎:《信息、信任与法律》,北京:生活·读书·新知三联书店2003年版,第3页。
② 周祖城:《三种企业道德管理策略及其影响分析》,载《理论探讨》2005年第2期。

即企业必须承担一定的社会责任,但是,企业在履行社会责任时仍然存在诸多顾虑。在这种情况下,中国企业社会责任运动将向何处发展,如何推动企业向这个方向发展,则是当前不得不面对的一个核心问题。

1. 走义利结合推进之路

一个不得不承认的事实是,从改革开放算起,我国现代企业发展还不到40年时间,尽管现代企业发展速度很快,成效也很显著,但仍然处于发展起步阶段,远远称不上发展成熟。在这个阶段,经济责任的压力仍然是头等压力,生存和发展的巨大压力要求企业首先考虑利润问题。在这种情况下,对大多数企业来说,社会责任问题必须和企业利润联系起来。只有在履行社会责任能够促进企业利润、至少不妨碍企业利润的前提下,社会责任才能得到比较顺利地推进。正如《企业与道德伦理》一书所言:"合乎伦理道德的行动,只有在某些条件下才能开展起来。对企业来说,最重要的条件显然是:开展这种行动不得损及它在市场上的生存能力。伦理道德行动必须与实现利润一致起来,或者至少必须与达到企业能在市场上站住脚、能应付竞争的利润一致起来。"[①]如果社会责任只能与企业利润相对立,履行社会责任必须以牺牲企业利润为代价,那么推进企业社会责任就会变成一纸空谈。这就是说,在当前阶段推进企业社会责任,必须走义利结合推进之路。

走义利结合推进之路,并不意味着道德向经济利益的让步,并不意味着道德在金钱利益面前的退缩。走义利结合推进之路,最深层的道德理念有两个:一个理念是德福一致思想,即德和福在最根本的层面上是一致的,道德和利益在归根结底的意义上是统一的,正如亚里士多德所说:"幸福即是合于德性的现实活动。"[②]离开了对利益的保障,道德就失去了存在的根据;而没有道德作为约束,利益也失去了根本保障。另一个理念是个人企业社会利益一致思想,即在根本利益上,个人、企业与社会是基本一致的。我们不否认个人、企业和社会在个别的、暂时的利益上是相互冲突的,但从长远来看,个人、企业和社会的根本利益是一致的,否则,企业和社会就没有存在的可能性。强调走义利结合推进之路,主要是要求社会创造出这样一种条件:使企业履责行为最终能够为企业带来相应的利润,强化责任履行行为与道德赏罚之间的联系。

---

① [法]热罗姆·巴莱、弗郎索瓦丝·德布里:《企业与道德伦理》,丽泉、侣程译,天津:天津人民出版社2006年版,第239页。

② [古希腊]亚里士多德:《尼各马科伦理学》,苗力田译,北京:中国社会科学出版社1990年版,第14页。

2. 增强企业的社会责任意识

范路克指出:"一个公司或企业部门是否承诺企业社会责任,很大程度上取决于它如何看待其短期利益和长期利益,取决于当前的经济环境,取决于有否来自政府的压力,取决于公司文化及其领导性质。"①这表明,推进企业履行社会责任,除了要创造一定的社会条件之外,还要增强企业的社会责任意识。

要增强企业的社会责任意识,一方面需要企业明白:履行社会责任与实现企业利润之间并不矛盾,相反,履行社会责任是实现企业利润的前提。事实上,在社会公众权利意识日渐觉醒、维权行动日益积极的今天,不负责任的企业行为越来越受到社会的道德谴责和经济制裁,而道德卓越的企业行为越来越受到社会的道德赞赏和经济奖励。在这种情况下,只有积极履行社会责任,才能获得真正的成功,"只讲经济目标不讲道德目标的企业最不经济"②。

另一方面还需要企业明白:要想获得真正的成功,不能以履行社会责任作为获得经济绩效的工具,而必须将履行社会责任视为自己的神圣使命,内化为"企业良心"③。诺曼·鲍伊的"利润悖论"早就告诉我们:越是故意追求利润,越不可能得到利润。所罗门也提出:"那些把服务顾客作为自身终极目标的公司,看似对他们自身的成本漠不关心,却最终吸引并且留住了更多顾客,反而赢得了根本性的成功。"④赢得超过付出的回报只是企业履行社会责任的可能后果,而不必成为企业履行社会责任的必要动机。从伦理学的角度看,动机越纯粹,行为的道德价值更高,所能赢得的道德赞赏也就越多。经济回报不是履责行为的动机,而是履责行为的奖励。

3. 提升公众的企业社会责任观念

企业履责行为能否得到相应的道德赏罚,首先取决于利益相关者乃至社会公众的社会责任意识。只有当利益相关者及社会公众具有一定的社会责任意识,能够对企业履责行为给予正确及时的道德回应,才能将企业履责行为真正变成道德资本。如果利益相关者和社会公众不认为企业应该承担一定的社

---

① [荷]汉克·范路克:《经济伦理学与对和谐社会的追求》,陆晓禾译,载《道德与文明》2005年第5期。
② 欧阳润平:《企业伦理学》,长沙:湖南人民出版社2003年版,第38页。
③ 王泽应:《论企业道德责任的依据、表现与内化》,载《道德与文明》2005年第3期。
④ [美]罗伯特·C.所罗门:《伦理与卓越:商业中的合作与诚信》,罗汉、黄悦等译,上海:上海译文出版社2006年版,第48页。

会责任,或者根本就不关心企业是否承担社会责任,那他们根本就不会对企业履责行为进行回应,从而不可能使企业履责行为得到相应的道德及经济赏罚。从某种意义上说,"决定企业诚信能否从道德负担转变为道德资本的现实因素不在企业,而在社会,在组成社会的个人和政府。因为真正的决定因素在于社会能否从经济上认同企业诚信行为所付出的成本以及制裁企业不诚信行为所获得的收益"①。

因此,企业社会责任运动必须面对公众,必须致力于提升公众的企业社会责任意识。企业是否履行社会责任,不仅仅涉及利益相关者的利益,而且会涉及每一位社会公众的利益。要维护每一个自己的利益,需要每一个人意识到自己的利益,关心自己的利益,为自己的利益付出一定的努力。从这个意义上说,社会需要"有责任感的消费者","通过其购物决定来影响企业在生产、尊重人权或者环境保护方面的行为"②;社会还需要"有责任感的投资者","利用投资行业的力量来建设一个更美好的世界"③。事实上,企业所必须履行的社会责任,对于社会公众来说就是他们的正当利益。

4. 建立流畅的企业社会责任信息机制

要使企业履责行为能够得到及时准确的道德回应,还需要在企业与公众之间,建立流畅的企业社会责任信息机制。有学者指出:"信息的作用在两个方面得到体现:关于对企业社会责任的需求信息以及关于企业投资于企业社会责任的供给信息。"④流畅的企业履责信息机制,对企业来说是一种严格的监督和审察,对公众来说则是一种公开的展示和检查。没有健全的企业社会责任信息机制,公众不能及时准确地了解企业履责状况,也就不可能对企业行为作出合理的回应。换一种方式说,企业社会责任信息机制同时也是一种市场声誉机制,这"既是促进企业发展的钥匙,又是保证企业道德的基石"⑤。

目前,我国企业社会责任信息机制并不健全,一些知名企业会定期公告企

---

① 李志祥:《企业诚信与道德资本逻辑》,载《长白学刊》2011年第4期。
② [法]热罗姆·巴莱、弗郎索瓦丝·德布里:《企业与道德伦理》,丽泉、侣程译,天津:天津人民出版社2006年版,第364页。
③ [美]埃米·多米尼:《社会责任投资:改变世界,创造财富》,兴业全球基金管理有限公司译,上海:上海人民出版社2008年版,第193页。
④ 郁建兴、高翔:《企业社会责任中的经济因素与非经济因素》,载《经济社会体制比较》2008年第2期。
⑤ 夏明:《利人还是利己——市场伦理下企业道德观透视》,载《福建论坛》(人文社会科学版)2011年第9期。

业社会责任信息公报,一些组织每年评审十大慈善家,一些媒体会经常披露一些企业败德行为,"3·15"晚会则是其中最有影响的栏目。但是,所有这些信息机制都不是非常完善,企业社会责任公报是企业自己提供的,慈善家评审只关注企业的慈善行为,媒体披露更关注企业败德行为,而且,目前的信息机制所关注到的企业面非常狭窄,起不到真正的引导和惩戒作用。因此,应当建立一种由第三方社会组织负责的企业履责信息机制,对于具有一定经济规模以上的企业,每年定期公布其中履责最好的500名企业和履责最差的500名企业,并且不定期公布一些显著的企业良善行为和败德行为。

(李志祥)

弱化与强化：
马克思资本道德批判的两个层面与当代思考

一、问题的提出

资本批判是马克思学术研究的中心论题。他以历史唯物主义的利器，苦心孤诣地铸成的皇皇巨著《资本论》完成了对资本的现象学研究，实现了对资本系统化、立体化、深层次的批判，破解了资本主义的"历史之谜"，从而实现了把历史唯物主义的一般逻辑上升为历史具体，全面完整系统地完成了"对唯物主义历史观的论证"①。然而，长期以来，马克思主义却遭遇挑战、质疑甚至否定的"礼遇"，而其中对马克思的资本概念特别是其资本道德批判思想的误解则更常见、更普遍、更严重。有人尽管承认马克思资本概念存在的价值，却是从纯粹的经济学、社会学的视野去看待资本的，因而把资本"改装"为一个无善无恶、价值无涉的物质实体，有知识资本、自然资本、人力资本、社会资本等生产要素资本概念的"能指"，却不见社会关系中资本概念的"所指"②。还有人根本否认马克思对资本的道德批判（如艾伦·伍德以及 W.苏巴特等），或者认为马克思作为道德主义者对资本进行了道德分析（如罗德尼·佩弗等）；或者对两者关系加以机械化、割裂化的截然二分的解读，认为两者之间不可通约、不可公度（如阿尔都塞等）。

不仅如此，更多的挑战和问题来自于现实实践方面。反观我国现实，改革开放以来，我国经济社会的巨大发展进步是遵循马克思主义的基本精神，不断解放思想、破除思想禁区，实事求是，与时俱进，破冰前进，不断理论创新和勇于实践的结果。但是，这种社会主义性质的改革开放及市场化改革却被曲解误读为"向资本主义靠拢""与西方全面接轨""向西方看齐"。与此同时，一些

---

① ［苏］列宁：《列宁全集》（第 1 卷），北京：人民出版社 1984 年版，第 115 页。
② 鲁品越：《资本手段与人的道德责任》，载《晋阳学刊》2008 年第 4 期。

人甚至无视市场经济中出现诸多失德败德无德的现象,为资本、财富、市场"正名"被曲解为"全面肯定、一味辩护",从而一举洗刷它们曾经被赋予的某些"污名",甚至声言谁若追问"资本原罪"就是"反对改革""反对发展",由此谋求资本现今存在的合法性并使之永恒化(在某种意义上,实际上是因它们的历史价值、"文明一面""历史进步性"而无条件地给它们"附道德之魅")。与此相反,也有人妒富仇富,痛恨"万恶之源"的资本。市场良心缺位的现象在当今世界较为普遍,在某些国家和地区十分严重。诸如此类的暗流涌动、是非混淆、善恶倒错的现象,大有弥漫拓展之势。

上述认识的混乱和实践的挑战一刻不停地敲打着我们,叩问着马克思主义的理论底线。它提醒我们,需要全面透彻地重读经典,返本开新,结合实际领会把握马克思的基本精神,否则,在资本逻辑铺天盖地、"一极独大",在全球化造成的所谓"趋同性"等诸多令人目眩神迷的"暧昧"现实面前,只能自我迷失,丧失马克思主义的话语权,甚至很可能陷入实践的困境。因此,如何正本清源、以正视听,既是在新的时代语境中回归马克思、返本开新发展马克思主义的需要,同时也是理性对待和规约资本,构建和谐社会、推进中国特色社会主义的需要。

毫无疑问,唯有回归马克思,哲学地对待资本并把握资本的"现实"和本真面目,方能祛除资本之"魅"。从理论上说,问题的关键在于,如何以辩证思维范式走进马克思文本,敷设有效沟通马克思的理论与现实之间的桥梁,或者说将评价资本道德问题的伦理标准设定在何种程度、层面和水平之上。问题由此转化为,马克思资本道德批判的当代有效性以及如何合理发挥其批判锋芒的问题。破解这些问题,显然需要辩证思维。唯物辩证法是马克思解读社会现实的有力武器,完整准确地理解马克思的资本道德批判思想,依然离不开它。否则,尽管自以为在为马克思说话、捍卫辩证法,却吊诡性地走向辩证法的对立面,反而成为辩证法所批判的对象。

二、资本善恶无涉的认识谬误

如今,马克思有自己独到的道德哲学理论基本上得到学界公认,尽管分歧尚存,可是越来越多的人赞同即使在成熟马克思文本当中(如《资本论》及其手稿等)依然存在道德批判哲学。然而,对资本道德的理解,事实上主要有三种基本观点:资本性恶论、资本善恶无涉论和资本有善有恶论(不做本质与运作层面的区分)。其实,这三种观点均具有"片面的深刻性"。在此,我们重点检讨资本善恶无涉论。比如,许多学者认为,作为生产要素本身的资本没有善恶之分；也有学者认为，马克思批判资本的道德沦丧主要是指资本主义初期，因而资本并非"天然无道德"。然而，事实果真如此吗？

实际上，马克思所完成的资本现象学批判，是对资本的政治经济学批判、意识形态批判，又是对现代形而上学的批判。诚然，从经济学、社会学、文化学、法学等不同学科视角对资本做出的不同解读，在一定意义上是具有合理性的。但是，真正从哲学视角来理解资本，就绝不可能停留于经验的形而上学的唯"物"主义所圈定的范围。无可怀疑，相对纯粹僵死的自然之物来说，它与生产要素视角的资本解读具有一定的联系、生成的社会性特质。可是，一旦把它置于复杂多样、丰富多彩、普遍联系的整体性世界图画中，这种联系又显得多么可怜、有限和拙劣。唯"物"的生产要素的简化论、还原论与善恶等道德评价问题毫无共同之处，后者是前者视阈之外的一块"飞地"。具有反讽意味的是，当有人在进行哲学批判之时，他却在使用无批判的概念；而当他在无批判地进行批判的时候，却自以为在进行真正的批判，显然，"哲人之石"对他而言必定早已抽身而去，遁隐无形。

有人实际上可能忘记了，走进现实往往需要通过批判解读现实的概念即从意识形态批判开始，因为许多关于现实的概念并非揭示现实、"走近"或"走进"现实的方便工具，而是某种遮蔽现实的工具。凭借此类概念工具，得到的充其量只是现实的幻象而绝非真相。生产要素资本论亦复如此。譬如，为什么以此为生产要素而不以彼为生产要素以及如何把它们作为生产要素？广义的生产中究竟如何进行生产、分配、交换和消费？实际上，对这些问题的科学回答，单凭经济学的理论是难敷其用的，它既需要辩证法，又需要价值论。个中原因在于，生产和生产要素总是存在于具体的生产之中的，如果停留于一般，只是表明不敢直面现实的虚弱本质，只能表明它在试图超越形而上学以面对现实问题的时候又重新陷入了形而上学的诡计之中。关于这一点，马克思的一句话可谓深刻透辟，他说："那种排除历史过程的、抽象的自然科学的唯物主义的缺点，每当它的代表越出自己的专业范围时，就在他们的抽象的和意识形态的观念中显露出来。"① 因此，马克思强调把现实历史前提作为其世界观与方法论的基础。"这种考察方法不是没有前提的。它从现实的前提出发，它一刻也不离开这种前提。"② 而历史的前提批判才能真正走近资本的本真面目。没有历史哲学意蕴的资本概

---

① ［德］马克思、恩格斯：《马克思恩格斯文集》（第5卷），北京：人民出版社2009年版，第429页。
② ［德］马克思、恩格斯：《马克思恩格斯文集》（第1卷），北京：人民出版社2009年版，第525页。

念,造成的结果不是谬误就是偏见。以辩证法、关系性和价值论视阈来审视资本的必然结论是:资本绝非某种主观虚构的幻象,而是准确揭示资本主义奥秘的钥匙和通达客观现实的桥梁。

借用著名经济学家波兰尼的"嵌入"理论,资本(经济)实际上是"嵌入"于资本主义的社会关系的,这种社会关系决定了资本(经济)的基本内涵和属性。英国著名学者吉登斯在《现代性后果》中提出"脱域"理论,是指社会关系从彼此互动的地域性关联中,从通过对不确定的时间的无限穿越而被重构的关联中脱离出来。不难看出,善恶无涉的要素资本概念实际上是"脱域""脱嵌"的资本概念。在"脱域"之后,资本有如自由的化身似乎可以天马行空,独往独来,无限穿越。可是,这种资本概念一触及冷酷的现实便暴露出自己的虚弱本质,捉襟见肘,"现出原形"。用马克思的话来说就是:"对现实的描述会使独立的哲学失去生存环境,能够取而代之的充其量不过是从对人类历史发展的考察中抽象出来的最一般的结果的概括。这些抽象本身离开了现实的历史就没有任何价值。"①而马克思把资本概念由生产要素层面上升到社会关系层面,从而实现超越对资本的非哲学理解而使之上升到了哲学理解层面。

一言以蔽之,马克思言简意赅、一语中的地指出:"资本不是物,而是一种以物为中介的人和人之间的社会关系。"②基于此,马克思分析资本就是分析资本主义的社会经济关系,分析人不是抽象地谈人,而是具体分析现实关系所决定的"现实的人"。由此不难理解,"资本的灵魂就是资本家的灵魂",资本的性质决定了资本家对剩余价值的贪婪性。在此意义上,不是资本家决定资本,而是资本决定资本家。正如由于个人的自决离不开社会关系,所以,从现实的社会关系切入来分析资本关系下的人就抓住了问题的关键。马克思在《资本论》中进一步指出:"不过这里涉及的人,只是经济范畴的人格化,是一定的阶级关系和利益的承担者。……不管个人在主观上怎样超脱各种关系,他在社会意义上总是这些关系的产物。"③"把价值判断运用到分析作为一种经济范畴化身的资本家和地主比起分析其自身更为合适。"④就是说,由对资本关系、主体关

---

① [德]马克思、恩格斯:《马克思恩格斯文集》(第1卷),北京:人民出版社2009年版,第526页。
② [德]马克思、恩格斯:《马克思恩格斯文集》(第5卷),北京:人民出版社2009年版,第877—878页。
③ [德]马克思、恩格斯:《马克思恩格斯文集》(第5卷),北京:人民出版社2009年版,第10页。
④ [加]罗伯特·韦尔、凯·尼尔森:《分析马克思主义新论》,鲁克俭等译,北京:中国人民大学出版社2002年版,第53页。

系的分析必然可以引申出相应主体之间的道德关系、价值关系。

由此可见,资本的社会关系性并非我们主观任意强加上去的,而是在本体论、存在论意义上资本本身所固有的。资本善恶无涉论的错误,恐怕正如先去掉它的社会关系性而后再加上社会关系性一样荒谬。职是之故,如果仅仅停留于从生产要素视角来审视资本的话,充其量得到的只是接近了资本的"碎片""部分""表象"而难以接近资本本身,由此,其结果就好比许多西方主流经济学家"只是在路灯底下反复寻找丢失的东西"一样荒谬可笑。

三、马克思资本道德批判的两个层面

重构马克思对资本道德批判的全景图,需要高度的方法论自觉,按照马克思的基本精神回归马克思文本。马克思资本道德批判的文本有两类:一类是人本主义逻辑主导时期的"显性文本",主要是《1844年经济学哲学手稿》等;一类是历史唯物主义逻辑主导时期的"隐性文本",主要是《资本论》及其手稿等。可见,马克思资本道德批判是以隐性逻辑或者显性逻辑的方式出场的。詹姆逊认为,马克思资本道德批判的辩证法的实质是这样的:"作为一种基于历史事实的新的原创性的思想模式,马克思主义辩证法所强调的是善与恶的融合,以及对幸福和不幸的历史状态的瞬时把握。《共产党宣言》指出,应将资本主义视为生产力最发达同时也是最具有破坏性的历史时期,我们亟待思索的是,善与恶共存于其中,我们应将其视为在同一段时间里处于无法分离的紧密交织的维度。较之犬儒主义者和目无法纪者对善与恶的超越而言,这是更为有效的方式。"[①]然而,不无遗憾的是,如同许多论者一样,詹姆逊在此只是点到了资本的善恶同体,没有进一步厘清何者为善、何者为恶,以及资本道德的不同层面及表现形式。

通过文本耕读,我以为,马克思对资本的道德批判其实存在两个基本层面:一个是对资本的本性和本质的强道德批判,一个是对资本的原始积累及其运作的弱道德批判。前者是恶的,后者是有善有恶的。固然,这两个层面决非毫不相关的绝缘体,而是内在贯通的有机体。

从对资本本质层面的强道德批判来看,马克思认为,资本本性为恶体现为攫取剩余价值、实现利润最大化。剩余价值概念深刻地揭示了资本本性之恶,因为存在剩余价值的社会(劳动)创造性与资本独占性之间的矛盾。在马克思

---

① F. Jameson: Valences of the Dialectic, London & New York: Verso, 2009. p.551.

看来,资本和资本主义私有制在本质上是剥削性的,因而是不道德、不人道、非人性的根源。他通过活劳动和死劳动之间的颠倒关系指认了资本的性质,"资本的实质并不在于积累起来的劳动是替活劳动充当进行新生产的手段。它的实质在于活劳动是替积累起来的劳动充当保存并增加其交换价值的手段"①。因为资本的社会关系性和制度性,由此,马克思批判锋芒直指资本主义制度的不正义性质。诚如科恩在批判伍德时曾经说道:"正如伍德会赞同的,马克思并不认为按照资本家的标准来看资本家是盗窃者,而因为马克思又确实认为资本家是在盗窃,因此马克思的意思一定是,资本家在某种适当的非相对主义的意义上是在盗窃。一般来说,盗窃就是不正当地拿了别人正当拥有的东西,因此盗窃就是做非正义的事,而'以盗窃为基础'的制度就是非正义的制度。"②当然,这种本质批判作为内在批判,是把剩余价值概念(与剥削概念内在贯通)作为核心概念,以内生于经济过程的方式来进行的,而不是从所谓的抽象价值悬设出发。同时,马克思的这种批判又是"制高点批判原则"(所谓"人体解剖是猴体解剖的钥匙"),立足劳动解放、人类解放,着眼于从人的自由全面发展的基本价值诉求来审视资本道德以及资本主义社会的道德状况。要言之,马克思回答了资本性恶及其内在原因。

除了本质层面的道德批判外,马克思文本中关于资本运作层面的弱道德批判主要体现有三:其一,对资本原始积累的道德批判。马克思在《资本论》中写道:"货币'来到世间,在一边脸上带着天生的血斑',那么,资本来到世间,从头到脚,每个毛孔都滴着血和肮脏的东西。"③就是说,资本原始积累的过程绝不是田园诗,而是充满着血与火的罪恶史、苦难史。马克思还说:"广大人民群众被剥夺土地、生产资料、劳动工具,——人民群众遭受的这种可怕的残酷的剥夺,形成资本的前史。这种剥夺包含一系列的暴力方法,……对直接生产者的剥夺,是用最残酷无情的野蛮手段,在最下流、最龌龊、最卑鄙和最可恶的贪欲的驱使下完成的。"④可见,"这种剥夺的历史是用血和火的文字载入人类的编年史的"⑤,原始积累是资本无法抹除的"原罪"。因此,马克思对资本原始积

---

① [德]马克思、恩格斯:《马克思恩格斯文集》(第1卷),北京:人民出版社2009年版,第726页。
② [英]史蒂文·卢克斯:《马克思主义与道德》,袁聚录译,北京:高等教育出版社2009年版,第63页。
③ [德]马克思、恩格斯:《马克思恩格斯文集》(第5卷),北京:人民出版社2009年版,第871页。
④ [德]马克思、恩格斯:《马克思恩格斯文集》(第5卷),北京:人民出版社2009年版,第873页。
⑤ [德]马克思、恩格斯:《马克思恩格斯文集》(第5卷),北京:人民出版社2009年版,第822页。

累的血泪史进行了无情的道德控诉。

其二,对资本运作的异化、不道德、非人性化的道德批判。马克思深刻地揭示了资本在运作层面"认钱不认人",唯利是图的倾向。比如,资本在运作中使用童工、任意延长劳动时间、恶劣的生产生活条件、污染环境以及商业领域的尔虞我诈、坑蒙拐骗、唯利是图、不择手段。对此,马克思曾一针见血地指出:"资本是根本不关心工人的健康和寿命的,除非社会迫使它去关心。人们为体力和智力的衰退、夭折、过度劳动的折磨而愤愤不平,资本却回答说:既然这种痛苦会增加我们的快乐(利润),我们又何必为此苦恼呢?"①而尔虞我诈、血淋淋的剥夺似乎成为方便的竞争武器和牟利工具。正如马克思所认为的:"只要商业资本是对不发达的共同体的产品交换起中介作用,商业利润就不仅表现为侵占和欺诈,而且大部分是从侵占和欺诈中产生的。""占主要统治地位的商业资本,到处都代表着一种掠夺制度,它在古代和近代的商业民族中的发展,是和暴力掠夺、海盗行径、绑架奴隶、征服殖民地直接结合在一起的。"②恩格斯进一步指出:"在资产阶级看来,世界上没有一样东西不是为了金钱而存在的,连他们本身也不例外,因为他们活着就是为了赚钱,除了快快发财,他们不知道还有别的幸福,除了金钱的损失,也不知道有别的痛苦。"③这种金钱至上、唯利是图的拜金主义、物质主义、利己主义的价值观,使资本为了利润最大化,挖空心思、坑蒙拐骗、剥削榨取,几乎无所不用其极。其结果,正如马克思充满愤懑地批判道:"资本由于无限度地盲目追逐剩余劳动,像狼一般地贪求剩余劳动,不仅突破了工作日的道德极限,而且突破了工作日的纯粹身体的极限。它侵占人体的成长、发育和维持健康所需要的时间。"④

其三,对资本运作的道德化、人性化的辩证分析。事实上,没有人道和道德支撑,没有资本伦理的存在,资本关系的正常存在和运转必定失去前提。比如,在斯密看来,诚信、节制、公正等道德问题是自由市场经济体制下非常重要的道德因素,经济自由没有道德是不能很好地存在下去的,特别是在其鼎盛时

---

① [德]马克思、恩格斯:《马克思恩格斯文集》(第5卷),北京:人民出版社2009年版,第311—312页。
② [德]马克思、恩格斯:《马克思恩格斯文集》(第7卷),北京:人民出版社2009年版,第368、369—370页。
③ [德]马克思、恩格斯:《马克思恩格斯文集》(第5卷),北京:人民出版社2009年版,第476页。
④ [德]马克思、恩格斯:《马克思恩格斯文集》(第5卷),北京:人民出版社2009年版,第306页。

期。马克思指出:"财产的任何一种社会形式都有各自的'道德'与之相适应。"①可见,资本正常存在的前提必须有资本伦理、市场伦理作保障。

关于资本运作的道德化、人性化问题,马克思一方面肯定资本运作的道德化、人性化的历史功绩、历史作用,另一方面指出其局限性或者限度。实际上,资本主义唯一不变的就是"变",变动不居、不断革新是资本主义的本性。资本、资本道德、经济道德亦复如此。在资本发展走出原始积累的初始阶段后,资本道德也逐渐发生了历史性变化,逐渐走出了无伦理的"牢笼",资本由野蛮化、不道德开始走向伦理化、人性化。比如,恩格斯深刻地指出:"现代政治经济学的规律之一(虽然通行的教科书里没有明确提出)就是:资本主义生产越发展,它就越不能采用作为它早期阶段的特征的那些小的哄骗和欺诈手段……的确,玩弄这些狡猾手腕和花招在大市场上已经不合算了,那里时间就是金钱,那里商业道德必然发展到一定的水平,其所以如此,并不是出于伦理的狂热,而纯粹是为了不白费时间和劳动。"②基于市场经济发展的必然规律和社会的要求,在现代市场经济的语境中,企业讲究诚信道德不是一个或然性的选择,而是必由之路。历史必然性的趋善,是人的活动之结果,也是资本在一定范围内的修正、调试或者突破。当然,其中存在市场经济本身的"自净作用",尤其是工人阶级不遗余力的斗争在其中发挥了关键性作用。诚如马克思指出的,资产阶级对待工人阶级是"采取较残酷的还是较人道的形式,那要看工人阶级自身的发展程度而定"③。正因为工人的不懈斗争迫使资本主义国家以立法的"硬的一手",从而导致资本人道化。

再则,马克思资本道德化、人性化的悖论与限度的揭示包括两个方面:一方面是道德由实质道德走向形式道德。资本讲道德从动机上可分为两种:真心实意和虚情假意,即所谓实质的道德和形式的道德。真心不道德、客观不道德的"真小人"价值低于真心不道德、客观讲道德的"伪君子"。正如有学者认为:"'资本道德'不可能来源于资本自身大而虚幻的实质道德,而只能是基于制度与政府力量的形式道德。我们没有自信奢望通过道德感召的方式让'道德'取代'无道德',让惟利是图的'经济人'大跃进成大公无私的'道德人',而是要通过制度建设与严格执法的方式让'道德'取代'无道德'成为资本的显性

---

① [德]马克思、恩格斯:《马克思恩格斯文集》(第3卷),北京:人民出版社1995年版,第114页。
② [德]马克思、恩格斯:《马克思恩格斯文集》(第1卷),北京:人民出版社2009年版,第366页。
③ [德]马克思、恩格斯:《马克思恩格斯文集》(第5卷),北京:人民出版社2009年版,第9页。

基因,并逐渐上升为一种传统、一种文化。①"不难看出,尽管不排除特殊情形,一般情况下资本道德陷入形式道德的情形确实非常普遍。

另一方面是资本道德本身的悖论及其无法根除资本之恶。以信用道德为例,马克思指出:"信用为单个资本家或被当作资本家的人,提供在一定界限内绝对支配他人的资本,他人的财产,从而他人的劳动的权利。……而信用使这少数人越来越具有纯粹冒险家的性质。"②按照马克思的思想,信用制度在资本主义制度下是资产阶级获得更多财富的重要途径和手段,使利益矛盾和阶级矛盾更加突出和激烈,在资本主义生产方式下,"信用制度固有的二重性质是:一方面,把资本主义生产的动力——用剥削他人劳动的办法来发财致富——发展成为最纯粹最巨大的赌博欺诈制度,并且使剥削社会财富的少数人的人数越来越少;另一方面,造成转到一种新生产方式的过渡形式"③。诚然,无论其中存在怎样的矛盾与悖谬,资本伦理化、文明化,客观上有利于社会经济的发展进步、人性完善及人的自由全面发展,这也是毋庸置疑的。

四、弱化与强化:马克思资本道德批判的当代思考

事实上,过去的研究已经表明,历史经验论、历史形而上学以及历史浪漫主义,均无法正确构建资本认知的"全息图"与现象学。以形形色色的空想社会主义为例,它们之所以是"空想的"甚或是"反动的",是因为它们不懂得以历史辩证法的视阈来审视资本,而只是将资本作为"恶"的化身,进而诉诸纯粹的道德化批判以否定资本的全部价值。不加区分地批判资本的道德,或者笼统生硬的资本道德解读,皆无法把握马克思资本道德批判的精神实质,同时也必然遭遇现实的困境。

这是因为,问题的复杂性在于,面对现实、面对资本,我们诚然"别无选择",但是,如果简单地认为资本是善恶同体的"恒在",无异于宣布马克思资本概念在当今的"部分乃至全部失效",而超越资本只存在"不可能之可能性";如果无条件地、不加层面区分地照搬马克思资本道德批判思想,面对当今全球化、中国以及意识形态变迁等"顽强而冷酷的"现实,势必会丧失应有的解释

---

① 舒圣祥:《"资本道德"来自何方?》,载《财富与管理》2007年第2期。
② [德]马克思、恩格斯:《马克思恩格斯文集》(第7卷),北京:人民出版社2009年版,第497—498页。
③ [德]马克思、恩格斯:《马克思恩格斯文集》(第7卷),北京:人民出版社2009年版,第500页。

力、说服力和话语权。因此,唯有适度弱化马克思资本本质层面的强道德批判,充分强化马克思资本运作层面的弱道德批判,掌握好弱化—强化的辩证法,才能充分彰显马克思资本道德批判的思想光芒和时代价值。

1. 弱化对资本本质层面的强道德批判

面对当代资本的现实,一个不容回避的问题是,能否拒斥放弃资本本质层面的强道德批判而另辟蹊径?回答显然是否定的。实际上,在资产阶级意识形态的视镜中,资本主义的"千年理性王国"就是"历史的终结",资本主义经济现实和资本主义制度的"存在"被视为"恒在",因而对之所能做的,顶多只是修正改良而无须超越。由此,一味粉饰现实,劝人屈从于现实的庸俗保守倾向是必然的,与空想社会主义、"伦理社会主义"一样,找到通往未来理想的现实道路就绝无可能。在此意义上,资产阶级伦理学是一种"形式伦理学",无法达到马克思主义的"实质伦理学"的科学水平。

在马克思看来,资本道德批判的终极价值旨归不在于悬置"社会基本制度"的批判及替代只探讨对作为经济发展成果的"蛋糕"如何分割与"博弈",而在于立足对基本社会制度的根本性置换的基础上,以正义公平的制度框架为依托,从而实现劳动解放和人的自由全面发展。[①] 马克思资本道德批判诉诸实践批判,主张在批判旧世界,批判"千年理性王国"中发现新世界,在"哲学的世界化"和"世界的哲学化"[②]的辩证互动中,最终建构人的全面自由发展以及人类解放的共产主义社会制度。之所以强调社会制度变迁的优先性,是由于人的解放不能从人本身去寻求,而只能从人之外去寻求;资本无德的现象诚然直接导源于经济领域的冲突、对抗与不和谐的境况,但一般的原因则是社会状况。

正由于资本之恶以及维持资本的制度之恶,马克思才恨之入骨而痛加批判,其目的绝不在于修复现存制度,而在于彻底颠覆、根本置换现存制度,从而釜底抽薪地解决资本问题。正如分析马克思主义者理查德·诺曼说:"马克思主义的内在吸引力在于它表现了对现存社会制度的批判和对未来更美好社会的向往,这种批判和向往来自于深刻的思考而不是简单的对阶级利益的反映,它是有理性基础的。人们被马克思主义所吸引是基于这样一些判断:资本主义是建立在剥削和压迫基础上的,它压迫和束缚人的生命力,阻碍人们充分实现人生潜能,它应该让位于社会主义社会,在那里人们能够获得更大的自由和

---

① 侯惠勤、肖玲:《马克思主义经济伦理与当代市场经济实践》,载《江海学刊》2003年第6期。
② [德]马克思、恩格斯:《马克思恩格斯文集》(第1卷),北京:人民出版社1995年版,第76页。

更多的平等,社会主义不是那种用意识形态的合理化来为社会现状作辩护、保护特权者利益的制度。马克思主义看起来是要提供一个实现所有这些判断的前景。"①正是凭借对资本主义以及资本逻辑的撼人心魄、振聋发聩的科学道德批判,马克思主义才占据道德上的制高点,令所有伦理浪漫主义,以及"调和折中""修修补补"的改良主义或者资产阶级的辩护士都不敢望其项背。如果没有马克思对资本道德批判特别是其本质层面的道德批判,马克思主义发自肺腑感人至深的震撼力、穿透力和魅力必将大为逊色,甚至将不复存在。

　　正是凭借对资本本质层面的强道德批判,我们才会洞穿迷乱现实的真相。显然,在当代资本主义社会中工人物质生活条件得到很大的改善,甚至与资本家在工资谈判中偶尔也能获得优势,但是这并没有从根本上改变资本主义制度中工人处于受资本奴役的劣势地位,没有改变经济社会结构所隐含的对工人的强制、奴役、剥夺的关系。从这个意义上来说,以制度形式存在的资本剥削劳动仍然普遍存在。这正是对其进行本质层面的道德批判存在的空间和理由所在,唯有如此,才能彻底地"破除'普遍永恒资本'的符咒"②。为此,我们当下强调建构社会主义核心价值体系并引领多样化社会思潮。试想,如果我们连资本及其伦理都可以盲目崇拜,甚至当作终极价值去追求,那还有社会主义核心价值体系存在的空间吗?因此,我们必须牢记一点:本质性恶的判定不仅是一种深度本质批判,而且是加强资本运作层面伦理、制度约束以使之走向人性化、人道化的逻辑前提。

　　然而,基于当今世界资本发展的空间及我国改革开放以来的发展现实,利用资本并建构资本伦理是发展社会主义经济以及构建和谐社会的需要。当今世界,无论对于资本主义的资本,还是对于社会主义市场经济中的资本,都是社会历史发展的动力之一,仍然有拓展发展的巨大空间,因而承认资本及其伦理的历史合理性而非根本否弃拒斥,成为唯一可能的适当选择。国际共产主义运动处于低潮、"西强东弱"的确为当代世界的基本态势。因此,如果强化对资本本质层面的强道德批判,"人为"消灭资本、强行实行"高级的"生产关系乃至狭隘的"闭关锁国"恐怕就是逻辑之必然。这样一来,不仅利用资本失去了前提,而且不利于凝心聚力、充分调动各种生产要素发展生产力,从而影响改

---

①　[加]罗伯特·韦尔、凯·尼尔森:《分析马克思主义新论》,鲁克俭等译,北京:中国人民大学出版社2002年版,第51页。
②　[英]I.梅扎罗斯:《超越资本:关于一种过渡理论》(上),郑一明等译,北京:中国人民大学出版社2003年版,第19—64页。

革开放、经济发展与社会和谐的大局。从意识形态变革的视角看,阶级性、党性的话语让位于共性、普适性的话语也需要如此,即适度弱化"剥削""掠夺""榨取"等强道德批判话语有利于营造和谐的环境。事实上,社会主义基本经济制度的确立以及《物权法》等法律法规的出台,是弱化资本本质层面的强道德批判的现实体现。这表明,唯有合理弱化对资本本质层面的道德批判,方能契合当代世界和中国的现实。

2. 强化对资本运作层面的弱道德批判

弱化对资本本质层面的强道德批判与强化对资本运作层面的弱道德批判是同一问题的两个方面。资本道德批判的重点在于,暂时或有条件地悬置资本本质的道德批判问题,转而合理强化对资本运作的道德批判及其规约。之所以强化资本运作层面的批判,原因有四:其一,资本运作伦理的悖论性和矛盾性。比如,以信用制度为例,马克思指出:"如果说信用制度表现为生产过剩和商业过度投机的主要杠杆,那只是因为按性质来说具有弹性的再生产过程,在这里被强化到了极限。……信用制度加速了生产力的物质上的发展和世界市场的形成;……同时,信用加速了这种矛盾的暴力的爆发。"①就是说,信用是一种契约性的道德,其对生产力的影响是积极与消极并存的。

其二,资本运作伦理的形式理性。恩格斯在讲到资本主义社会的商业时曾说,商人们总是"采取不道德的手段来达到不道德的目的"②,信用制度确实是资本文明化、道德化即资本在操作机制道德化的体现,但是,"伪善(形式道德)的手段来达到不道德的目的",说明资本的一般逻辑依然没有根本改变。换言之,运作层面上资本的人性化、道德化很大程度上也是"外在的""形式道德而实质非道德的"。

其三,资本运作伦理的非法僭越性。"魔鬼存在于每一个缝隙中。"在现代社会,资本日益弥漫、渗透到日常生活与微观存在之中,资本成为真正宰制一切、异化一切的"社会权力",成为真正的"物神"。由此,现代经济生活崇尚实践理性与形式理性,而对实质理性的态度是消极的,甚至加以抵制打压,因为道德等诸如此类的东西在市场经济的逻辑中不能被恰当地奖励或得到相应的回报,在市场经济不成熟、经济环境恶劣的情况下则更是如此。可以说,许多

---

① [德]马克思、恩格斯:《马克思恩格斯文集》(第7卷),北京:人民出版社2009年版,第499—500页。

② [德]马克思、恩格斯:《马克思恩格斯文集》(第1卷),北京:人民出版社2009年版,第61页。

人知道一切东西的"价格",却不知道一切东西的"价值"。实践理性不再需要实质理性。实践理性化早已表现出令人担忧的糟糕倾向:"溢出"经济范围、"殖民"于其他社会领域。于是乎,"计算"和"算计"成为市场经济主体生活的全部以及全部的生活,这反过来又"强化""固化"经济领域中彻底极端的功利化。反观当代中国市场经济发展的过程,不义而取、损人利己、尔虞我诈、坑蒙拐骗等市场不伦理、经济不道德的现象,既说明道德之于经济健康运行的必要性,更是凸显了资本伦理存在的问题以及强化资本运作层面的弱道德批判的重要性。试想,如果没有基本伦理的规约和引导资本,正常的经济实践和资本关系的存在又何以可能?

其四,从市场经济的本质内涵与世界经济发展的基本走势来看,强化资本运作层面的道德批判及资本伦理建构也具有扎实的现实针对性。一般来说,市场经济的基本制度性前提是存在一个遵守规范、道德良好的有序社会。否则,市场运行势必如同脱缰之骏难以驾驭,势必陷入"丛林法则"的逻辑之中而不能自拔。因此,从内在性上讲,市场经济是法制经济,更是道德经济。事实确乎如此。当代世界经济发展的新趋势是:经济的人性化、文化化(道德化)以及经济、科技与文化(道德)的一体化成为基本走势。而市场不伦理、财富无道德、为富而不仁的现象在当下中国乃至全球十分突出,经济的伦理化确为时代的呼唤。可见,存在不等于本质,实然不等于应然,两者总是存在紧张关系。因此,强化资本运作的弱道德批判,以伦理道德(制度、法律等)来约束资本,才能最大限度地发挥资本的历史潜能,提升经济的道德人文内涵,实现经济社会和谐发展,同时提升企业的软实力、使其基业长青,并为通往未来理想社会不断蓄积丰富的"正能量"和历史积淀。

3. 拒斥资本道德批判强化—弱化辩证法的方法论迷误

马丁·塞利格认为,任何政治意识形态都包含两个层面:基本意识形态(fundamental ideology)和操作性意识形态(operative ideology)。基本意识形态是指对"现存制度评价的原则"和"运动和政党的最终目标";而在政治学和政党政策评价中的那些更多地关注"实用的紧迫的紧急需要"的原则,则构成操作性意识形态。① 这种区分对我们思考资本的道德批判问题具有重要启发。我们的基本意识形态是社会主义核心价值观,无论它如何提炼和表述,批判资

---

① Martin Seliger: The Marxist Conception of Ideology, London: Cambridge University Press, 1977, pp.4-6.

本、拒斥资本是我们基本的价值定位和取向。但是,具体的操作性意识形态,则会随着实践的变化而变化,有时甚至与核心理念发生某种"偏离",但在基本点上则"顽强地"与核心理念保持一致。这对与时俱进地捍卫社会主义意识形态基本立场、基本价值,谋求马克思主义的当代话语权,意义非凡。

显然,坚持基本意识形态与操作性意识形态的张力,体现了原则性与灵活性、理论与实践、批判与建构的统一,使马克思资本道德批判的实践批判原则落到了实处,"从天上回到地上"。进一步说,尽管中国改革开放以来取得了前无古人的历史伟绩,但总体上看,我们的发展低于世界水平,我们仍然处于社会主义初级阶段、仍然是发展中国家的基本判断没有变。基于当代语境和国情的不同,不能照搬西方的基本价值、基本模式和基本道路来对待资本是我们的基本价值定位。因此,坚持基本意识形态与操作性意识形态的张力,体现了原则性与灵活性的统一,不仅是保持弱化—强化的张力的理论依据,也是当代中国走出新路、走出中国道路的必然选择。

相反,拒斥资本道德批判强化—弱化辩证法的基本偏向有两种:一是认为对资本本质层面的强道德批判在今天已然失效、不合时宜,无批判地认同资本、资本伦理及其建构;二是认为只要资本存在、不根本铲除资本本性,资本操作层面的弱道德批判及资本伦理建构就不可能成功,甚至失去任何实质性的意义,因而主张根本剔除资本及其伦理。两者在基本观点和价值取向上大异其趣,但在方法论层面上,"两极相通",两者都陷入一偏之失,属于机械的形而上学方法论。

具体来说,第一种观点的弱点在于,把资本和资本伦理固化,看不到资本本质层面的不道德性对操作层面的影响,同时也看不到资本及资本伦理的劣根性,因而容易陷入资本崇拜,在基本价值上认同资本,成为"历史终结论"的当代翻版,从而与社会主义基本价值大异其趣。可以说,马克思对资本的强道德批判是当前完善和建构资本伦理、利用资本的不竭思想源泉,也是最终走出资本关系宰制的不朽价值支撑,更是社会主义制度建立、巩固和发展的价值前提。就是说,在认识到资本善恶同体的基础上,尤其是认识到本质层面上资本性恶,从而将资本钉死在"道德的耻辱柱"上,是以人类解放为旨归的马克思主义伦理的基本解读,而不是以资本自由为诉求的一般市场伦理和资本伦理的解读,这不仅意味着我们今天应该具有利用资本、承认资本和工具理性的历史阶段性、范围有限性、功能局限性的清晰历史意识,而且是树立劳动本位、人民至上的社会主义核心价值观之理论必需。立足这一基本立场,真正的马克思主义逻辑理路必然从道德哲学视阈审视研判资本、坚持批判性评价，这不仅是逻辑的必然，而且是历史的必然。放弃这一基本立场，要想明确历史的方向感，指明历史前进的正确方向就无异于痴人说梦。不难想象，如果我们放弃站在劳动阶级的立场对资本和剥削进行批判，甚至都不敢承认、不敢直面这一当代现实中的客观存在，那么，马克思主义存在的价值前提就会被摧毁、马克思主义的"承重墙"就会被推倒，又有什么可奇怪的呢？

而第二种观点的迷误在于，尽管洞明了资本本质层面的道德批判的价值意义，却把此层面机械僵化地理解为"人为消灭资本"，从而为"极左路线"打开缺口。换言之，它否定操作性意识形态的价值，在价值排序上无条件地夸大资本本性之恶，也会导致全盘否认资本的历史合理性和现实价值的问题。换言之，我们当下（特别是在实践层面）应该聚焦的，主要不在于资本剥削与否，而在于如何剥削，如何运作。当然绝不能粗率地说，当下社会主义社会中的社会关系就是统治者与被统治者、剥削与被剥削的对抗性关系。但是，须知，在微观经济领域，这种关系是扎实而顽强地存在的，骇人听闻的"血汗工厂""黑煤矿""毒奶粉"已经暴露了在资本运行过程中劳资双方的对抗性关系，清楚地表明资本的一般逻辑及其运作仍然存在并发挥着作用。资本的自我毁灭逻辑不能靠自我救赎，只能依赖于非资本逻辑和社会价值理念的"外在约束"（或曰"超经济强制"），这在资本主义社会是如此，在社会主义社会则更应如此。否则，在一个颠倒了的、着了魔的疯狂世界，资本必然走向自我毁灭、自掘根基，社会就会陷入"一切人对一切人的战争"的混乱状态。我们社会主义的基本制度、价值理念和法律制度对待资本与资本主义是截然不同的，因而我们要坚持异中求同与同中述异的统一。"我们搞的是社会主义市场经济，'社会主义'这几个字是不能没有的，这并非多余，并非'画蛇添足'，而恰恰相反，这是'画龙点睛'。所谓'点睛'，就是点明我们市场经济的性质。……而我们的创造性和特色也就体现在这里。"①换句话说，资本关系及其伦理具有其普遍性、共性和一般逻辑，关键在于寻求共性中的个性，彰显中国特色、民族特色，从而将资本导入正确的轨道。

如果说，在资本主义的原始积累和初创阶段，不道德、无伦理是资本的常态的话，那么，即使在资本主义的伦理化时期，资本讲道德讲伦理一般来说绝非善

---

① 中共中央文献研究室：《江泽民论有中国特色社会主义（专题摘编）》，北京：中央文献出版社2002年版，第69页。

良意愿的表现,说到底它只不过是资本外在压力的强制和社会力量合力建构的结果。当代中国的资本伦理建构,单凭"看不见的手"——市场自发力量毕竟效果有限(因为"市场失灵"),因此,需要以我们社会主义的制度、法律、道德等"看得见的手""超经济强制"来约束、引导资本,使其趋于道德化、伦理化、人性化。这种资本伦理不等于资本本身的伦理,包括两个方面:一是资本本身的伦理,如私有产权、剥削的合理性以及互惠互利等资本主义原发性资本的伦理;二是约束资本的伦理,即社会主义核心价值体系以及社会主义荣辱观,包括公平正义、以人为本、共同富裕等等。仅有前者,与资本主义制度条件下对待资本的基本态度和价值判断无异,而正是凭借后者,利用资本来消灭资本才有基本的价值定位,发展中国特色社会主义才有基本的价值依托。换句话说,面对当代中国现实的基本判断是:资本伦理在当下有价值,由于它存在价值缺陷或价值空洞,使其不可能作为终极价值,而只能以社会主义核心价值来引领。

因此,主张适度弱化资本本质的强道德批判而合理强化资本运作的弱道德批判,意味着当代资本道德批判的范式的转换和重点的转移,但它基本上不是另起炉灶、推倒重来的"毁灭式创新",而是在批判的基础上进行建构性的强本固基与完善发展。需要注意的是,剩余价值理论、剥削理论和阶级分析方法,由于不处于当代实践的中心而有所忽略,然而绝不意味着要把它推倒、另起炉灶;对于敌对意识形态的公开较量,例如公开为资本永恒性辩护、主张剥削万能、资本至上、金钱万能以及资产阶级自由化思潮等,虽然一般不会被提到重要的地位,然而这绝不意味着我们会放松警惕、拆除底线、无限宽容、放弃斗争。① 由此可以说,深刻领会马克思资本道德批判的精神实质,把握好资本道德批判弱化—强化的辩证法,是破解当代资本道德迷局之关键。唯有如此,我们才能真正与时俱进地坚守马克思主义的基本立场、观点和方法论原则,在"利用资本""发展资本"而又"限制资本"的历史进程中,保持清醒的头脑,更好地"利用资本"而不为资本的"另类逻辑"所牵引,不断推进中国特色社会主义的发展。

(张志丹,原载于《马克思主义研究》2013 年第 5 期)

---

① 参阅侯惠勤:《弱化与强化:意识形态的当代走向与马克思主义的话语权——论邓小平理论和"三个代表"重要思想的一大理论创新》,载《毛泽东邓小平理论研究》2004 年第 6 期。

试论道德资本的经济功效

道德发展到今天已广泛介入人们的经济生活,并为人们的经济生活所必需。在现代市场经济条件下,道德不仅是一种非常重要的文化资源,而且也是一种特殊的无形资本,它能产生经济效率和经济效益,并对经济发展起到积极的推动作用。

一、道德资本的一般分析何为道德资本

道德资本是指投入经济运行过程并能带来剩余价值或创造新价值的一切伦理道德资源。它既包括有形的明文规定的各种道德行为规范体系和制度条例,又包括无形的客观存在的价值观念、道德精神、民风民俗等等。从表现形态来看,道德资本在微观个体层面,体现为一种人力资本;在中观企业层面,体现为一种无形资产;在宏观社会层面,体现为一种社会资本。道德资本具有以下几个方面的特征。

1. 道德资本是无形的

如同现代资本中的知识、技术、管理等,道德资本也是一种看不见、摸不着的,但又确实存在并在经济运行中起着作用的"无形的存在"。它直接体现为人力资本的精神层面和实物资本的精神内涵。

2. 道德资本具有寄生性

相对于有形资本而言,道德资本不能完全游离于有形资本及其运行而独立存在和正常运营。它必须借助依附于有形资本才能参与经济运行,并只有在经济运行过程中发挥自身特有的功能,在终极意义上转化为有形资本,或促进有形资本实现价值增值才能获得自身存在的现实意义。

3. 道德资本具有稀缺性

人们对道德的需求是无限的,这种需求的无限性,直接导致了市场中特别是现代市场中从来就不会出现道德饱和的现象。因此,对于道德资本的需求来说,人类永远处于"饥饿"状态,道德资本总是稀缺的。

4. 道德资本具有导向性

道德资本能为人们在各个方向上创造经济绩效的努力提供义理上的激励和精神支持,为人们分工合作秩序的不断扩大提供价值动因和规则支持,为人们处理经济活动中的复杂利益关系提供价值依据和行为框架。

二、道德资本对经济发展的作用道德资本作为一种非常重要的"无形资本"

它不仅是促进经济物品保值增值的人文动力,而且也是一种社会理性精神,其在经济运行过程中投入与运作的最终目标是为了实现经济效益与社会效益的统一。它对经济发展的作用突出表现为以下几个方面。

1. 道德资本的运作有助于提高资源配置效率

资源配置效率是指资源配置是否合理,以及由此带来的效率。资源配置效率的高低直接决定着经济发展的实际水平。然而,资源的合理配置,主要应理解为人力资源和物质资源实现最佳存在形式,其能量得到最大可能的发挥。在现代市场经济条件下,这一目标的实现必然受到市场利益机制以及政府经济政策的影响,但在更大程度上取决于道德资本的有效运作。这是因为实现资源的合理配置的深层动因还在于人的价值取向和对自己、他人和社会负责的道德精神。就人力资源的合理配置来看,一个具有正确人生价值取向和较高思想道德觉悟的人,不仅能使自己的生存处于最佳状态,并发挥最佳效能,而且通过他的工作,还能使他人的积极性、创造性得到充分发挥,真正做到各宜其位、人尽其才,从而实现人力资源的有效配置与使用。就物质资源的合理配置而言,人的思想道德觉悟将直接影响物质资源合理配置的方式和程度。从根本上说,物质资源是"死的",只有通过"活的"人的有目的的活动才能实现其配置目标;再有物归人所有,物的配置实质上是人与人之间关系的协调。因而,人的道德素质、价值观念以及人际关系的协调状态必将影响制约物质资源的配置状态。具有崇高价值取向和集体主义精神的人,在物质资源的配置过程中,能不断改变物质资源的性状和功能,做到物尽其用,避免物质资源的浪费;能以社会整体利益为重,畅通物流渠道,做到物畅其流,避免物质资源的积压;能从社会长远利益和人类整体利益、未来利益出发,做到物尽其善,避免物质资源的破坏。

2. 道德资本的运作有助于节省交易费用

交易费用是市场经济主体在各种交易活动中,为了获得准确的市场信息所需付出的费用,以及谈判和经常性契约的费用,它主要源自于市场经济主体外部的不确定性。随着社会分工的不断细化以及多元经济主体的出现,市场透明度越来越弱,信息的不对称性、不完全性使得市场环境的不确定性增加。而人的有限理性及一味谋利又极易产生欺诈违约偷窃等机会主义行为,从而导致大量的人为不确定性的存在。这些不确定性的存在与增加,必然导致市场交易费用的存在与增加。事实上,交易费用发展到今天已远非人们所想象。诺思1995年10月在北京大学的演讲中指出,1970年交易费用占了美国国民生产总值(GDP)的45%;张五常教授认为交易费用占香港GDP的80%;沃利斯和诺思估计交易费用应为GDP的50%左右[1],这也就是说交易费用已占到人类创造的财富的一半,已成为现代市场经济进一步发展的重负。如何节省交易费用?新制度经济学试图通过制度来解决这一难题,但却偏重制度中的正式规则,如法律、政策等。诚然,这对增强市场透明度、消除市场中的机会主义行为、减少不确定性是有相当的作用,但这种作用毕竟有限,并天生伴有副作用。这些正式规则的制定和实施本身就需要相当大的费用。据大约估算,世界上最典型的法治国家——美国,全社会用于法制的消耗可用货币计算部分要占到美国GDP的三分之一到五分之一左右[2]。此外,市场经济活动中还存在着大量的非法律约束行为。由此可见,仅靠正式规则的作用很难彻底解决节省交易费用这一难题。道德资本的运作对这一难题的彻底解决更具意义和价值。因为道德这种约束力量不仅涉及人类生活的方方面面,而且还能深入人心、化育人性,使人产生自我约束、自我完善的自觉行为。良好的道德关系和有效的道德规范,相对于正式约束而言,不仅能节约社会成本而且还能起到安定平稳和增加彼此信任的作用。具体地说,道德资本的运作有助于强化经济主体求利动机的正当性,从而有效抑制或减弱交易行为主体的机会主义投机动机;有助于增强市场交易者积极参与公平交易和经济合作的信心,进而促进有效合作与公平交易的实现;有助于增强正式规则的主体内在化,进而有利于社会正常交易秩序的维护;更有助于提升人与人之间的信任度,实现社会的普遍信任,大大降低人际交易的风险和代价,从而有效降低交易成本(费用),提高交易效益。

---

[1] 卢现祥:《西方新制度经济学》,北京:中国发展出版社1996年版,第40页。
[2] 罗卫东:《论道德的经济功能》,载《中共浙江省委党校学报》1998年第1期。

3. 道德资本的运作有助于优化经济活动的"外部性"

外部性(Externality),亦称"外部效应",按照西方新制度经济学代表人物诺思的解释是:"当某个人的行动所引起的个人成本不等于社会成本,个人收益不等于社会收益时,就存在外部性。"①也就是说,某种经济活动所产生的影响并不一定在其自身的成本或收益上表现出来,但却会给其他经济主体乃至整个社会带来好处或坏处。当其结果能给他人或社会带来好处时,被称为正的外部性;反之,则被称为负的外部性。其实,任何经济行为都会对他人或社会产生这样或那样的影响,呈现出或正或负的外部性。道德资本的运作不仅能抑制和削弱经济活动的负外部性,而且能保护和强化其正外部性。积极的道德责任和道德关怀能够使人们勇于对自己的经济活动及其后果负责,"能够重新唤醒人们对以往忽略掉的第三者费用的重视,使人们从更负责、更长远的角度去看待和解决这些问题"②,尽量内化或减少自身经济活动给他人或社会带来的不利影响和负面效应。强有力的道德评价与道德自觉不仅促使人们主动地维护别人的权利和公共产品,热心于公益事业、公共产品的投入,而且还有助于"搭便车"行为的减少。"搭便车"(free rider)是指某些人或某些团体在不付出任何代价成本的情况下,从别人或社会方面获得好处(收益)的行为。这种行为的增多势必导致社会公共利益的毁损,以及社会分配的不公。我国改革开放后出现的每年5 000亿元瓜分国有资产的狂潮,就充分暴露了"搭便车"现象的危害。解决"搭便车"行为的基本方式不外乎三种:一是进行使用权或使用期限定;二是普遍上调价格;三是求助于公德规范。三者中,第一种方法或者难以实施,需要支付成本,第二种方法往往会遇到消费者反对,只有第三种方法是经济的而且是有效的。公德水平的提高可以有效地实现公共产品的供求平衡③。诺思也认为,解决"搭便车"问题的最优方式是求助于伦理道德的力量,因为"这些观念导致人们限制他们的行为,以至于他们不会做出像搭便车那样的行为"④,并且认为采用这种伦理道德的方式是经济可行的和卓可成效的。由此,我们认为,把道德作为一种资本来运作,并真正发挥其功能,将可为解决"搭便车"现象提供一种最经济可行的方法。

---

① 卢现祥:《西方新制度经济学》,北京:中国发展出版社1996年版,第59页。
② 王小锡:《经济的德性》,北京:人民出版社2002年版,第104—105页。
③ 罗卫东:《论道德的经济功能》,载《中共浙江省委党校学报》1998年第1期。
④ [美]道格拉斯·C.诺思:《经济史中的结构与变迁》,上海:上海三联书店1991年版,第50页。

4. 道德资本的运作有助于激发经济发展的后续动力

物质利益的冲动、个体物欲的扩张作为现代市场经济增长的原动力,曾极大地促进了社会经济的向前发展。尤其在资本原始积累时期,强烈的物欲冲动对经济的发展往往会表现出极大的推动作用。但伴随着财富积累的不断增长和物质欲求的基本满足,这种由物欲冲动引发的经济发展推动力却日益式微,不断弱化。物欲主义不可避免地滑向享乐主义或纵欲主义,而享乐主义却只关心享乐的对象及其生活消费,生产则被视为沉重的负担,从而大大削弱了经济发展的原动力。这种动力的弱化,一方面表现为经济个体推动力的边际递减。经济个体的推动力在开始的时候往往是随着收益量的增加而增加的,但在各种需求满足之后,由于边际投资风险的增大、个体消费边际效用的递减以及创新动力的不足,个体经济发展的推动力出现边际递减。另一方面则表现为社会整体推动力的弱化。这是由于这种纯经济的推动必然引起人的本质的异化和人的精神的物质化,从而引起人类整体精神的迷失,最终导致整体推动力的衰退或减弱。近年来发达资本主义国家出现的经济衰退以及我国乡镇企业的逐渐衰落,都恰好印证了这一点。所以,如何解决经济发展的后续动力问题,是一个事关重大却又十分迫切的难题。道德资本的运作一方面可以给经济活动赋予价值意义,另一方面又能对经济活动产生激励作用。这种道德激励主要是激发人们"强烈的成就动机"和对自己、对他人、对社会的责任意识。事实证明,世界上有的国家或种族显示了持久不衰的生命力,而另一些国家或种族则不具备这种生命力,往往与该国家或民族中具有强烈成就动机的人数的多寡及这种人能否不断涌现出来有密切关系。强烈的成就动机是不断创新的动力源,也是经济增长的发动机。而由道德内生的责任意识会促使人们心甘情愿地去努力工作。马克斯·韦伯在其有关新教伦理与资本主义精神的论述中已经证明:这种由责任意识引发的工作动力远远超过"自利"的考虑,它往往来得更为巨大、更为稳定,也更为持久。

(李玉琴,原载于《南京财经大学学报》2003年第3期)

"德福一统"的道德资本经济价值观研究

一、问题的提出:"双汇"瘦肉精事件的伦理反思

2011年3月15日,央视新闻频道播出了一期名为《"健美猪"真相》的"3·15"特别节目,披露了河南济源双汇食品有限公司收购用瘦肉精喂养的"健美猪"猪肉。此新闻一出,引起了全国人民关注,作为业内世界第三、亚洲和国内第一的双汇集团深陷食品安全丑闻。3月31日,双汇集团在漯河市体育馆召开"双汇万人职工大会",参会人员包括双汇集团所有管理层、漯河本部职工、经销商及新闻媒体,集团董事长万隆再次向消费者致歉,并称双汇因"瘦肉精"事件受损超过121亿元。

对"双汇"瘦肉精事件的伦理反思,让我们又重新回到市场经济的鼻祖亚当·斯密关于市场经济的"逻辑预设"。作为市场经济主体的企业(家)是预设的"经济人","经济人"都有一种最大限度寻利的自然冲动,追求利益(利润)的最大化是市场经济的理性要求和正当的经济价值观。斯密认为人们"受着一只看不见的手的指导,去尽力达到一个并非他本意想要达到的目的。也并不因为事非出于本意,就对社会有害。他追求自己的利益,往往使他能比在真正出于本意的情况下更有效地促进社会的利益"。① 斯密的本意是为"经济人"主观利己的行为进行辩护,因为利己的行为客观上会增进公共利益,在市场经济发展的初期倡导树立利益优先、利益最大化的经济价值观,可以推进市场经济的深入发展。在斯密看来只要有一只"看不见的手"存在,个人追求利益的动机和行为既能促进公众利益的实现,又能促进生产力的发展,这是合乎道德的,哪怕是牺牲社会一些阶级或者一些个人的利益。

---

① [英]亚当·斯密:《国民财富的性质和原因研究》(下卷),郭大力、王亚南译,北京:商务印书馆1974年版,第27页。

"看不见的手"实际上是市场秩序井然的依据和动因,其作用远比政府有计划、有目的的行为更有效。① 然而斯密的经济人假设和理性经济价值观解释,在市场经济的发展进程中被无情地推翻,现实的市场经济中"看不见的手"的理论在很多领域出现失灵现象,不仅不能导致资源的优化配置、增进社会福利,还造成了市场经济的痼疾——经济危机和生产力的巨大破坏。

"经济人"追求个人利益的最大化固然是利益主体自身的一种冲动和需要,而"追求个人利益最大化"是正当的、是理性的,这一倡导性的经济价值观鼓励了"经济人"的逐利行为。经济事实证明,被鼓励的个人的理性逐利行为,做出的对自己利益最有利的选择行为,而这种选择所得来的结果却是"集的非理性""理性本身的非理性"。现代经济学的研究认为造成市场失灵的原因在于市场机制本身,即市场无法解决公共物品供给、外部效应、信息不对称、垄断等问题②;考察经济人最大化自利行为的深层原因,与斯密倡导的"个人理性"的经济价值观有着直接的关联。现代经济伦理学认为这种逐利冲动往往为两种基本的社会要素所规制,即道德和法律强制。如果法制不健全、法治不成熟,就会出现不用付出代价或承担少量代价便能使这种被压抑甚久的冲动得到满足的机会,而其他践行道德规范和法律规范的主体相对来说却是要付出更多的代价才能满足自身的利益需要。具体地说,"双汇"企业对成本—收益的考虑正是一种社会博弈方式,这种方式一经形成,其强大的外部制约力量会约束企业的行为,置身局外显然是不可能。因为企业与企业、企业与管理层、企业与销售者之间相互制衡的利益关系决定了,只有符合道德要求的行为才能促进他们各方的利益。市场经济中的企业不能哄骗欺诈消费者,不能销售伪劣商品,也不能与别的企业恶性竞争,管理者不能敷衍塞责,劳动者不能消极怠工。如果他们违背市场经济道德的要求,就会损害别人的利益,别人一定会反过来使他们付出沉重的代价,这就形成了对非道德行为的有效制衡。市场的残酷竞争决定了企业必须考虑道德资本的存在,企业违背商业道德,就会损害消费者的利益,消费者维护自己利益的方式就是离开他们,购买其他企业的商品,违背商业道德的企业其市场份额就会缩小,甚至还可能为竞争对手所收购,非道德选择的企业家因此可能失去他多年辛苦,甚至几代人辛苦撑起的家业。

---

① 章海山:《经济伦理论:马克思主义经济伦理思想研究》,广州:中山大学出版社 2001 年版,第 9—11 页。
② 王小锡:《经济道德观视阈中的"囚徒困境"博弈论批判》,载《江苏社会科学》2009 年第 1 期。

二、问题的分析:"德福一统"的道德资本经济价值观的解读

研究道德资本的经济价值观是建立在道德资本作为一种宏观的社会资本角度来进行解读的,社会资本在 20 世纪 20 年代就被经济学家提出并作研究,第一位对社会资本进行相对系统的现代性分析的是法国学者布尔迪厄。他在 1979 年的《区隔:趣味判断的社会批判》中,提出了三种资本形式:经济资本、社会资本和文化资本。90 年代以后,社会资本成为一种流行的关键词汇,成为国际机构频繁使用的概念之一,同时也引起了众多学者的注意。"尽管对于社会资本,不同的作者在表述上有所不同,但其基本的意义和指向是相同的,都把社会资本定义为一种与物质资本、人力资本相区别的存在于社会结构中的个人资源,它为结构内的行动者提供便利,包括规范、信任和网络等形式。"[①]

道德资本在宏观上表现为一种社会资本,必然影响和制约经济制度的确立、变革,为经济制度的变迁做出解释。道德资本是王小锡教授在 21 世纪初提出的富有原创意味的概念。所谓道德资本,从内涵上,它是指投入经济运行过程,以传统习俗、内心信念、社会舆论为主要手段,能够有助于带来剩余价值或创造新价值,从而实现经济物品价值、增值的一切伦理价值符号;从外延上,它包括一切无明文规定的价值观念、道德精神、民风民俗等。从表现形态来看,道德资本在微观个体层面,体现为一种人力资本;在中观企业层面,体现为一种无形资本;在宏观社会层面,体现为一种社会资本。"德福一统"是道德资本经济价值观的核心内容,中国正在经历着由计划经济向市场经济的巨大转型,社会主义市场经济作为一种新的经济制度有其内在的伦理支撑,而道德资本正是通过形成一种共同的经济价值观来引导人们对新制度的认同,从而加速新旧制度的变迁。"没有任何一套制度的建立不是在一定的价值追求和意识形态下实现的;同样一次制度变迁过程,包括制度变迁的方向、方式,如果同人们关于'正义''公正'的观念相吻合,即人们对制度变迁过程具有认同感,人们就愿意参与、支持这一过程,并为此暂时放弃某些个体利益。人们对制度变迁过程的价值认同感越强,愿意暂时牺牲个体利益的程度也就越大,反之亦然。"[②]道德资本中"德福一统"的经济价值观便是这样一种共同的经济价值观,

---

[①] 张其仔:《新经济社会学》,北京:中国社会科学出版社 2001 年版,第 61 页。
[②] 王跃生:《非正式约束·经济市场化·制度变迁》,载《当代世界与社会主义》1997 年第 3 期。

它要求人们区分"经济人"与"道德人",把"经济人"与"道德人"有机统一。事实上,在现时代,"道德人"一定是"经济人"的道德人,只有通过经济行为过程和效益,才能体现和说明经济行为主体的生存境界和行为价值;同时,"经济人"也必须是"道德人"之经济人,经济行为主体只有统一国家、集体、个人三者利益于一体,才不至于置经济发展于畸形状态下,也才符合社会主义经济制度的本质要求。①

著名经济学家冈纳·缪尔达尔在《亚洲的戏剧——南亚国家贫困问题研究》一书中描述了在这些国家普遍存在的传统价值观与战后现代化理想之间的冲突,列举了南亚国家的12种"现代化理想",包括理性、发展计划、生产率的提高、平等化等以及具体的13种态度,但这些理想不得不与得到宗教支持的传统价值观进行竞争。虽然这些传统价值观使人们丧失了许多经济机会,却从来没有人计算过这种高昂的代价。缪尔达尔认为,要改变阻碍经济发展的传统价值观,"从现代化理想的角度看,所需要的仅仅是消除非理性信仰及有关价值观的形成基础"②。著名诺贝尔经济学奖获得者阿马蒂亚·森也认为:"事实上,资本主义经济的高效率运行依赖于强有力的价值观和规范系统。"③他论证说,一个交换经济的成功运行依赖于相互信任以及公开的或隐含的规范的使用,即使对机构和制度而言,其运行也是以共同的行为模式、相互信任以及对对方道德标准的信心为基础的。实际上,要想使人们接受或形成某种价值观念体系,那么这种观念体系本身应该具有给予其拥有者或享用者使用价值的特性。道德资本作为一种社会资本发挥作用时,与其他有形资本品一样都是满足人们各种需求的稀缺资源,它的职能在于为人们提供一套评价行为与学会如何生存、发展的工具。从满足人类各种需求来说,道德资本为人们提供了一个认识世界的价值观体系。这一价值观体系将一切事物和行为的价值进行排序,为我们做出选择提供了极大的便捷,减少了人们判断决策的代价。从价值层面看,这种对于新制度的价值认同能为个人带来持续的收益。道德资本具有经济逻辑性,在社会主义市场经济条件下建设一种新型经济价值观和经济伦理秩序,即"德福一统",拥有道德资本的企业和个人将获得更多

---

① 王小锡:《道德资本与经济伦理——王小锡自选集》,北京:人民出版社2009年版。
② [瑞典]冈纳·缪尔达尔:《亚洲的戏剧:南亚国家贫困问题研究》,方福前译,北京:首都经济贸易大学出版社2001年版,第42页。
③ [印]阿马蒂亚·森:《以自由看待发展》,任赜、于真译,北京:中国人民大学出版社2002年版,第261页。

的收益,正确的道德行为选择受到正激励。降低积极伦理选择行为的成本,建设一种德福一致的监督、赏罚机制,营造一片和谐的伦理氛围,让有"德"(这里的德是指伦理道德的资本化)者享"福"(这里的福是指给主体带来价值的增值),那么就可能大大普及积极的道德行为。

三、问题的对策:"德福一统"的道德资本经济价值观的实践

公地悲剧表明,追求私利是人类社会进步的发动机,如果没有"德福一统"的制度监督和约束,人人都不会采取有利于集体理性的行为,促进社会整体利益的进步。因为在道德资本的一面是收益,另一面将考虑道德成本。人们在做出行为选择尤其是做出伦理选择时,总是基于一定的良心思考,而良心的考量要转化为现实的行为又会受到一定的限制。人们最初是选择了节制的行为,可是当他们与无节制者比较成本与收益时,特别是在没有监督制度的情况下,往往就会得到负激励,做出自认为理性的非理性行为。"一个有良心的人,也许在履行道德义务时很少直接去想到回报,但却不能不考虑成本","除了个别品德特别高尚和有坚定道德信念的人,一般的道德主体是很难始终如一地去坚持道德选择的"[①]。

当前社会主义市场经济条件下,建设一种新型经济价值观和经济伦理秩序,即"德福一统"的制度应注重解决好以下几个问题。

1. 从主体的状况来讲,基本层次的道德立法问题

从以往的道德教化来看,人们总是被要求应该做什么、不应该做什么,道德在本质上就是一种义务。道德规范的确立来自人们的经验生活和某些超智慧的圣人贤士的反复提炼,人们把规范内化为信念、良心,外显为道德行为,人在现实的生活中成为纯粹的义务主体。而中国今天的生活状态发生变化,社会公共生活领域扩大,城市化进程加速,传统社会舆论、熟人环境对人们的约束力大大减弱;追求个人利益最大化也不断冲击着人们的内心信念,就整个社会来说难以形成统一的价值规范体系,甚至会形成矛盾、冲突的社会价值理念。所以,混沌的思维只能使得价值主体在价值实践过程中进行错误的行为,每一个利益主体总是按照最大化实现自身利益行为,难以形成共同的社会价值目标。各个利益主体预设的价值目标要么偏离社会价值总目标,要么在实现正确价值目标的过程中采取非道德的手段,所以把有利于整个社会(主要指

---

① 罗能生:《伦理道德的经济分析》,载《吉首大学学报》(社会科学版)2000 年第 3 期。

经济、政治领域)有序运行的道德规范以法制的形式确立,倡导统一的价值理念,这样可以减少大量无序、失范行为。

2. 道德失范行为的严格惩戒问题

对于目前社会中存在的失信行为,因为没有得到及时的、严厉的处罚,所以失范行为屡禁不止。企业作为市场经济的主体总是在成本与收益之间博弈,道德失范的机会成本如果大于收益,企业的非道德行为就会受到限制。首先是在倡导"德福一统"的道德资本经济价值观的同时,加强道德资本的投入,尽快把较低层次的道德制度化,在社会公共生活领域、家庭领域和职业领域率先执行,运用道德资本的市场机制发挥经济惩罚作用。其次是政府部门依法对失信行为进行行政处罚,《统计法》《建筑法》《法官法》《检察官法》《教师法》《食品安全法》等法律的出台是强有力的保证。再次是试行企业道德失范惩戒连带制,企业的道德失范行为固然是出自自身"经济人"的理性选择,但当地政府监管部门疏忽与纵容,利益的裙带关系让企业有了失范的理由与依赖,所以打破企业与政府监管部门之间的利益裙带关系,试行连带制是实践操作维度的勇敢尝试。

3. 建设信用代码问题

建设信用代码可有两个方案选择,一是政府强制的政务代码(如个人身份证代码、组织机构代码等);二是社会自愿的商务代码(如银行贷款证号码、企业诚信编码等)。[①] 在美国,信用局向客房出售的消费者个人信用调查报告,其内容、格式都有严格的法律限制,通常情况下,一份标准的消费者个人信用调查报告应该包括辨识信息、信用信息、公共记录信息、查询信息四个部分。可以在总结我国经济实践和借鉴外国信用体系经验的基础上加以考虑建设中国的信用代码。

4. 道德资本管理问题

信用是道德资本中最富操作性的项目,在欧美发达国家和地区,有专门管理信用的机构。个人信用管理、调查主要由商业化的消费者资信调查服务公司进行,即通常所说的信用局。目前世界上最大的三家信用局分别是英国的Experian、美国的Equifaxt 和 TransBureau,三大公司业务的触角涵盖美国、英国、法国、加拿大,每年仅出售消费者个人信用报告项的收入就高达15亿美

[①] 刘国光、王洛林、李京文:《经济蓝皮书2003年:中国经济形势分析与预测》,北京:社会科学文献出版社2002年版,第140页。

元。以总部设在亚特兰大的 Experian 公司为例,它的业务主要集中在信用服务和保险信息服务两个方面。[①] 中国必须从现实存在的经济发展状况出发,吸取经验和教训,努力建设符合中国国情的道德资本管理机构,管好、用好个人、企业和政府的信用记录,为经济建设服务,既要提高信息的透明度,又要注意保护商业秘密。

(史慧明,原载于《广西社会科学》2011 年第 10 期)

[①] 苏东斌、袁易明:《政治经济学的现代形态》,北京:中央编译出版社 2002 年版,第 92 页。

第四部分
道德资本与中国伦理学

"道德资本"理论是中国伦理思想创新发展的产物。中华人民共和国成立以来,中国伦理学就在两个基础上奋力发展:一个基础是以现代化为主线、随着时代发展而不断变迁的现实伦理关系,另一个基础是综合了马克思主义伦理思想、中国传统伦理思想和现代西方伦理思想的伦理文化宝库。

改革开放以来中国伦理学研究述评

一、理论体系：创立、完善、与时俱进

中国改革开放始于解放思想，中国伦理学研究者们在坚持对伦理学理论研究的基础上，致力于跳出旧伦理学的框架，不断开创适应时代要求的伦理学研究新局面，建立符合国情需要的伦理学理论体系。伦理学理论体系的创立与发展，推动了中国伦理学研究的专业化与系统化，为取得丰硕的研究成果打下了坚实基础。

1. 马克思主义伦理学理论体系的建立及发展

中国改革开放之后，随着社会主义商品经济的快速发展，中国社会的道德面貌与人们的道德生活发生翻天覆地的变化。随着新的道德现象与道德问题的产生，伦理学理论体系建设亦与时俱进。随着我国经济成分、利益关系及分配方式等日趋多样化，人们的价值观念也日趋多样化。如何适应我国社会主义市场经济发展带来的变化，是变革的时代给予中国伦理学的巨大考验。继中国人民大学恢复伦理学课程之后，北京大学、中国社会科学院与华东师范大学等陆续开设了马克思主义伦理学、伦理学原理等课程。中华人民共和国伦理学奠基者罗国杰主编了我国第一部马克思主义伦理学教材书《马克思主义伦理学》（人民出版社1982年版），这不仅标志着具有中国特色的马克思主义伦理学研究与教学体系结构的创建，也是改革开放后我国伦理学学科恢复发展的重要标志。该书从马克思主义伦理学基本理论、共产主义道德规范体系、道德实践和道德活动三大体系出发，初步构建出我国马克思主义伦理学的理论体系。在《马克思主义伦理学》的基础上，几经修订的《伦理学》（人民出版社1989年版）教材问世，建立并完善了以唯物史观为指导的道德规范体系。该体系确定了伦理学的研究对象："伦理学是一门关于道德的科学，是研究道德的起

源、本质、发展和变化及其社会作用的科学。"①这一架构以道德现象为对象,以利益与道德的关系为基本问题,以集体主义为核心,在很长一段时间内成为国内各地自编教材的范本和理论研究的基本框架。改革开放带来了思想上的解放,带来了与时俱进与开放包容的学术氛围。在罗国杰之后,大量的伦理学家为完善伦理学理论体系做出自己的努力。唐凯麟主编的《简明马克思主义伦理学》(湖北人民出版社1983年版),将马克思主义伦理学体系分为"理论篇""规范篇""实践篇"三类,指出马克思主义伦理学是理论伦理学、规范伦理学、实践伦理学的有机统一,从对道德的本质和特殊性入手展开全书篇章结构。②夏伟东编著的《道德本质论》(中国人民大学出版社1991年版),从道德的产生、演变与道德规范本质及道德、良心、幸福的关系着手,结合实际对个人主义与集体主义的关系进行辩证分析。魏英敏、金可溪主编的《伦理学简明教程》(北京大学出版社1984年版),在马克思主义伦理学理论体系基础上,将历史、理论与实践进行有机统一,以史入论、以史释论、以史出论,并将人道主义纳入社会主义道德规范体系。王小锡、郭广银主编的《伦理学通论》(中国广播电视出版社1990年版),构建了"人的关系—人—人的实践"这一理论体系,提出伦理学研究的出发点与道德目的是实现"社会人际关系的和谐"与"人生的完善"③。魏英敏主编的《新伦理学教程》(北京大学出版社1993年版),以唯物史观作为方法论原则,充分运用心理学、社会心理学、法学、人类学、经济学、生理学、哲学等知识研究伦理、道德问题,以构建新的规范伦理学。甘葆露的《伦理学概论》(高等教育出版社1994年版),以马克思主义关于伦理学的基本理论为依据,对道德的起源、本质、结构、社会主义道德规范体系,社会主义市场经济与道德建设等问题进行了论述,力图紧密联系我国社会主义物质文明和精神文明建设的实际情况,把道德理论与道德实践结合起来。章海山、张建如主编的《伦理学引论》(高等教育出版社1999年版),分析研究了道德建设的主要问题,介绍了伦理学的基本知识、原理和国内外应用伦理学的主要分支。唐凯麟主编的《伦理学》(高等教育出版社2001年版),以马克思关于人的存在的二重性为逻辑起点,构建出"社会道德—个体道德—社会和个体在道德上的和谐统一"④这一新型框架。高兆明的《伦理学理论与方法》

---

① 罗国杰:《罗国杰文集》(上卷),保定:河北大学出版社2000年版,第200页。
② 王小锡:《中国伦理学60年》,上海:上海人民出版社2009年版,第8页。
③ 王小锡、郭广银:《伦理学通论》,北京:中国广播电视出版社1990年版,第7页。
④ 唐凯麟:《伦理学》,北京:高等教育出版社2001年版,第23页。

（人民出版社 2005 年版），较为系统地探讨了伦理学基本原理与方法，从理论与方法两部分着手，通过对辩证思维方式与伦理学思想史的考辨，探究全面、辩证的伦理思想方法形成的基本路径。王泽应的《20 世纪中国马克思主义伦理思想研究》（人民出版社 2008 年版），以马克思主义唯物辩证法为主要研究方法，对中国共产党领袖人物与理论工作者的伦理思想进行探讨，历史地再现了 20 世纪中国马克思主义伦理思想发展史的整体样貌。廖申白的《伦理学概论》（北京师范大学出版社 2009 年版），在阐述伦理学是一种怎样的研究及其历史演变轨迹后，对伦理学基本概念进行研究，并从交往伦理学出发阐述了哲学的伦理学。安启念的《马克思恩格斯伦理思想研究》（武汉大学出版社 2009 年版），对马克思恩格斯伦理思想的理论基础、主要特点、基本内容做了深入分析，通过与哈贝马斯和罗尔斯相关理论的比较分析，揭示了马克思恩格斯伦理思想的现实意义。韩东屏的《人本伦理学》（华中科技大学出版社 2012 年版），将人视为道德的主人，将道德视为满足人的工具。并通过对古往今来的道德原则的检讨，提出了以人的全面自由发展为至善，以每个人的全面自由发展为一切人的全面自由发展条件的"人本道德原则"。马克思主义理论研究和建设工程《伦理学》编写课题组（以万俊人为首席专家）编写的《伦理学》（高等教育出版社 2012 年版），详细阐述了作为哲学社会科学的伦理学的产生与发展，探讨了其理论意义与现实价值，总结了伦理学的学习方法与途径。王泽应的《马克思主义伦理思想中国化最新成果研究》（中国人民大学出版社 2018 年版），思考与解答了社会主义现代化建设中存在的一系列重大伦理道德问题，对几代中国共产党人的道德智慧进行探讨，展现其对人类伦理文明发展规律、中国特色社会主义伦理文明建设规律的深刻认识与科学把握。

不难看出，我国马克思主义伦理学理论体系的研究是以唯物史观为基本视角，建立在科学理论基础之上，具有较强的实践意义，马克思主义伦理学的研究"给道德安置了一个客观有效的社会生活基础"[①]。然而，作为面向实践的社会科学学科，也一定程度上存在过分强调哲学意义上的唯物主义与唯心主义区分的现象，这会导致伦理学无法真正实现学科独立。

2. 不同视角下的伦理学相关理念

伴随着改革开放进程的不断加快、人们主体意识的不断增强，我国伦理学家们愈发感到将"现实的人"引入伦理学研究的重要性和必要性。在此基础

---

① 万俊人：《伦理学新论——走向现代伦理》，北京：中国青年出版社 1994 年版，第 242 页。

上,诸多力图符合我国国情的新体系伦理学涌现出来。

  王海明的《新伦理学》(商务印书馆2001年版),运用道德终极标准衡量行为事实的善恶,推导出行为应该如何的道德总原则"善"和善待他人的道德原则。他构建出优良道德体系伦理学,主张:"伦理学乃是关于优良道德的科学,是关于如何制定和实现优良道德的科学,是关于优良道德的制定方法和制定过程及其实现途径的科学。"[①]李萍主编的《伦理学基础》(首都经济贸易大学出版社2004年版),从个体出发,进入社会交往秩序,最终回到个体道德与社会伦理的具体作用领域,构建出新的伦理学体系。宋希仁的《不朽的寿律——人生的真善美》(中国人民大学出版社1989年版),探讨了人生是什么、人生应当是什么、人生能够成为什么等问题,展现了人生的真、善、美。肖雪慧、韩东屏等撰写的《主体的沉沦与觉醒——伦理学的一个新构想》(贵州人民出版社1988年版),指出道德是人在自身需要的推动下创造出来并服务于人的需要的。"人需要道德,创生了道德,又体现着道德。"[②]他们强调"个人是最真实、最根本的主体"[③],立足于"人是道德的主体"这一核心命题,系统勾勒了主体论伦理学的基本观点,向传统的道德理论提出了挑战,并对未来道德的前景进行了展望。何怀宏的《良心论》(上海三联书店1994年版),将基本义务作为伦理学关注的首要目标,建立了以恻隐、仁爱为道德之根源,以诚信、忠恕为待人之要义,以敬义、明理为道德转化之关键,以生生、为为为群己之枢纽的理论体系,一改伦理学重视"高线伦理"而忽视"底线伦理"之风。万俊人的《伦理学新论——走向现代伦理》(中国青年出版社1994年版),从现代化转型期的社会运作与伦理观念入手,重建符合中国社会现代化根本要求的新伦理类型,以中国伦理精神的内在逻辑为基础,初步建立人学价值论伦理学体系。其后,万俊人的《寻求普世伦理》(商务印书馆2001年版),进一步阐释其人学价值论伦理学体系。李德顺的《新价值论》(云南人民出版社2004年版)认为,人的价值世界是无限多样化的,也是多元的,最重要的价值主题是作为价值主体和价值尺度的"人"本身。任丑的《伦理学体系》(科学出版社2016年版),以人的自我为逻辑起点,以自由为本体,以责任、权利、幸福、善恶为主要范畴,探究伦理学的

---

  ① 王海明:《新伦理学》,北京:商务印书馆2001年版,第20页。
  ② 肖雪慧、韩东屏等:《主体的沉沦与觉醒——伦理学的一个新构想》,贵阳:贵州人民出版社1988年版,第7页。
  ③ 肖雪慧、韩东屏等:《主体的沉沦与觉醒——伦理学的一个新构想》,贵阳:贵州人民出版社1988年版,第1页。

内在逻辑和外在形态,诠释理论伦理学、应用伦理学和后应用伦理学的理论发展,展示伦理学的自由品格和主要内容。

改革开放以来,我国理论界已构建出具有中国特色的伦理学理论体系,形成了较为完善的道德规范体系。在思想解放的浪潮中,我们固然可以进行诸多创新性的理论研究,然而理论体系的创新不等于自说自话,必须着眼于一定的依据,这个依据就是"道德"。只有在对"道德"这一核心概念形成准确理解的基础上,伦理学理论体系的构建才有理论意义。同时,对于人们日常生活中出现的诸多新伦理问题,伦理学理论尚未能及时予以反映并给予指导,伦理学理论离解决社会道德问题还有一定的距离。

二、中外伦理思想史研究:古今结合、中外兼顾

改革开放以来,随着商品经济的迅速发展,人民群众的温饱问题逐步得到解决,人们的道德生活发生了某些变化。众多伦理学家在探讨社会道德变化及市场经济中利益与道德的关系问题时,也不忘对中国传统伦理思想史、西方伦理思想史与马克思主义伦理思想史进行梳理、研究。

1. 中国传统伦理思想史研究

中国古代伦理思想具有一个鲜明特征,即始终与政治、哲学思想紧密结合,未与这些思想相分离,伦理思想融于政治、哲学等学术史之中,未曾独立。因而,对中国传统伦理思想史的梳理研究是一项浩大工程。面对这一系列的问题,我国伦理学家迎难而上,撰写出一部部伦理著作,梳理出传统伦理学的发展脉络。

陈瑛的《中国伦理思想史》(贵州人民出版社 1985 年版),洋洋洒洒 60 万字,对先秦社会与伦理思想、德治与法治、伦理道德的理论基础、伦理精神和道德原则等进行梳理研究。沈善洪、王凤贤《中国伦理学说史》(浙江人民出版社 1985 年版),详细地论述了中国伦理思想的发端、中国伦理学说史的对象、中国伦理思想发展的主要阶段,以及研究中国伦理学说史的意义和方法,分析了中国伦理思想史中重要人物的重要伦理思想。朱贻庭主编的《中国传统伦理思想史》(华东师范大学出版社 1989 年版),系统论述了中国传统伦理思想的诞生,以及春秋战国时期、两汉时期、魏晋时期、南北朝隋唐时期、宋至明中叶时期、明末清初的伦理思想。罗国杰主编的《中国传统道德》(中国人民大学出版社 1995 年版),构建出较为完备的中国伦理学思想通史理论体系。焦国成的《中国伦理学通论》(山西教育出版社 1997 年版),根据历史年代顺序,从天人

论、人性论、义利论等焦点问题出发,以论统史,史论结合。温克勤编著的《中国伦理思想简史》(社会科学文献出版社 2013 年版),系统地阐述了自先秦至近代中国伦理思想的演变。朱贻庭的《中国传统道德哲学 6 辨》(文汇出版社 2017 年版),通过对中国传统伦理学的梳理整合、反思总结,深入探讨传统伦理的古今传承与创新,思考其思想资源的现代转化,并试图重建一个具有中华文化"家园"感的、集中体现现代精神文明价值导向的"中国伦理学"逻辑结构和范畴。此外,张锡勤的《中国近现代伦理思想史》(黑龙江人民出版社 1984 年版)、姜法曾的《中国伦理学史略》(中华书局 1991 年版)、张殿奎的《中国传统伦理思想纵横》(红旗出版社 1991 年版)、许建良的《中国伦理思想史》(东南大学出版社 2010 年版)等研究成果,为我们深入了解和研究中国伦理思想的发展提供了多种视角。

从现代伦理学家对中国传统伦理思想史的梳理研究中,我们也可以了解我国古代伦理学家长期探讨与争论的问题:道德的根源与本质问题、道德的最高原则问题、道德修养问题等。关于道德根源与本质问题,唯物主义伦理学家认为,人们的道德水平是受物质水平制约的,人性善恶是在后天环境中培养而成的,道德评价标准源于社会利益。唯心主义伦理学家认为,道德的根源在于有意志的"天",人们道德行为的唯一的、绝对的,永恒的依据在于"天理",人的善恶都是先天注定的,否定物质利益对道德的作用。关于道德最高原则问题,我国古代伦理学家亦有长期争论——从先秦时期的"义利之争"一直持续到宋明时期的"理欲之辨"。儒家重"义"轻"利",认为道德最高原则是仁义。墨家主张"义利并重",强调"兼爱""交利"。法家重利贱义,注重赏罚。道家主张无为、尚朴,超脱义利。关于道德修养问题,中国古代伦理学家始终将个体的"修己"与"治人""治国"紧密相连,从道德修养出发探讨人生的意义。

2. 西方伦理思想史研究

西方伦理思想起源于古代希腊罗马,历史颇为久远,存在着众多学说理论,有着不同于东方的伦理思想传统。从体系结构上来看,西方伦理学可分为元伦理学(从逻辑与语言学角度分析道德概念与判断的学说)、规范伦理学(通过对人类伦理行为的善恶价值分析来研究道德起源、本质与发展规律的学说)与美德伦理学(关于人类优良道德的实现与优良道德品质养成的学说)三类。我国的西方伦理思想史研究,从最初的翻译、介绍与述评阶段逐步推进到如今的系统性理论成果不断涌现阶段,取得了巨大的突破。

周辅成编著的《西方伦理学名著选辑》(商务印书馆 1987 年版),作为我国系统研究外国伦理思想史的开创性著作,较为全面地汇集了西方伦理学研究领域中的重要资料。章海山的《西方伦理思想史》(辽宁人民出版社1984年版),对西方伦理思想史进行了系统的梳理与研究。宋希仁的《西方伦理思想史》(中国人民大学出版社1988年版),在深入研究西方伦理思想的代表人物、流派和著作的基础上,梳理出西方伦理思想发生、发展的基本历程,阐明西方伦理学理论体系的特点、内容及其多样化的形态。王小锡的《当代西方人生哲学》(鹭江出版社1989年版),在充分搜集、分析相关资料的基础上,对当代西方意志主义进行了客观评述,具有较高的学术价值。宋希仁编写的《当代外国伦理思想》(中国人民大学出版社2000年版),按国家和地区分别阐述当代外国伦理思想,与按思潮和学派分别阐述外国伦理思想的著作不同,为集中、完整地认识有关国家和地区的当代伦理思想,为深入比较东西方伦理思想,提供了重要的资料和研究成果。万俊人的《现代西方伦理学史》(人民大学出版社2011年版),比较全面、系统地介绍了20世纪以来,现代西方伦理学各种思潮、流派的发展脉络与代表性观点。龚群、陈真著的《当代西方伦理思想研究》(北京大学出版社2013年版),考察分析了当代英美元伦理学、功利主义、义务论、契约论和德性论的发展、理论缘起和方法特征。江畅主编的《西方德性思想史》(人民出版社2016年版),是国内第一部系统介绍和研究西方德性思想史的著作。该书对西方自古至今的德性思想进行了系统梳理和阐述,力求揭示其演进过程、精神实质和显著特色,着重阐明了西方主要思想家德性思想的来龙去脉、基本观点、内在逻辑、突出贡献和历史影响。

3. 马克思主义伦理思想史研究

我国学者采用多种方法对马克思伦理思想进行了研究,他们从马克思恩格斯经典著作出发,基于马克思主义伦理学的基本问题、基本原理和发展逻辑梳理马克思主义伦理思想的发展。

宋惠昌的《马克思恩格斯的伦理学》(红旗出版社1986年版),在分析马克思恩格斯经典著作的基础上对马克思恩格斯的伦理思想做了较为系统的阐述。周原冰的《共产主义道德通论》(上海人民出版社1986年版),系统阐述了马克思主义道德科学特别是共产主义道德原理,力图用恩格斯的"合力论"与经济基础决定论辩证统一的思想阐述道德的历史联系及其与社会诸因素的关系。章海山主编的《马克思主义伦理思想发展的历程》(上海人民出版社1991年版),系统分析了马克思、恩格斯、列宁等的伦理思想,是首部较为全面的马克思主义思想史学术著作。宋希仁的《马克思恩格斯道德哲学研究》(中国社会科学出版社 2012 年版），对马克思恩格斯伦理、道德方面的论述进行历时性梳理研究，完整、深刻地剖析了马克思恩格斯的道德哲学理论。刘琳的《〈资本论〉的经济伦理思想研究》（安徽大学出版社 2008 年版），从解读马克思主义的经典文献《资本论》入手，运用马克思主义的基本理论和方法，综合多学科对《资本论》的理论研究成果，较为全面系统地研究了《资本论》及其手稿的经济伦理思想。刘丽编著的《西方传统伦理——道德关系的演进逻辑与马克思的变革方式》（中国社会科学出版社 2015 年版），从西方传统伦理——道德关系的演进逻辑切入，系统梳理了伦理道德关系的发展，论述了马克思通过批判、改造以往传统，在人的感性活动的基础上实现伦理与道德的统一。

改革开放以来，我国的伦理思想史研究无疑取得了丰硕成果，然而在已有的研究成果中，我们也能比较明显地发现，对马克思主义伦理思想史的研究落后于对中西方伦理思想史的研究，对中国近现代伦理思想史的研究落后于对中国古代伦理思想史研究，对西方伦理思想中国化的研究落后于对西方伦理思想的介绍与翻译。同时，部分学者对中外伦理思想史的研究往往停留于概念和历史，并未能在此基础上形成理论创新与突破。伦理学者们应当本着"扬弃"的原则，对中国传统伦理思想和外国伦理思想进行革故鼎新式的研究，去其糟粕，取其精华。唯有如此，方能在中外伦理思想史研究中取得里程碑式成果。

三、应用伦理学：研究视角转向推动学科发展

在经历早期伦理学理论研究热潮之后，我国伦理学家研究视角开始转向应用伦理学，尤其自 20 世纪 90 年代开始，中国应用伦理学的研究势头日益兴盛，为伦理学成为当前哲学学科中的"显学"做出了巨大的贡献。

邱仁宗的《生命伦理学》（上海人民出版社 1987 年版），探讨了生命科学技术及医疗卫生中的伦理问题，并提出政策建议。王小锡的《中国经济伦理学——历史与现实的理论初探》（中国商业出版社 1994 年版），打开经济伦理学的学科大门，论证了伦理在经济生活中的重要作用。其后，王小锡的《道德资本论》（译林出版社 2016 年版），更是在此基础上创造性阐释"道德生产力""道德资本"等代表性观点，并引发国内外伦理学界广泛关注。万俊人的《道德之维：现代经济伦理导论》（广东人民出版社 2000 年版），较为详细地介绍和评析了现代经济伦理问题，如市场的附魅与祛魅、公正与道义、劳动与"工作伦理"等。甘绍平的《应用伦理学前沿问题研究》（江西人民出版社 2002 年版），

以西方应用伦理学为研究对象,通过阐释当代西方应用伦理学前沿问题,展现应用伦理学的基本范畴与特点,从而完善应用伦理学的基础理论与整体框架建构。周中之的《消费伦理》(河南人民出版社2002年版),分析了消费伦理现状,探讨了其实质与人们应当坚持的内在原则。其后,周中之的《全球化背景下中国的消费伦理》(人民出版社2012年版),在全球化大背景下,通过对比中西消费伦理思想历史发展的特点与轨迹,揭示消费主义是金融危机的文化根源,并从人与自然关系和人与人关系两大层面论述了消费伦理在建设节约型社会和和谐社会中的价值。卢风、肖巍编著的《应用伦理学导论》(当代中国出版社2002年版),是首部系统的应用伦理学中文教材,在探讨基础理论的基础上,提出对应用伦理学重要研究领域的独特见解。孙春晨的《市场经济伦理研究》(江苏人民出版社2005年版),从逻辑、历史和现实三重视角,讨论了市场经济伦理丰富内涵中的几个重要理论问题,如经济与伦理的内在关联、市场经济伦理的内涵、"经济人"行为的伦理特性、市场经济条件下分配正义的必要性和可能性等。余达淮的《马克思经济伦理思想研究》(江苏人民出版社2006年版),论述了马克思经济伦理思想,提出了鲜明的、操作性强的观点,对我国社会主义思想道德建设与经济社会协调发展起到促进作用。李建华的《执政与善政:执政党伦理问题研究》(人民出版社2006年版),探讨了执政党伦理的特质、执政党伦理的理性基础、执政能力的伦理要求等重大理论问题,提出通过加强执政党伦理建设,增强中国共产党执政能力。李建华的《中国传统伦理文化与核心价值构建》(湖南师范大学出版社2013年版),提出社会主义核心价值观植根于我国传统文化、民族精神、马克思主义系统理论及当代政治哲学理论之中,引领着我国公共生活与政治生活的开展。相关领域的研究对于我们把握社会主义核心价值理论源流,加深对其内涵的理解,探寻其实践路径具有重要的理论价值与现实意义。张树峰的《医学伦理学》(人民军医出版社2007年版),作为用于职业培训的专科教材,体现了医学伦理中理论与实践、专业与伦理学、课堂与临床的紧密结合。章海山、罗蔚主编的《伦理学引论》(高等教育出版社2009年版),用近二分之一篇幅对应用伦理学进行介绍与阐释,提出应用伦理学应具有普世性、交叉性、实证性与可操作性。甘绍平的《人权伦理学》(中国发展出版社2009年版),从人权的视角,对平等、公正、关爱等重要伦理范畴及功利主义、契约主义、德性论、义务论等伦理学派的价值旨趣进行了阐释与解析。刘可风主编的《企业伦理学》(武汉理工大学出版社2011年版),在介绍企业伦理学相关概念的基础上,从企业内部与企业外部两个角度对企业中产生的道德问题进行研究,同时对儒商伦理和社会责任投资等当代企业伦理学发展中出现的新问题提出了看法。陆晓禾的《企业责任:中国中小企业标准探寻》(上海社会科学院出版社2012年版),以上海富大集团为案例,对中国中小企业标准问题进行系统研究。王正平的《应用伦理学》(上海人民出版社2013年版),介绍和评析了十年来应用伦理学方面有争议的问题,提出应用伦理学是探讨道德生活具体问题的"实践伦理学"。张春美的《基因技术之伦理研究》(人民出版社2013年版),以基因伦理为主题,关注当代基因技术的发展成果,通过科学与人文学科的对话与沟通,展现了伦理研究与人文精神在高新技术发展中的意义。

总体来看,改革开放带来的活跃的学术研究氛围为应用伦理学的迅速发展提供了必要环境,应用伦理学不仅能紧贴日益变化的伦理实践,与时俱进,也能在跨学科研究的基础上,发挥出实践指导作用。然而,其存在的问题也较为明显。当前的应用伦理学研究仍存在"各分支彼此隔离,缺乏交流状态","这种分割式的研究不足以达到对道德生活的深刻理解和正确引导"[1]。在当前应用伦理学研究过程中,跨学科学术交流会议仍比较罕见,伦理学者与其他学科学者并不能实现真正意义上的学术对话。同时,尽管应用伦理学的产生与发展都和现实中的伦理实践紧密相连,但真正落实理论联系实际、理论指导实践的要求却依旧困难重重。

四、道德功能:充分阐释、推陈出新

作为意识形态与价值体系,道德无疑具有巨大的社会能动作用。改革开放以来,对道德功能的研究从未停止,社会经济体制的变革打破诸多学术禁区,对道德功能的研究得以从不同视角展开。学界对道德功能进行了多学科、多方位、多视角的研究,也促成了应用伦理学的研究热潮。

改革开放之初,学者们对道德功能的探讨首先围绕着"道德法庭"展开。王复初主编的《道德法庭》(上海文化出版社1983年版)、李宏图的《应该肯定"道德法庭"的社会功能》(《开放时代》1984年第6期)、朱云洲的《"道德法庭"能发挥道德的社会功能吗——与余家准同志商榷》(《社会》1984年第1期),从不同视角对这一问题展开审视与探讨。学者们大多认为,道德法庭是社会通过一定的道德标准或公众认可的准则对某种思想行为进行的评判裁决。道德

---

[1] 卢风、肖巍:《应用伦理学概论》,北京:中国人民大学出版社2008年版,第52页。

法庭不作为专门的国家机构存在,而普设于社会和当事人内心;其裁决不存在法定程序,主要依据社会、团体的道德标准与公众一致认可的准则;道德法庭权威源于社会舆论与当事人内心信念,且裁决效力源于当事人本身。在对其存在合理性的争论中,一种观点认为,道德与法律本属不同概念,如果"以感情代替法律",本身就是"侵犯公民人身权利"[①];另一种观点认为,道德对人们的行为具有强大约束力,每个人可以对不道德的人与事在道德上进行"起诉",同时自身做出不道德行为时,也会被人"起诉",这有利于人们道德素养的提高与良好社会秩序的形成。

在"道德法庭"引发广泛讨论后,伦理学界开始着眼于对道德功能的其他方面进行探讨。夏伟东的《略论道德的本质——兼与肖雪慧同志商榷》(《哲学研究》1986年第1期)、李健的《论道德的激励功能》(《社会科学》1988年第6期)、谢洪恩的《论道德的功能和本质》(《哲学研究》1989年第3期)等文都对道德功能进行了不同方面的研究。从道德的社会功能与个体功能出发,夏伟东认为,道德功能在于维护集体利益,"道德的崇高性,道德的尊严和价值,就在于道德是集体利益的维护者"[②]。肖雪慧则否认道德为社会发展所需要,强调道德本质上是人的需要及生命活动的特殊表现形式,强调道德的个体功能。关于道德功能的分类,李健提出,"道德的激励功能不是低于道德调节功能的一种次要功能"[③],而道德的激励功能的实现机制分为社会运用的外在机制与激励对象自身运用的内在心理机制。

社会主义市场经济体制确立后,商品经济有了飞跃发展,但市场化进程也不可避免地产生了诸多的问题。除了重视依靠法律手段,人们也越来越重视通过道德手段解决经济发展中产生的问题。

这一时期,道德与经济的关系被广泛讨论,道德的经济作用被充分阐释,诸多创新性理论被提出,如:道德资本、道德生产力、生态道德等代表性观点。在道德与经济的关系问题上,经济学界分为两派:以樊纲为代表的少数经济学家认为,经济学家谈道德就是不务正业;以厉以宁为代表的多数经济学家则认为,道德力量是市场经济中除去市场调节与政府调控外的"第三只手"。伦理学界对经济与道德的关联性问题展开讨论。万俊人认为,应从经

---

① 朱云洲:《"道德法庭"能发挥道德的社会功能吗——与余家淮同志商榷》,载《社会》1984年第1期。
② 夏伟东:《略论道德的本质——兼与肖雪慧同志商榷》,载《哲学研究》1986年第8期。
③ 李健:《论道德的激励功能》,载《社会科学》1988年第6期。

济伦理视角揭示市场经济的道德维度。樊浩提出以伦理为主的"伦理——经济的生态复归"①。王小锡认为："物质利益实现的本身,并不只是物质生活条件改善的经济目的,更重要的是实现着人的完美性的伦理道德目的。"②葛晨虹结合社会主义市场经济大背景提出："道德建设对市场经济社会发展而言,是手段,又是目的。"③道德在经济活动中有何作用、有多大作用、如何作用等问题被广泛讨论。有观点认为,道德对经济发展具有反作用,因为经济活动的目的在于自利,本身与道德的利他天然对立,道德越发展,经济越凋零,反之亦然。以王小锡为代表的另一种观点则认为,科学的道德是促进生产力的重要因素,不仅提出"道德生产力""道德资本"等代表性观点,而且从理论与实践上进行了系统分析。余谋昌的《走出人类中心主义》(《自然辩证法研究》1994年第7期),在伦理学界掀起关于生态伦理问题的讨论热潮。对"人类保护生态,是因为人类自身利益,还是因为被保护对象自身具有不可被侵犯的权利"的问题,大体有人类中心主义和非人类中心主义两种回答。甘绍平认为："我们已有的道德理论——人类中心主义的伦理学,就足以为人类保护自然环境的行为提供理据与做出论证。"④曹孟勤却指出,非人类中心主义超越人类中心主义,是找寻人性的依据。⑤

尽管改革开放以来对道德功能的探讨涉及社会实践的方方面面,诸如政治、经济、医学等等,取得了巨大的突破与成绩,然而其还存在着理论与实践脱节问题。即使作为"显学"的经济伦理学,仍未构建出完整清晰的当代中国经济伦理的实践"镜像图"。尽管诸多学者开展了大量的田野调查,但是依旧未能在理论上真正反哺、指导实践。当前,提升理论的针对性与实用性,是新时代对伦理学提出的新要求。

改革开放以来,在众多伦理学者的不懈努力下,中国伦理学学科取得了显著的成就。

1979年,中国人民大学恢复组建伦理学教研室;1980年,中国伦理学会成立;1982年,《道德与文明》(原刊名《伦理学与精神文明》)创刊;1984年,中国

---

① 樊浩:《伦理——经济的生态复归》,载《江苏社会科学》2001年第5期。
② 王小锡:《中国经济伦理学:历史与现实的理论初探》,北京:中国商业出版社1994年版,第132页。
③ 葛晨虹:《市场经济发展中的道德功能定位》,载《思想政治工作研究》2004年第7期。
④ 甘绍平:《我们需要何种生态伦理?》,载《哲学研究》2002年第8期。
⑤ 曹孟勤:《生态伦理是人之为人的象征》,载《晋阳学刊》2006年第6期。

人民大学招收首届伦理学博士生;2000年,中国人民大学伦理学与道德建设研究中心被评为教育部人文社会科学重点研究基地;2002年,《伦理学研究》创刊;2004年,湖南师范大学道德文化研究中心被评定为教育部人文社会科学重点研究基地。在中国国家图书检索系统中,伦理学著作从1979年出版的3本到如今15 000余本,伦理学相关文章从1979年发表的155篇到如今的近50万篇。

改革开放以来,伦理学学术交流日益频繁,思想的碰撞也大大促进了学科的发展。中国伦理学会主办的伦理学大会、中韩伦理学国际讨论会、中国人民大学伦理学与道德建设研究中心召开的学术讨论会、中国社会科学院应用伦理研究中心的全国应用伦理学研讨会,以及各高校、研究机构与各应用伦理学学会举办的专业性学术研讨会等,为伦理学者们交流、沟通提供了很好的平台。越来越多的中国伦理学者参加其他国家与地区召开的伦理学国际研讨会议,发出中国声音。

不可否认的是,改革开放以来,我国的伦理学研究也存在一些问题。例如,不进行实证调查,闭门造车;醉心于抽象思辨,脱离具体实践;研究方法单一、片面,过度推崇西方伦理思想或中国传统伦理思想,导致民族虚无主义、历史虚无主义等等。面对这些问题,当代伦理学者们要充分认识到基于单一的学科视角、研究方法而得出的成果都存在片面性。任何理论上的创新都必须最终落实到实践上才有意义。伦理学要真正做到服务现实,必须加强与其他学科的交流对话,这不仅是学科发展的需要,也是新时代提出的要求。只有走出书斋,走向社会生活的广阔天地,在实践中发现、捕捉、吸纳富有表现力、感染力和生活气息的话语,探索具有人民性、生活性的话语表达方式,伦理学研究才能贴近生活、贴近人民,更好地服务于人民群众的美好生活需要。①

(江勇,原载于《江苏社会科学》2019年第2期)

---

① 曾建平:《中国伦理学研究的时代使命》,载《人民日报》2018年8月20日。

中国政治伦理学70年回顾与展望

政治伦理作为一个专门的政治现象,无论在东方还是西方,一直是政治学家和哲学家们重点关注的对象。因此,政治伦理的研究有着悠久的历史。我国的政治伦理思想源远流长,最早可追溯到先秦时期,以《尚书》《周礼》《论语》等文化典籍为代表,并在中华文明数千年的发展演进中不断得到丰富和发展。西方的政治伦理思想起源于与中国春秋战国时期同时代的古希腊时期,亚里士多德的著作《政治学》被视为西方政治伦理思想的奠基之作,历经两千多年的发展,直到20世纪60年代理奇特出版《道德政治学》,标志着西方政治伦理学由此诞生。① 我国政治伦理学学科体系的形成虽然晚于西方,在中华人民共和国成立后才得到较快发展,但改革开放后驶入了快速发展的轨道。进入新时代,如何更好地开展我国政治伦理学研究并服务我国经济社会政治发展需要,已成为每一个政治伦理学研究者应肩负的历史使命与时代责任。回顾中国政治伦理学的70年历程,总结我国政治伦理学研究之得失,展望我国政治伦理学之未来,对进一步深化中国政治伦理学研究意义重大。

一、中华人民共和国成立以来中国政治伦理学的发展历程

学术界对中华人民共和国成立以来政治伦理学研究的发展历程已基本形成共识,即政治伦理学研究在中华人民共和国成立之初已初露端倪,实质意义的研究工作肇始于改革开放初期,十八大以来进入繁荣阶段。据此,我们将中国政治伦理学70年的发展历程分为三个阶段,即初步发展阶段、形成阶段、完善成熟阶段。

第一阶段:初步发展阶段(1949—1978),这一阶段为政治伦理学的初始阶段,为政治伦理学成为一门独立的学科奠定了重要基础。这一阶段,学者们主

---

① 王泽应:《我国政治伦理学研究的回顾与展望》,载《中南大学学报》(社会科学版)2004年第5期。

要关注两方面内容,一是关于以先秦儒家为代表的中国传统政治伦理思想研究,代表性文章有汪奠基的《先秦逻辑思维的重要贡献》和包遵信的《孟子认识论的唯心主义本质》等;二是关于共产主义道德研究,代表性文章有周原冰的《试论共产主义道德的基础》和李凡夫的《论共产主义道德》等。这一阶段研究成果不甚丰富、研究对象也较为单一,但已有研究成果表明学者们已经开始关注政治与道德(或伦理)的内在关联,并试图从中国传统政治伦理思想中汲取智慧并为建设共产主义道德提供借鉴,这些研究成果为政治伦理学成为一门独立的学科起到了重要的奠基作用。

第二阶段:形成阶段(1979—2011),这一阶段为政治伦理学的形成阶段,政治伦理学已发展成为一门相对独立的应用伦理学科。1988年由杨丙安等合著的《政治伦理学》一书出版,标志着我国政治伦理学学科体系初步形成。① 此后,政治伦理学在我国迅速发展,研究成果大幅增加,涌现出一大批优秀的学术著作与论文;研究对象也由单一到多元,学者们不再局限于中国传统政治伦理思想和共产主义道德,已开始关注西方政治伦理思想、政党伦理、中国共产党主要领导人政党伦理思想等;研究视角也有新突破,学者们开始探讨政治伦理的价值目的论和政治伦理的社会道义论、执政价值合理性和执政工具合理性等。这一阶段是政治伦理学发展的重要时期,政治伦理学成为一门独立的学科并得到快速发展。

第三阶段:完善成熟阶段(2012年至今),这一阶段为政治伦理学的完善成熟阶段,学者们结合十八大以来中国共产党治国理政的实践特点开展学术研究,涌现出一批专门的政治伦理学研究队伍,形成了相对稳定的研究方向,学科体系不断完善的同时,尝试建构中国特色的政治伦理学话语体系。学者们更加关注运用政治伦理学理论剖析和解决我国政治领域的实践问题,诸如腐败、公平正义、制度与程序、权利与权力等问题。同时,学者们逐渐认识到,要使我国政治伦理学取得长足的进步和发展,必须建构具有中国特色的政治伦理学话语体系,这是推进政治伦理学可持续发展的必由之路。

二、中华人民共和国成立以来中国政治伦理学的重点研究方向

经过学界同仁70年的辛勤耕耘,我国政治伦理学研究已经形成系列特色

---

① 王泽应:《我国政治伦理学研究的回顾与展望》,载《中南大学学报》(社会科学版)2004年第5期。

研究方向。鉴于学识和篇幅等原因,本文重点介绍政治伦理学的四个研究方向:即中国传统政治伦理思想研究、西方政治伦理思想研究、政党伦理研究和行政伦理研究。

1. 中国传统政治伦理思想研究

中国传统政治伦理思想是中国政治思想史的重要组成部分,是学者们持续关注的重要领域。中华人民共和国成立后就涌现出一批专门从事该领域研究的学者,他们一方面对中国传统政治伦理思想进行深度挖掘,探寻中国传统政治伦理思想的演进;另一方面,学者们在阐释中国传统政治伦理思想的同时,注重对其进行创造性转化和创新性发展,以更好地服务中国特色社会主义政治文明建设。学者们围绕古代民本思想、古代官德建设和古代各家各派的政治伦理思想等几个方面进行解读和阐释。一是古代民本思想研究,学者们重点围绕古代民本思想的内涵、意义及当代价值进行阐释,如韩喜凯的《民本·概论篇》一书,探究了古代民本思想的内涵、发展变化过程、基本特征、历史作用及现代启示。二是古代官德建设研究,学者们在探讨古代官德具体内容的基础上,提出加强当代我国公务人员尤其是领导干部的道德建设的对策建议,如赵长芬的《官德论》一书,全面阐述了中国古代对官德作用的认识和古代官德的基本内容,并在此基础上探讨了转型时期我国官德面临的挑战及加强官德建设的具体路径。三是古代各家各派的政治伦理思想研究,学者们分别围绕古代各家各派的政治伦理思想开展研究,深度挖掘,取其精华。如对先秦儒家政治伦理思想的关注,代表性著作是《现代新儒家伦理思想研究》(王泽应,1997年),该书在阐述现代新儒家思想的历史成因、发展进程和理论特质的基础上,着力探讨了现代新儒家伦理思想的具体内容;代表性论文如《内圣外王:早期儒家伦理政治构想的理想境界》(任剑涛,1999年),阐释了儒家"内圣外王"的理念,并把它作为古代伦理政治的中心信念进行了全面深入的分析。

2. 西方政治伦理思想研究

西方政治伦理思想是人类政治文明成果的重要组成部分。中国学界对该领域的研究起步较晚,改革开放后不断深入。研究重点包括两个方面,一是西方政治史和西方伦理史的发展历程,二是西方政治哲学家的政治伦理思想。《西方政治思想史》(徐大同)根据发展历程,将西方政治思想史划分为古希腊时期、中世纪时期和近代时期几个阶段,翔实阐释了西方政治思想史上的自然政治观、神学政治观和权利政治观及每一时期代表性人物的政治思想。《西方伦理思想史》(宋希仁、罗国杰)是国内较早介绍西方伦理思想的奠基之作,该书主要是以不同人物、不同学派的伦理思想作为章节划分依据,如早期智者派的伦理思想、伊壁鸠鲁的伦理思想、托马斯·阿奎那的伦理思想等。此外,学者们还撰写了大量的学术论文阐述西方政治哲学家的政治伦理思想,其中罗尔斯正义理论一度成为我国政治伦理学研究的热点。代表性论文有《当代西方伦理学的主题嬗变与传统回归》(万俊人,1993 年)、《正义社会的稳定性问题》(龚群,2017 年)等。学者们还对西方较具代表性的政治伦理思想进行了深度剖析,如晏辉的《契约伦理及其实现》、詹世友的《共同的好生活:康德政治伦理学的本旨》。

3. 政党伦理研究

政党伦理研究是政治伦理学中的"显学",更是当今政治伦理学研究必不可少的组成部分。政党伦理研究主要包括政党伦理的基本理论研究、中国共产党执政伦理建设研究和中国共产党领袖伦理思想研究三个方面。政党伦理研究的代表性著作《执政与善政:执政党伦理问题研究》(李建华,人民出版社2006 年)一书,上篇系统阐释了政党伦理的基本理论,主要包括政党本质及其伦理内生、执政党伦理的特质、执政党伦理的理性基础、执政能力的伦理维度以及执政党的伦理建设等;下篇以个案研究的方式,阐述了中国共产党伦理建设的理论与实践,主要包括中国共产党领袖的政党伦理思想、中国共产党伦理建设的历史审视、目前党内存在的道德失范现象及其控制、中国共产党伦理建设的现实途径。① 此外,《中国共产党执政伦理建设研究》(张振,上海三联书店2017 年)一书"在汲取马克思主义经典作家关于党的建设学说精髓的基础上,比较全面地分析了中国共产党执政伦理的生成机制,清晰描述了中国共产党执政伦理建设之路,对中国共产党不同时期的执政伦理建设进行了全景式的历史回顾……深入探讨了我们党执政伦理建设面临的考验,有针对性地从宏观、中观和微观层面提出了进一步加强我们党执政伦理建设的路径"②。在毛泽东政党伦理思想研究方面,李建华指出:毛泽东作为中国共产党的创始人之一,在领导中国革命和建设的过程中形成了十分丰富的政党伦理思想。"为人民服务"是中国共产党的道德核心,"彻底地为人民利益工作"是中国共产党的道德原则,"从思想上入党"是中国共产党党员的基本道德要求。③ 在邓小平政

---

① 李建华等:《执政与善政:执政党伦理问题研究》,北京:人民出版社 2006 年版,第 1—3 页。
② 王小锡:《深化对执政伦理的认识(新书评介)——《中国共产党执政伦理建设研究》简评》,载《人民日报》2018 年 4 月 10 日。
③ 李建华:《毛泽东的政党伦理思想》,载《毛泽东研究》2016 年第 1 期。

党伦理思想研究方面,肖光荣认为邓小平在执政伦理方面的贡献主要有三点,分别是阐明了执政道德建设的地位与作用、明确了在市场经济条件下中国共产党执政道德建设的主要内容以及提出了较为具体的执政道德建设措施。① 在江泽民政党伦理思想研究方面,王泽应认为,"三个代表"重要思想的伦理思想就是以推进党的建设伟大工程,本质上是一种追求先进与崇高并始终以人民利益为最高价值取向的政党伦理,贯穿在社会主义社会建设的方方面面。② 此外,吴灿新的《习近平新时代中国特色社会主义政党伦理思想及其主要特色》一文指出,习近平总书记在新时代治国理政特别是全面从严治党的实践中,形成了独具特色的政党伦理思想,成为新时代中国特色社会主义思想的有机构成要素。

4. 行政伦理研究

行政伦理一直是政治伦理学研究的重要内容。《行政伦理概述》(王伟,人民出版社 2001 年)是我国行政伦理研究的奠基之作,该书分别阐述了行政伦理基本理论、中国传统行政伦理以及当代国外行政伦理。此外,在行政组织伦理研究上,代表性的著作有高晓红的《政府伦理研究》(中国社会科学出版社 2008 年)、钟哲的《行政伦理视阈下地方政府创新研究》(人民出版社 2015 年);代表性的论文有《论政府的道德责任》(彭定光,2006 年)、《基于行政伦理的政府公信力构建》(唐士红,2016 年)等。在行政主体伦理研究上,涌现出一大批学术论文,从加强制度伦理建设及行政主体道德建设两个方面,对如何完善行政主体伦理进行了探讨,如《论行政美德及其实现路径》(左高山、伍香,2013 年)等。

三、中华人民共和国成立以来政治伦理学研究取得的主要成就

1. 已经形成一批研究特色鲜明的研究队伍

政治伦理学研究历经 70 年的探索与发展,在几个特色较鲜明的研究领域,涌现出一批学术研究带头人,形成了一批特色鲜明的研究队伍。在中国传统政治伦理思想研究领域,代表性学者主要有唐凯麟、焦国成、王泽应和任剑涛等,他们自 20 世纪 90 年代以来已经撰写了系列高质量的研究成果。在西方政治伦理思想研究领域,代表性学者主要有万俊人、詹世友、龚群等,他们在

---

① 肖光荣:《邓小平对中国共产党执政道德建设的贡献》,载《探索》2006 年第 1 期。
② 王泽应:《"三个代表"重要思想的伦理思想探论》,载《伦理学研究》2011 年第 3 期。

关注西方政治伦理思想的同时,更加强调我国的政治伦理学科发展应吸收和借鉴其合理成分,取其精华、为我所用。在政党伦理研究领域,代表性学者主要有李建华、戴木才等,他们已经初步建构了政党伦理研究的话语体系和话语范式;张振、刘武根等在此基础上,重点研究了执政党执政伦理问题,初步建构了中国共产党执政伦理建设体系。在行政伦理研究领域,代表性学者主要有王伟、张康之等,重点围绕政府行为和行政行为的伦理选择等问题开展研究。在制度伦理研究领域,代表性学者主要有戴木才、彭定光和王淑芹等,他们认为加强制度伦理的建设不论是对执政党建设还是对政府部门建设都是极其必要的。此外,一批学者为政治伦理学研究做出了巨大贡献,如罗国杰、郭广银和向玉乔等,他们的研究在很多方面都有建树,因此没有将他们划入某一特定研究领域。

2. 已经产生丰硕且具有重要影响的研究成果

中华人民共和国成立以来,特别是在改革开放以后,中国政治伦理学研究突飞猛进,成果丰硕。第一,出版了系列高水平的政治伦理学著作,为中国政治伦理学研究奠定了重要基础。以"政治伦理学"为命名的书有四本,即《政治伦理学》(杨丙安等,四川人民出版社1988年)、《政治伦理学新论》(吴灿新,中国社会出版社2000年)、《政治伦理学》(徐黎明、孙守春,中国社会出版社2011年)和《政治伦理学》(高汝伟、殷有敢,南京大学出版社2016年)。同时,戴木才主编的《政治伦理学前沿丛书》(7卷本)格外引人注目,该套丛书着眼于政治伦理对人类文明基本价值的传承、当代中国政治伦理学研究的历史使命及如何推进我国社会主义政治伦理的理论与实践发展三大主题,是围绕当前政治伦理学前沿和热点问题进行合作研究的经典之作,具体包括:《政治伦理的现代建构》(彭定光)、《现代政治视域中的"法治"与"德治"》(戴木才)、《当代中国政府诚信建设》(赵爱玲)、《国家与道德》(丁大同)、《法与非政治公共领域》(何珊君)、《环境正义——发展中国家环境伦理问题探究》(曾建平)、《经济人与经济制度正义——从政治伦理视角探析》(陈泽亚)。此外,还有《制度伦理与官员道德:当代中国政治伦理结构性转型研究》(靳凤林,人民出版社2011年)、《中国共产党执政伦理建设研究》(张振,上海三联书店2017年)等著作先后问世。第二,围绕政治伦理学研究的热点和难点问题,发表了大量学术论文。从1992年到2019年共有相关核心期刊论文594篇,尤其是近十年来,论文不仅在数量上稳定增长,在内容上更关注构建中国特色的政治伦理学学科话语体系。特别是由万俊人主持的"政治伦理笔谈"专题,为我国政治伦理学研究贡献了重要的学术智慧,该专题刊登在《伦理学研究》(2005年1期)学术专栏,四篇文章分别为《政治伦理及其两个基本向度》(万俊人)、《政治家的责任伦理》(何怀宏)、《政治伦理:个人美德,或是公共道德》(任剑涛)和《从政治合法性看执政党伦理》(李建华)。第三,中国政治伦理学学界承担了一系列重大重点研究课题,其中代表性的国家社科基金项目有:李建华教授主持的国家哲学社会科学重大招标项目"中国政治伦理思想通史"、万俊人教授主持的国家哲学社会科学"十一五规划"重点项目"政治文明的哲学基础与政治实践研究"和戴木才教授主持的国家社科基金重点项目"中国共产党执政伦理研究"等。

3. 研究视野逐渐由单一走向多元

中华人民共和国成立70年来,中国政治伦理学研究的视野逐渐扩展,实现了三个方面的转变,即由关注我国传统政治伦理思想转向关注中西政治伦理思想比较研究、由关注政治伦理的理论探讨转向关注理论研究与中国的政治实践相结合、由关注政治伦理在国内的发展转向关注我国政治伦理学研究如何走向世界。

首先,中国传统政治伦理思想一直是学者们研究的学术热点,随着我国改革开放事业的不断推进,国内学术研究氛围日益活跃,一批学者在继续关注中国传统政治伦理思想的同时,逐渐将目光转向西方政治伦理思想,开始展开中西政治伦理思想比较研究并产生了一些有影响的成果,如《伦理政治化的"求同"与政治伦理化的"求异"——中西方政治伦理形成的差异性及其启示》(徐秦法,2010年)等。其次,改革开放初期,学者们更多关注的是政治伦理学的研究对象、研究方法及研究框架等基础理论问题,随着中国特色社会主义政治实践的不断深入,学者们逐步将研究重点转向中国政治实践过程中面临的理论和实践问题,他们结合中国的社会主义民主政治建设、国家治理现代化、权力腐败、构建社会主义和谐社会等命题开展研究,如《政治伦理学视域下国家治理现代化专题研究》(靳凤林,2016年)等。最后,学者们逐渐由关注政治伦理在国内的发展转向关注我国政治伦理学研究如何走向世界。一门学科成熟的标志是,不仅要在国内构建自己的话语体系,而且要和国际同行保持稳定的学术交流,不断提升自己学科的话语影响力。于是,一些有国际视野的学者就如何推动我国政治伦理学研究的国际化进程提出了自己的看法,如龙静云教授关注了西方绿色和平组织倡导的"绿色政治"主张,阐述了"绿色政治"的伦理基础,提出中国政治伦理学研究应当对此保持学术敏感。①

---

① 龙静云:《绿色政治:政治伦理学的新视域》,载《伦理学研究》2018年第5期。

四、中国政治伦理学的未来发展趋势及其展望

回顾 70 年的发展历程,我国政治伦理学研究发展迅猛,成绩斐然,但我们也应该清醒地认识到目前中国政治伦理学发展亟待解决的问题依然存在。为不断推动我国政治伦理学再上新台阶,需重点关注以下几个问题。

1. 坚持问题导向,与时俱进地完善政治伦理学学科体系

习近平在 2016 年的哲学社会科学工作座谈会上指出:"坚持问题导向是马克思主义的鲜明特点。"政治伦理学作为政治哲学的分支学科,在学科建设中同样需要坚持问题导向。因此,政治伦理学研究需从政治实践的逻辑出发探索政治伦理主题。当前,中国政治实践中存在的问题较多,本文仅以生态伦理为例进行阐释。

十八大以来,习总书记多次强调,生态问题不仅是经济问题,更是政治问题。因此,从政治的角度理解生态问题应成为政治伦理学研究关注的对象。权利是政治中一个基本的概念,也是政治伦理学研究不可回避的现实议题。一般而言,我们在谈到权利时往往指向的是作为个体的"人"或作为整体的"人类"的权利,却忽视了自然界的权利①,并且正是由于这个原因,人类才会试图主宰自然、驯服自然,并最终受到自然的报复。生态伦理所要研究的基本内容正是基于自然权利基础之上,对人与自然关系的反思与重构,以达到生态"善"——人与自然和谐相处——的目的。如果说政党伦理与行政伦理关注的是权利优先于权力,那么生态伦理关注的则是自然权利优先于人类权利。目前在政治伦理学研究中,大多数学者关注的都是权利优先于权力,却忽视了自然权利优先于人类权利,因此,对生态伦理问题的研究应引起政治伦理学学者的重点关注。

使命呼唤担当、使命引领未来。我国政治伦理学研究必须坚持问题导向,与时俱进地推动中国政治伦理学学科体系建设。在 2018 年召开的全国政治伦理学研讨会上,万俊人会长在发言中强调指出,要真正建构起新时代中国特色、中国气派、中国风格的政治伦理学,就必须在政治伦理学研究对象的确立、研究方法的选择、逻辑体系的架构、具体内容的表述、语言风格的形成等各个方面有所突破。②

---

① 强昌文:《权利的伦理基础》,合肥:安徽人民出版社 2009 年版,第 189—191 页。
② 任仕阳:《"回顾与展望:政治伦理学 40 年"学术研讨会综述》,载《道德与文明》2018 年第 4 期。

2. 政治伦理研究要立足于回应和解决我国政治实践中的问题

理论研究如果脱离社会现实,就会成为无本之木、无源之水。政治伦理学不仅是一门理论学科,也是一门实践学科,因此,中国政治伦理学研究必须立足于我国政治实践开展理论研究,不断回应和解决中国政治现代化进程中的问题。

党的十九大报告指出,中国特色社会主义进入了新时代,这是我国新的历史方位,也是当前我国最大的政治现实,政治伦理学研究必须立足于这一点。进入新时代,有新矛盾——人民日益增长的美好生活需要同当前发展不平衡不充分之间的矛盾、新使命——实现中华民族伟大复兴的"中国梦"、新课题——坚持和发展什么样的中国特色社会主义以及怎样坚持和发展中国特色社会主义。① 新方位、新矛盾、新使命以及新课题对政治伦理学研究提出了新的更高要求,学者们必须以崇高的历史使命感和时代责任感立足当前政治现实并着眼于人民最关心的问题开展学术研究。在深化改革过程中涌现出的政治生态问题、贫富差距问题、司法公正问题、分配正义问题等,亟须政治伦理学学者从学理上深入分析和阐释这些问题产生的深层原因并提出解决上述问题的科学对策或建议。无论是从政治制度还是从政治主体的角度出发防止或惩治腐败,都是政治伦理学研究的应有之义,因为前者是以外在的制度约束达到政治合伦理化的目的,后者是从政治主体本身的伦理道德出发达到政治合伦理化的目的。因此,如何从制度和道德融合机制层面解决腐败问题已是新时代政治伦理学研究的一个重要命题。

3. 建立稳定可持续的政治伦理学学术交流机制

理论研究如果脱离社会现实,就会成为无本之木、无源之水。政治伦理学不仅是一门理论学科,也是一门实践学科,因此,中国政治伦理学研究必须立足于我国政治实践开展理论研究,不断回应和解决中国政治现代化进程中的问题。

第一,不断提高并扩大中国政治伦理学相关学术会议的层次、规模和范围,增强政治伦理学的影响力和渗透力。相对于中国经济伦理学等应用伦理学科,政治伦理专业委员会成立较晚,在学术会议和学术交流方面也不是特别活跃,明显落后于政治学学科和应用伦理学学科。第一次中国政治伦理学术

---

① 韩庆祥:《习近平新时代中国特色社会主义思想是一个系统完整、逻辑严密的科学理论体系》,载《理论导报》2017年第12期。

研讨会于 2003 年举办,以后每两年举办一次,截至目前仅举办 9 次。政治伦理学作为"显学中的显学",理应逐步提高并扩大学术会议的层次、规模和范围。

第二,中国政治伦理学研究队伍应建立与法学、政治学、社会学等学科研究队伍的学术交流机制,不断促进学科融合,彰显交叉学科的学术吸引力。随着近年来政治伦理学学科的快速发展,学科研究内容越来越广泛,研究对象日益呈现出多学科交叉的倾向,因此政治伦理学研究应加强与其他学科的合作、交流和沟通,建立长期的、持续的对话交流机制,为构建中国特色的政治伦理学学科体系提供智力支持。

第三,中国政治伦理学学科发展应具有世界眼光,坚持"走出去"和"请进来",逐步建立与国际同行平等的对话机制。实现这一点的前提是建立中国特色的政治伦理学学科体系,虽然万俊人、李建华等一批学者关于如何构建中国特色政治伦理学提出了自己的见解,如万俊人教授提出要在研究对象、研究方法、逻辑体系、语言风格等方面有所突破[1];李建华教授提出确证核心问题、突出"四权"、以"三清"政治为轴心、致力于话语体系建设[2],但是构建我国特色的政治伦理学学科体系依然在路上。这就要求中国政治伦理学学者坚持走出国门,一方面学习和研究西方政治伦理学科的嬗变历程、学科前沿、研究方法,努力"为我所用";另一方面,主动介绍和阐释中国政治伦理学发展的最新成果,把中国学者的智慧和声音在世界舞台上传递出去,增进国际同行对我们的认知。同时坚持"请进来",定期邀请国际同行参与我们的学术研究,主动和国际同行建立对话交流机制,汲取国际学者智慧,为发展中国政治伦理学提供经验借鉴。

(张振、陈晓雯,原载于《伦理学研究》2019 年第 2 期)

---

[1] 万俊人:《政治伦理及其两个基本向度》,载《伦理学研究》2005 年第 1 期。
[2] 李建华:《当代政治伦理研究与"中国问题"》,载《求索》2017 年第 4 期。

论中国传统经济伦理思想的现代转型

在中国历史上,经济思想和伦理思想常常交织在一起发展,许多经济思想中渗透着伦理观念,许多伦理思想为经济活动确立行为规范。中国传统经济伦理思想以儒家经济伦理思想为基础,用以指导社会生产和经济活动,规范和评价人们经济思想和行为的伦理思想体系。

一、中国传统经济伦理思想的特点

中国传统经济伦理思想以德性主义经济伦理思想为核心,适应于中国封建社会自给自足的小农经济和社会发展的需要,具有鲜明的时代烙印。

1. 贵义贱利

义利关系问题,涉及人们在功利原则与道义原则、物质生活和精神生活、感性欲望和道德理性、个人利益和社会整体利益等一系列矛盾对立面之间相互关系问题上的道德观念与价值取向,渗透于生产、交换、分配、消费等中国传统经济活动的方方面面。大多数学者认为义利之辨是中国传统经济伦理思想中的核心议题和主线。

中国古代历史上的义利之辨,曾出现过两次高潮,即春秋战国时期的义利之辨、宋明时期的义利之辨,出现两个派别:德性主义和功利主义。德性主义主张义本利末,应当以义制利,其特点是在义利关系上强调义重于利,义是利的目的,利是义的手段,甚至认为利可以为义而失[①];而功利主义则主张利是根本,是基础,有利才有义,利重于义。[②] 儒家德性主义的"义以为上""见利思义"的义利观,可以称之为"唯义论",以孔子、孟子、荀子、程颢、程颐、朱熹为主要

---

① 王小锡:《中国经济伦理学——历史与现实的理论初探》,北京:中国商业出版社1994年版,第9页。

② 王小锡:《中国经济伦理学——历史与现实的理论初探》,北京:中国商业出版社1994年版,第59页。

代表。汉代的董仲舒、唐代的韩愈也是这方面的思想家。功利主义是在重视义的前提下,又特别强调利,是义利并重的义利观,可以称之为"义利并重论"或"正谊谋利论",将重义与重利结合起来,既立德又立功。先秦的墨家,北宋的李觏、王安石,南宋的叶适、陈亮为其主要代表。从社会地位、社会作用上说,"唯义论"居于统治地位,代表地主阶级保守派的利益。

2. 崇公黜私

在先秦时期,儒、法、墨等诸家学说就已经有了关于公私观念的种种表述。在讨论"公""私"观念时,中国古代的先贤们更多的是从道德上立论。如儒家所倡导的"克己复礼"不过是提倡一种道德境界,希望人们通过自我修养、内省等手段,去掉私欲、私心,最后达到"公而忘私""大公无私",上升到"圣人"的境界。秦汉以后各家学派关于公私观念的表述和侧重点有所不同,但相对于天下、社会、国家之公,对"私"的领域界定,一般是指具有独立社会意义、作为一家一姓的承当者和代表者的社会人之私。这是小农家庭经济条件下形成的公私关系中"私"的实践形态。在这种实践形态的基础上,人们根据社会的需要,形成了主导社会的主流公私观念——"崇公黜私"的尚公主义。这一主流公私观念在公私二元对立的基础上,产生对私和私利的道德否定。

中国古代的公私观一直为学界所高度重视,许多学者对它进行了全方位、多角度、多层面的探讨:从对公私的内涵把握到外延确定;从公私的相互关系到它们的生成特点;从对待公私的态度到如何形成正确的公私观念;从处理公私问题的方法与个人品德的关系到公私原则的应用对社会风气和国家政治的影响,都有所论述。大多数学者认为"崇公黜私"公私观的历史影响具有两重性:一方面这一公私观奠定了中国传统经济伦理的基调,共同缔造了中国传统经济伦理中崇尚群体和整体利益的精神,这是中国传统伦理文化中的可贵之处;另一方面,长期"克己""去私"的道德教化,虽然使人们接受了"公而忘私"这种高尚的道德观念,同时也使人们接受了视个人权利为微不足道、将个人权利让渡给政府为理所当然的观念,在一定程度上挫伤了个人的主观积极性,对社会的发展,尤其是对商品经济意识的成长产生了严重的负面影响。在进一步深化改革开放,社会急剧转型的时期,就传统公私观进行多维度、多层次的深入分析和研究,对于我们正确认识和处理公私关系,克服经济发展中出现的社会不公、两极分化等现象,寻求最大的社会公平和社会正义,以及对于和谐社会的构建,都是有重要意义的。①

---

① 杨义芹:《中国传统公私观及其缺陷》,载《上海师范大学学报》(哲学社会科学版)2010年第2期。

3. 重本抑末

在本末观上,重本抑末是古代社会的普遍观念。① "本末之争"是中国传统经济伦理思想史中的又一重要议题,但在秦汉以前,有关这一问题的讨论主要是由法家来展开的,在先秦儒家那里并无"重本(农)轻末(商)"的思想。法家的重本抑末论被后来的儒家吸收、改造,成为儒家经济伦理的一个重要思想。在以儒家思想为主导思想的几千年封建社会中,这种以农为本、只重农业而轻其他行业的经济伦理意识在正统观念中一直未改。② 历朝统治者都把"重本轻末"作为"治国之道",将重本抑末的经济伦理思想转化为中国传统政治文化的秩序原则,从巩固中央集权的政治统治目的出发,对农业生产极为重视,把农业生产作为社会生产的最重要部门,并采取了种种闭关锁国、重农抑商的经济政策,有力地保护了自然经济基础,从根本上维护了封建社会的生存和发展,维护了封建地主阶级的根本利益。这就铸成了中国传统文化在很大程度上就是一个农业社会文化。中国文化若干传统的形成,都与此相关。农业社会存在和发展的前提,是农民的"安居乐业",一旦这种格局遭到大规模破坏,便有可能导致王朝的崩溃。封建统治者这种墨守成规、食古不化的愚顽做法,最终使其消极因素越来越大,终于抑制了社会生产的发展,使拥有辉煌古代文明的中国越来越落后,变为了一个贫穷落后的大国,这未尝不令人遗憾,也未尝不令人深思。

二、中国传统经济伦理思想转型的依据

中国传统经济伦理思想由于受制于小农经济为基础的经济结构、家国同构为基础的政治结构和群体本位为基础的文化结构,导致了以主张重义轻利、崇公黜私和重本抑末为价值取向的儒家德性主义经济伦理思想占据了主导地位。这一结构系统以及与之相应的价值体系与现代化的冲突乃至对立是必然的。

1. 传统经济伦理思想与社会主义市场经济的冲突

市场经济本质上是属于现代社会的,现代市场经济是以工业生产力和科学技术的发展以及高度发达的商品经济为基础的,是一种自成系统而又无法

---

① 唐凯麟、王玉生:《近代经济伦理思想的萌蘖——论近代地主阶级改革派的经济伦理思想》,载《湘潭大学学报》(哲学社会科学版)2004年第4期。

② 朱贻庭:《中国传统经济伦理及其现代变革论纲》,载《伦理学研究》2003年第1期。

为传统经济伦理全部兼纳的社会运行方式。尽管在传统经济伦理的价值系统中,个别部分仍然包含有合理因素,但从整体结构来说,它已经不能适应市场经济的情况。

第一,义利观相背离。传统经济伦理在义利价值取向上是重义轻利。虽然,功利主义者也在一些方面谈到了利,并不排斥、否定利,但作为主流的德性主义经济伦理立足点不在利上,它所关注的是君子人格与和谐的宗法等级秩序。儒家重义轻利的价值取向抑制了人们从事商品经济的积极性,是不利于市场经济的发展的。① 市场经济的直接目的就是通过商品交换来追求利益的最大化,它完全将利益与道德的关系改变成一个分开配置的关系。市场经济设定,人首先是一个"经济人",而"经济人"带有与生俱来的利己倾向。因此,市场经济中的"利"首先是承认和提倡商品的生产者和经营者的个人的利或私利,并以此为基础构筑市场运行的机制。显然,传统经济伦理的重义原则与市场经济的求利目的是相互冲突的。

第二,公私观相对立。长期以来占主导地位的公私观念一直把兴公灭私看作国家富强的秘诀。在经济上,传统的尊公灭私的公私观之所以注定行不通,就在于公与私的关系不是势不两立的。公私也不是二元平等的,而是以私为依托的。两者不是谁消灭谁的问题,而是相互协调的问题。既然每个人都对自己的生存承担了不可取代的责任,他就有权利为自己的生存谋取必要的利益。公的重要,不在于抹杀私人利益及取缔属于私人事务的领域,而是在于它能代表众人之私,实现众人之私。背离众人之私的"公益"只能是一己之私。故公来自私,私是公的本位。

应当承认,公私之间会存在某种冲突,甚至是剧烈的冲突。其结果不是使得中国人更加崇公,反而更加重私,不是使中国变得更加富强,反而使中国更加步履蹒跚,并迫使中国走上了市场经济的改革道路。市场经济的出现彻底改变了传统的自然经济和计划经济条件下的公私观念。市场经济是从"私"出发的,其基础是个人的自利,私人可以在市场经济的规则中为经济的发展发挥最大的主动性。

第三,经济伦理模式相抵牾。中国传统经济伦理是在宗法等级制度基础上产生的,在思想文化上体现为强烈的等级意识和族类意识,内具亲和力和凝

---

① 唐凯麟、曹刚:《重释传统——儒家思想的现代价值评估》,上海:华东师范大学出版社2000年版,第182页。

聚力，外具排异性和分散性，信任感仅局限于家庭范围，通行的是亲缘伦理、人情伦理和地缘伦理，社会信任度低。这种家族主义的经济模式造成了人的依附关系和依附观念；家族整体利益至上，个人的自主意识和权利意识淡薄，以致压抑了个性发展和个性自由。而这显然与外向型市场经济的开拓和追求意识格格不入。"格物、致知、正心、诚意、修身、齐家、治国、平天下"的德性经济伦理架构，被改变为"人—道德"互动的简明结构。

传统经济伦理与市场经济的矛盾冲突，其实质是传统的农业文明与社会主义现代化的工业文明的矛盾冲突。[1] 我们在建立社会主义市场经济过程中所遇到的种种阻力和问题，其中不少就与儒家伦理传统的消极影响有着直接或间接的关系，如人情大于法、关系经济、竞争意识淡薄，等等。我们在建构社会主义市场经济过程中，必须注意去遏制和克服传统经济伦理的负面影响。

2. 中国传统经济伦理思想在社会主义市场经济中的价值

伦理道德的发展是连续性与间断性统一的过程，是一个继承与发展、肯定与否定的辩证发展过程。否认道德发展的连续性，强调全面更新和重建，只会引起伦理道德心理上的失衡，价值上的失准，秩序上的失范。构建与社会主义市场经济相适应的新型经济伦理只有在批判地继承传统经济伦理思想的基础上改变其内容和类型，才能有所发展。中国经济伦理思想的价值主要体现在三个方面：

第一，互利交换原则。中国德性伦理以"仁"为核心的人际关系原则可以说就是提倡一种人与人之间互助交往的原则。孔子所说的要"推己及人"，简单说来，就是要爱己及人，利己利人，其间蕴含着某种人与人之间互助精神。这种人与人之间相互依存、互助交往的思想可以转化为现代市场经济所要求的互利交换原则。在市场经济条件下，一方面，儒家德性伦理"礼尚往来"的交往思想可以培养人们交往意识的形成，促成交换行为的发生；另一方面，推己及人、爱己达人的互助原则，有利于培养和形成人们遵循商品交换的互利原则和等价交换原则的自觉性，规范人们的交换行为，保障市场交换的正常运行。[2]

第二，规范意识。中国经济伦理思想在注重人与人之间的交往关系的同

---

[1] 车运景：《论儒家经济伦理与社会主义市场经济伦理的整合》，载《理论导刊》2010年第11期。
[2] 唐凯麟、曹刚：《重释传统——儒家思想的现代价值评估》，上海：华东师范大学出版社2000年版，第185页。

时,强调这种交往都必须在严格的规范下,即"礼"的规范下来进行,通过"礼"的规范来实现人与人之间的关系以及整个社会的和谐秩序。而市场经济作为一种社会化的交换经济,交换关系复杂多样,交换主体千差万别,因而只有在统一的规范制约和调节下才可能正常运行。人们常说市场经济是法制经济,是合同经济,强调的都是规范对市场经济的不可缺乏性。可见,对规范与秩序的强调是中国经济伦理与现代市场经济所共有的因素。当然,就其具体内容而言,"礼"的规范与秩序同市场经济所要求的规范与秩序是完全不同的,但其中注重规范与秩序的意识却是能够相通的。因此,中国传统经济伦理思想中注重规范与秩序的传统意识,通过扬弃,可以有助于人们在现代市场经济活动中规范意识的形成和对市场秩序的遵守。

第三,伦理精神。中国经济伦理的"自强不息"的进取精神,"宁俭勿奢"的自律精神和"重群克己"的合作精神都表现出一种积极进取的人生态度。这也是现代市场经济主体,特别是现代企业家所需要的精神品质。同时,市场经济又是一种资本经济,只有在较充分的资本积累的条件下,商品生产才可能维持和发展。而传统节俭自律精神的继承发扬,一方面可以促成经营者节约消费开支,把更多的资本投入再生产中,从而促进生产规模的扩大;另一方面可以养成一般民众的节俭风气,增加社会储蓄,为社会扩大再生产提供丰富的资金来源。

当前,我国社会主义市场经济体系正处在建构过程中,这是一项极其伟大也极其复杂的社会系统工程。要建立完善的社会主义市场经济体系,不仅需要建立起比较完善的市场运行体制,而且必须培植出勤奋进取、公平互利、诚信高效、规范有序的市场经济伦理精神。中国传统经济伦理体系的整体功能虽已丧失,但其文化价值、精神价值并不因此而消解;相反,在世界经济、文化竞争日趋激烈的当代社会,这一价值更加突显。[①] 市场经济伦理精神的产生、发育、发展和完善,绝不是一种单纯的经济现象,作为一种潜在的文化价值观念和社会意识形态,它深深地根植于中国传统文化深厚的土壤之中。因而,如何秉承和吸纳优秀的中国传统经济伦理的精髓,充分地去发掘传统经济伦理中有积极意义的因素,通过扬弃和改造,融汇到社会主义市场理性及其体制的建构中去,以促进社会主义市场经济的有序、健康的发展,这是现代经济伦理研究的主要任务之一。

---

① 罗本琦、方国根:《儒家经济伦理与社会发展》,载《哲学动态》2008年第6期。

三、中国传统经济伦理思想转型的趋向

中国的传统经济伦理思想在漫长的封建社会得到淋漓尽致的发挥,成为当时人们普遍接受的价值观念。作为封建社会的产物,它在人类历史的长河中起过一定的积极作用,但是,也不可避免地带有旧时代的烙印,其局限性也是显而易见的。在大力发展社会主义市场经济的当下,中国传统经济伦理思想必然面临着现代转型的任务,构建与社会主义市场经济相适应的新型经济伦理只有在批判地继承传统经济伦理思想的基础上改变其内容和类型,才能有所否定,有所发展,有所创新。

1. 传统义利观的现代转型

市场经济越是发展迅速,越需要人们树立正确的义利观。解决这些问题成了我国社会主义市场经济进一步健康顺利地向前发展的一个关键。党的十四届六中全会通过的《关于加强社会主义精神文明建设若干重要问题的决议》指出:"建立和完善社会主义市场经济体制,必须紧密结合改革和发展的实践,健全社会主义法制,加强精神文明建设,引导人们正确处理竞争和协作、自主和监督、效率和公平、先富和共富、经济效益和社会效益等关系,反对见利忘义,唯利是图,形成把国家和人民的利益放在首位而又充分尊重公民个人合法权益的社会主义义利观,形成健康有序的经济和社会生活规范。"既把国家和人民利益放在首位,又充分尊重公民个人合法利益,这种新的义利观体现了社会主义市场经济条件下义与利的统一,扬弃了重义轻利的传统义利观,是一种辩证统一的大义大利关系。在这里,利就是义,义就是利;利之所欲,义之所取;利之所否,义之所舍。社会主义义利观与传统义利观的"契合"之处就在于见利思义的价值取向。它告诉人们,对于利要有一种理性的制约,不苟取,不妄得,不受不义之财。这种道德原则,毫无疑问有它的进步性、合理性。即使在社会主义市场经济的今天,仍未丧失其应有的光辉。

2. 传统生态伦理观的现代转型

现代人类所造成的全球性生态困境已使自身面临着前所未有的生存挑战。当我们面对挑战,反思自己的思想和实践时,包含在传统经济伦理中"天人合一"的生态伦理观,以直觉和朴素的方式表现了人与自然的沟通与融合,为解决人类和自然的关系提供了一个全新的视角。

"天人合一"观认为人类要善待自然,强调自然规律和道德法则的一致性,主张不浪费资源,使资源得到充分的利用,并向人们提出勤俭节约的道德要

求。但这种"天人合一"观是从"敬天"的宗教情感和"法天"的权威遵从出发，尊天重自然只是由于"道"直观而产生的蒙昧情感和心理，而不能对自然的价值给予深入而全面的探究，造成对自然本身价值体认中的片面性、模糊性。在当代生态伦理的建构过程中，要弘扬天人合一思想的整体自然观，摒弃其中的消极成分，强化其中的辩证思维。① 作为现代人，我们超越其直观性体认和蒙昧主义视角，改变"天人合一"观的单向思维方式，引入了另一条反向的思维路径，即充分考虑人对自然的作用力与自然对人的反作用力这两种力量所产生的效果，消除人类与自然界的对立状态。全面认识自然的价值，真正在现代意义上尊重自然，关爱自然，保护自然，建立天人和谐的可持续发展观。它将当代人的需求与后代人的利益及人类眼前利益与长远利益、局部利益与整体利益有机地结合起来，为世界上每一个人及其子孙后代提供平等机会，确保他们拥有安全、健康、高质量和令人满意的生活。

3. 传统诚信观的现代转型

中国传统伦理文化中的诚信虽然也具有一种文化引导机制，但其所育化的不是商业社会中的理性精神，而是关系社会中的个体为获得血缘群体的接纳，获得生存的安全感而必须具备的一种伦理智慧。这种排除商业功利关系的宗法血缘人伦关系中形成的行为规范，是建立在血缘亲情、朋友情义、社会人情和封建国家宗法关系基础上的道德精神，而现代市场经济中的诚信是以商品经济为基础，以法律为保障，以市民社会中的自然人和法人的自由选择为前提的，所体现的是公民法人间的一种契约式的法权关系，"这种具有契约形式的(不管这种契约是不是用法律固定下来的)法的关系，是一种反映着经济关系的意志关系"②，是对契约、规则、法，以及自身人格的忠诚和信誉的保证。由于传统诚信观念和制度缺陷不利于新体制的完善，只有通过对中国传统诚信观念的现代性转化，将诚信从传统的熟人关系转向市场关系，从单纯的道义转向道义和功利的双重推动，从情感依据转到理性依据，从而建立起有中国特色的以责任伦理为基础的信用体系。

传统诚信的制度化建设，应该从建立和完善信用评估体制和监督补偿机制两个方面着手。信用评估体制主要是建立一套关于主体信用程度的信用档案以及公正、科学的评价体系，使社会成员的信用行为得以记录，使每个个体

---

① 刘海龙：《天人合一思想的继承与重构——生态伦理的视角》，载《前沿》2010年第5期。
② ［德］马克思、恩格斯：《马克思恩格斯文集》(第5卷)，北京：人民出版社2009年版，第103页。

的信用程度按照统一标准加以衡量和进行评级,同时信用档案向全社会公开,使市场主体在进行社会活动时,可以按照信用程度的高低自由选择合作伙伴,以实现市场经济的信用调节机制。信用监督补偿机制主要是对主体行为的过程进行监督,并对某些因为主体的守信行为而造成的损失给予补偿,同时对不守信行为给予严厉的处罚。通过信用监督的补偿机制,可以加强市场调节作用的发挥,还可以弥补单纯依靠市场自身调节的弊端,这样可以提升信用的社会价值,使人们自觉守信,使诚信的内在道德性和外在规则功能有机统一。

4. 传统消费观的现代转型

节俭是中国传统社会的人们所崇尚的消费道德,它包含合理的价值成分,但节俭观本身也存在着很大的局限性,产生一定的负效应,如由崇俭黜奢导致的过分节俭使经济增长缺乏动力;没有科学系统的奢俭评价标准导致消费价值观的混乱;对社会发展的作用绝对化,否认了节俭的社会历史性;等等。目前,在我国社会主义市场经济的发展过程中,节俭仍然是消费伦理精神的核心与主流。但是,倡导节俭并不意味着对传统节俭消费的简单回归,而是重新评价传统节俭消费观的正负效应,跨越"高消费"阶段,直接从"节俭型"消费转向"可持续型"消费,构建中国社会新型的消费伦理模式,确立起科学的适应时代发展要求的消费观。

可持续消费以实现人类的可持续发展为基本准则,它有三个突出的特点:

一是合理性消费。合理性消费提倡简朴、节俭,这是以提高生活质量为中心,既反映了平等和公正的社会要求,又体现了保护地球生态的要求。评价消费合理与否的标准是个人消费、经济制度规范、社会规范三者的有机统一。从个人角度看,合理性消费的评价标准是量入为出;从经济制度的规范来看,能否实现个人消费效用的最大化,能否促进经济效率的提高和整个经济体系的最优目标的实现,成为评价个人消费合理度的伦理标准;从社会规范来看,评价消费行为是否合理的标准是个人的消费目标和利益的实现是否损害他人的目标和利益的实现,是否败坏社会风气,损害社会利益和影响社会风尚。

二是绿色消费。绿色消费是一种反对污染环境、破坏生态平衡的消费伦理观。这种消费观突破了传统的"人类中心主义",以人与自然和谐统一为其基本理念,体现了消费伦理的重大变革,是现代消费生活的一种新趋势。它区别于物质第一主义的过度消费,其主要特点是:公众在决定是否买某种商品时,越来越多地增加对环境的考虑。

三是物质消费与精神消费相统一。可持续消费作为一种新的消费理念,不仅符合保护生态的要求,也更符合人的本性和需要,是物质消费与精神消费的统一,有助于人的全面自由发展。在我国当前刺激消费、扩大内需的过程中,应进一步引导人们增加在文化、艺术、教育、体育和旅游等非物质领域的消费,倡导文明、科学、健康的可持续消费观。

为了更好地在全社会弘扬可持续消费观,在我国当前的经济生活中,还应旗帜鲜明地反对消费主义、享乐主义的生活方式,反对"早熟消费"和"炫耀性消费"。这必然涉及人与人的利益关系,涉及社会资源的配置问题,在这方面政府必须发挥伦理导向作用,借助于经济手段来直接或间接调节消费领域,形成一种利益机制。利益机制的目标是:帮助实行环保消费的人消解经济风险,获得真实的利益,同时政府应制定指导性的伦理规范,通过可持续消费观的教育普及和推广,使之逐渐上升为一种理想和信念,成为人们自觉的伦理追求。

中国传统经济伦理思想的转型过程,实质上就是构建现代经济伦理的过程。它既要求发挥传统经济伦理思想的积极因素,克服其不利因素,又要吸纳西方社会经济伦理思想的精华,并且进行贯通古今、融合中外的综合创造。在这个过程中,既有成功的经验,也有失败的教训,这对于今天我们建构现代经济伦理,具有十分重要的借鉴意义。

(汪洁,原载于《学习论坛》2012年第4期)

当代中国农村若干经济体制效率价值困厄的现状分析及其应对策略

效率是指有用功率对驱动功率的比值。从经济学的视域而言,它是指单位时间内,组织的各种投入与产出之间的比率关系。效率与产出成正比,与投入成反比,以最少的投入获取最大的产出,这是任何经济行为追求的目标。因而,效率成为衡量一切经济活动的最终综合指标,是经济活动的根本原则。毕竟,效率提高,能产出更多的产品,实现效益增长,可为实现社会公平夯实基础,从而具有社会价值,因而也是经济伦理的基本原则。正如万俊人教授所言,"效率不仅有物质利益或实质性价值的价值表现形式,也具有精神或非物质的价值表现形式,同时还具有社会制度和组织的中介化价值表现形式"[①]。然而,在当代中国的集体化时代盛行的"平均主义"的分配体制,扼杀了农村生产活动中的激励系统,导致农村生产劳动的效率低下,农村收入的低下。相关资料显示:从1949年到1976年的近30年中,我国农村家庭人均年纯收入还不足100元,即农村家庭月人均纯收入不足10元[②],即使是实施土地家庭联产承包责任制后,也存在家庭分散经营与农业科技运用难度大、农民负担过重(农村税费改革前)等因素制约,导致农村土地经营的效率与效益仍然不高。正如新制度经济学家诺思所指出:制度框架不仅"决定着一个经济的实绩及知识和技术存量的增长速率……造就了引导和确定经济活动的激励与非激励系统,而且还决定了社会福利与收入分配的基础"[③]。可见,效率也是衡量制度优劣的道德依据与伦理尺度,因为"一种经济体制由于无效率与生产不足而不能

[①] 万俊人:《市场经济的效率原则及其道德论证——从现代经济伦理的角度看》,载《开放时代》2000年第1期。

[②] 董直庆、王林辉:《我国农村经济制度改革和开放政策实施成因的经济学分析》,载《学习与探索》2011年第1期。

[③] [美]道格拉斯·C.诺思:《经济史中的结构与变迁》,陈郁、罗华平等译,上海:上海三联书店1994年版,第17页。

满足人的根本需要或不能实现人的潜能,那么它的存在就没有伦理基础或道德理由"①。

一、当代中国农村若干经济体制效率价值困厄的现状分析

我国农村集体化时代的平均主义分配体制、"无效劳动分占有效劳动"的劳动管理制度严重束缚了农村生产劳动的效率,改革开放后实施家庭承包的分散经营虽然极大地提高了劳动者的积极性,但也一定程度上制约了土地经营效率与效益的提高,加上城乡隔离的二元经济体制也使农村生产劳动的效率低下,这些制度安排均违反了经济伦理的基本原则——效率原则,使农村生产劳动的效率价值困厄。

(一)集体化时代的平均主义分配体制导致农村生产劳动的效率价值困厄

"不患寡而患不均,不患贫而患不安"是中国传统伦理的基本格调,"均贫富、等贵贱"也是历代农民埋在心里的强烈愿望与长久期盼。因此,从伦理学的视域来说,平均分配土地与财产是完全符合中国劳动人民的民族心理的,尤其对中国的农民阶级来说不仅是激动人心的,更是深入人心的。但从经济学的视域而言,平均主义的分配方式未必是符合经济规律的,它违背了市场规则,扭曲了等价交换原则,势必会阻碍经济效益与经济效率的提高。如当代中国集体化时期农村实施的"一平二调"政策②。有些地方,这种上调或占用甚至超越了公社范围,县级及其上属机关、事业单位、企业等还向村民、生产队、生产大队、公社上调或占用农副产品、家禽、家畜、房屋、土地、农机具等。这种"一平二调"政策一方面违背了经济规律、破坏等价有偿的市场规则,另一方面也严重损害农民利益,极度挫伤了农民的劳动积极性,一定程度上又加剧了农业生产的效率低下。在这种状况下,农产品产量的数量与质量自然难以上升,从而导致农业生产的经济效益也难以提高。而且,人民公社体制下奉行的是"平均主义"分配模式,集体化时代农村社员的劳动贡献按时计算,实行工分制,使得农民的劳动贡献与实际报酬不相匹配,这无疑会挫伤广大农民生产劳动的积极性与主动性。于是,集体化时期农业生产劳动中"磨洋工""出工不出

---

① 龙兴海:《"利益最大化"的伦理审视》,载《道德与文明》1999年第5期。
② "一平"指全公社范围内,实行平均分配,贫富均衡;"二调"指人民公社可无偿上调生产大队的某些财产或占用生产大队或生产队的土地,生产大队可无偿占用生产队的土地或某些财产。

力""偷懒"现象普遍存在,导致劳动效率极端低下,制度伦理的效率价值目标也自然难以实现。正如学者邓正来指出:"除了 1952—1957 年间中国农业生产率有个极小的上升外,整个 1983 年前的农业集体化生产率明显低于 1952 年个体农业的水平。"① 言外之意,农村集体化时代的平均主义分配体制不仅催生了低效的农业生产劳动,也无法实现真正意义上的公平。正如有的学者指出:"一个社会、一个国家的发展,如果没有效率,即不发展社会生产力,一切公平、平等都是空话,只能是陷入一种小生产者的平均主义泥潭中。"② 而且,按照马克思主义最根本的道德评价依据——生产力标准来验证,农村集体化时代的"平均主义"分配体制导致了农业生产劳动效率低下,阻碍了生产力的发展,因而是不道德的。

(二) 集体化时代的劳动工分计时制加剧了农村生产劳动的效率价值困厄

中华人民共和国成立后,伴随农村集体经济组织的形成,农村生产队实行集体开工制度,农民共同劳动,集体上工,生产队长记工分。农民只要按时出工,至于干多干少、干好干坏差别不大,劳动报酬基本一样,基本上属于计时工资性质。由于集体化时代劳动制度缺乏有效的监督机制与激励措施,容易滋生人性的惰性,农民也不例外,在共同劳动中不少农民会借机会、找机会少劳动,甚至不劳动,这样的生产劳动其效率自然低下。正如有的学者指出:集体化时代中国农村出现了以无效劳动分占有效劳动为特征的劳动分占③现象,原因是集体化时代农村生产队按劳分配并非完全按实物平均分配,而是按实物分配与劳动工分相结合的分配,这种分配办法的可取之处是把农村集体内部人口基本消费粮和劳动力消费粮同时兼顾,把农村人口的基本生活保障和农村劳动力按劳分配同时考虑。但这样的分配方法却存在农村集体内部的劳动分占问题。由于农村集体劳动中所创造的收益仅限于极其有限的农产品上,而这些农产品的价值又因政府的工农产品"剪刀差"政策定价非常低,使得集体化时代农村生产劳动所创造的农产品价值不能按照价值规律兑现自身价值。在这种前提下,农村劳动力按劳取酬实际上也无法体现公平,如果再把农村集体内部的分配情况进行细分,不难发现这种劳动分占在现实中的不合理

---

① 邓正来:《中国经济:农村改革与农业发展》,上海:格致出版社 2011 年版,第 16 页。
② 章海山、詹宇扬:《西方效率与公平理论的道德启示》,载《江海学刊》2003 年第 4 期。
③ 巫文强:《劳动分占与中国农村劳动力就业问题探因》,载《改革与战略》2006 年第 11 期。

与不公平,它忽视了农村生产劳动效率因素也应参与分配,混淆了有效劳动与无效劳动的区别,一部分无效劳动实质上侵占了有效劳动的成果,使有效劳动吃了亏,这在一定程度上挫伤了农村有效劳动力生产劳动的积极性,使得原来一部分进行有效劳动的劳动者也开始消极对待劳动,甚至怠工,从而降低了农村生产劳动的效率。正如有的学者指出:"当年农村集体中表面看似公平的多劳多得,实际上是一种不讲劳动效率的多劳动力就多得的劳动分占。"①这种现象还会迅速蔓延,使劳动效率进一步降低,进而阻碍生产力发展与经济效益的提高,同时也破坏了效率应然的道德意蕴。毕竟,效率的道德含义产生于生产力提高、成本降低以及利润最大化。② 因此,从这个层面而言,集体化时代农村实施的劳动工分计时制忽视了劳动的质量与数量因素参与分配,使无效劳动分占有效劳动,因而也制约了农村生产劳动的效率发挥,违反了经济伦理的基本原则与制度伦理的价值目标。

(三)家庭联产承包制的分散经营模式制约了土地经营效率与效益的提高

改革开放后,我国农村实施了土地家庭联产承包责任制,农民生产积极性得到了空前提高,农业生产得到了飞速的发展,这是公认的事实。但从农村土地经营的效率与效益来看,小块土地被单个农户承包后,土地的使用效率与收益远未充分发挥出来。因为单一农户经营的土地面积小,数量少,基本是手工劳动,以人力、畜力为主,老祖宗流传下来的"老牛拉破犁"的耕作方式仍然非常普遍,机器化的生产方式与现代化的管理模式难以推广与运用,农业生产劳动受自然条件严重制约,没有从业人员与作息时间的严格限制、缺乏精细化的作业、难以形成规模经营,无法制定科学的劳动定额与时间安排,基本上是以生产力落后为特征的分散型生产方式,从而导致农业生产劳动时间与农村劳动力资源浪费严重,土地利用率低,农业生产成本上升。同时,简易的农业机器化还普遍使用,如手扶拖拉机耕田、拖拉机运输生产队粮食等。土地承包到户后,大块的土地被分割成小块,农户承包的土地无论从数量还是从面积来说,都不适宜农业机械化操作,或是成本过高,原来用机械化操作一个小时能完成的农活,手工劳动可能需要几天,从这一层面来说是一种历史的倒退。这些状况必然会制约农村劳动生产率的提高,影响到土

---

① 巫文强:《劳动分占与中国农村劳动力就业问题探因》,载《改革与战略》2006年第11期。
② 章海山、詹宇扬:《西方效率与公平理论的道德启示》,载《江海学刊》2003年第4期。

地的利用效率与经营收益,而且传统的、单个的土地经营模式产量有限,成本较高,难以形成规模生产与销售,势必影响农产品商品率的提高,也不利于农业机械化与农用技术的推广运用,从而阻碍了传统农业向现代农业的转型,制约社会主义新农村的发展。即使是农产品丰收,也由于农村农产品流通体系不畅,农民自身加工能力差,导致农产品出现买方市场,产生农民增产不增收现象,卖粮难也曾经困惑着农民,这在一定程度上也制约着农村土地经营的效率与效益。著名"三农"问题专家陆学艺曾指出：2007年第一产业——农业在当年GDP中所占比例11.3%,而在就业结构中占的比重为40.8%,这两个数据表明,占总就业劳动力的40.8%的农业劳动力,只创造11.3%的增加值,足以说明我国农业劳动生产的效率与效益不高。[①] 因此,家庭联产承包制的分散经营模式一定程度上也制约了农村土地经营效率与效益的提高。

（四）城乡二元经济体制造成农村劳动力量多质差的事实也制约着农村生产劳动的效率

农村劳动力是指具备劳动能力,在农村从事经济活动的劳动者,我国是个农业大国,农村人口众多,农业资源相对缺乏,人均拥有量远远低于世界平均水平,特别是农村劳动力数量庞大。据相关资料显示,现阶段,我国农村劳动力约为5亿。劳动生产率是指单位时间内劳动者的成本付出与产出的比值,它是衡量一个国家或地区的经济水平与社会创造力的主要指标。依据专家推算,在我国农村现有的农业资源、生产力水平、生产条件下,农村只需1.5亿劳动力。[②] 这就意味着现有的5亿农村劳动力中约有3.5亿是剩余劳动力,庞大的农村劳动力与相对匮乏的农业资源组合,从总体上决定了农村生产劳动的效率难以居高。而且我国农村劳动力科技文化水平低下也是不争的事实。正如有的学者指出,我国农村劳动力存在思想素质低、文化素质低、科技素质低、经营管理素质低、身体素质低、劳动生产率低等"六低"现状。其中科技文化素质的相关资料显示：在我国农村人口中,文盲占20%,小学占40%,初中占29.5%,高中占10%,大专以上仅占0.4%;2006年国家统计局农村社会经济调查司的调查数据也显示：高中文化程度的农村从业人员占10.3%,中专及以

---

① 陆学艺：《新一轮农村改革为什么难》,载《人民论坛》2008年第17期。
② 王凤山、阎国庆、任国岩：《加快转移农村富余劳动力的探讨》,载《农业经济问题》2005年第3期。

上文化素质只占 3.4%,另外,随着农村城镇化建设的加快,有较高文化素质的农村劳动力大量流向城镇。① 与国际上其他国家农民的文化素质相比,更是相形见绌。相关资料显示:美国农民大部分是从州立农学院毕业的;法国 7% 以上的农民具有大专文化;德国 6.7% 的农民具有大学文凭;日本农民中 5% 是大学毕业生,高中毕业生占 74.8%。②

从农村劳动力的技能来看,相关资料也表明:目前我国 95% 以上农村劳动力仍属体力型和传统经验型农民,大约 80% 的农村劳动力没有特别技能,不具备农业现代化生产对农村劳动者的初级技术要求。以国际农业劳动生产率的比较为例,《2001 年世界发展指标》发布的数据曾显示:在 1997 年至 1999 年三年期间,中国农业劳动生产率为 316 美元,仅相当于日本的 1.03%,韩国的 2.58%,巴西的 7.35%,约为印度的 80%。③

此外,随着农村剩余劳动力的逐年增多,加上农业劳动收益低下,农村人口大都已不把农业当作"主业"来对待,仅把其当"副业"看待,自然不会花更多的时间与精力去提高农业生产效率,农村精壮劳动大部分选择外出务工,农村常住人口基本上是妇女儿童及老年人,农村留守儿童、留守妇女、留守老人等"留守问题"日益突出,但就是这些本应得到特殊照顾的弱势群体,很大程度上却要承担农业生产劳动的重任。笔者曾在江西老区新干县、井冈山市、吉州区、吉水县、永新县等地进行过农村"留守老人"问题的实证调查,发现这些本该颐养天年的"留守"老人却是农业生产的"主力军",他们不仅要承担照料"留守"儿童的责任,还要承担种地的重任。相关资料也证实:在农村,青壮年基本都外出打工,许多地方,老人已成当地种地的主力军。大多数农村青壮年不愿从事农业生产、大多数农村老人"被迫"从事农业生产,已是不争的事实,农村劳动力出现年龄断层,呈高龄化态势,这些现象不仅拷问着农村生产劳动的伦理含量,而且成为农业发展的隐痛,农村这种劳动力高龄化状态下的劳动效率就可想而知。

二、当代中国农村若干经济体制的效率价值困厄的应对策略

农村集体化时代农村生产劳动的效率低下,主要是计划经济体制的缺陷

---

① 国家统计局农村社会经济调查司:《2007 农村小康蓝皮书:中国农村全面建设小康监测报告》,北京:中国统计出版社 2007 年版,第 14 页。
② 李水山:《现阶段农村教育存在的主要问题与解决对策》,载《教育与职业》2003 年第 15 期。
③ 李君、曾中文、宋峥嵘:《农村劳动力素质现状及成因分析》,载《消费导刊》2008 年第 1 期。

造成，这种问题随着人民公社体制的瓦解已基本解决了。改革开放后，我国实施了家庭联产承包责任制，对农村土地实行统分结合、双层经营的管理体制，成功实现了土地集体所有权与经营权的分离，极大地调动了农民生产劳动的积极性；既有效克服了集体化时代平均主义的弊端，又全面实现了农民对土地的实际使用权的要求；既实现了农民作为劳动者直接与生产资料的有效结合，又提高了农业生产效率，从而促进了农村经济的巨大发展。相关资料显示：在1978年至1987年间，我国农业劳动生产率的年均增长率为4.99%，在1978年至1984年间，家庭联产承包责任制改革对农业增产的贡献为48.64%。[1] 但是，把土地平均分配，分割成小块让农户承包分散经营，既不利于农业生产的集约化、规模化、机械化作业与综合治理，也不利于农业科技的推广运用与土地利用效率的有效提高。如小块土地的分散经营对农业生产的组织与管理、农业科学技术的运用与推广、农产品的市场信息与动态、种田能手与专业大户对土地的大量需求、农民非农能力的发挥与发展等均不利，与社会化大生产与市场交换的要求也不相适应，使得农村人力资源浪费严重、农业生产成本高、效益低、风险大、竞争力弱，加上农村劳动力教育科技文化素质长期偏低与农村土地有限及农村富余劳动力多，这些综合因素导致农村生产劳动的效率不高、效益低下，也使得家庭联产承包责任制的效率价值目标难以充分实现。毕竟，"现代市场经济体制的道德合理性与优越性，根本在于它的高效率"[2]。相反，"如果一种经济体制由于无效率与生产不足而不能满足人的根本需要或不能实现人的潜能，那么它的存在就没有伦理基础或道德理由"[3]。因此，只有通过克服家庭联产承包制的效率价值难以实现缺陷，建立公正合理的农地产权制度，才能完善家庭联产承包制，弥补城乡二元土地制度的效率价值与公正德性。具体对策如下：

（一）引导与鼓励农户适度发展规模经营，精心培育新型农村经济主体

在完善家庭联产承包制的基础上，依据农户自愿原则，引导农户对土地进行自由整合，采取自主联合或以转包、租借、租用、有偿出让等形式整合小块土地，适度发展农业生产的规模经营，合理组建农村经济组织，培育新型农村经济主体。如联合组建新型小农场、精心打造各种农产品生产基地、有效组合农

---

[1] 国家统计局：《中国统计年鉴1985》，北京：中国统计出版社1985年版，第20页。
[2] 周燕军：《制度伦理评价系统的原则与建构》，载《理论与现代化》2000年第5期。
[3] 龙兴海：《"利益最大化"的伦理审视》，载《道德与文明》1999年第5期。

户合作或小农场合作经营、发展农业股份合作企业,逐步改变小块土地分散经营效率低下状况,加快实现农业生产的机械化、规模化经营,全面提高土地的利用效率与农业生产效率,减少劳动时间,降低土地经营成本,并使部分闲置、荒芜土地得到有效利用与改造,使土地作为生产要素与有经验的种粮大户或企业有效结合,促进农村的土地与资金、技术等生产要素有效组合,进而提高农业生产与土地利用的效益,提高农业生产的市场竞争力。并尽快出台适合当代中国农村实际情况的《农村合作经济组织法》,以规范农村经济组织的经济活动与保护其合法权益,保障其健康有序发展。同时,要加强土地经营的市场管理,依据国内外农产品市场需求及其发展动态,及时调整农地产业结构,加速纯农户专业化进程,推进土地适度规模经营[1],以减低市场风险、全面提高土地经营效率与效益,这既是土地制度变迁的根本途径,也是世界农地发展的基本方向。如地广人稀的美国、加拿大、澳大利亚等国就是通过这条农地发展之道走向农业现代化、消除城乡差距的。与中国农业资源相似的日本、荷兰等国也是通过走这条农地发展之道推进农业发展,实现粮食增产的,直至近年来,日本仍一直在修改《农地法》,以促进土地集中与规模经营。[2] 可见,引导农户适度发展规模经营,全面提高土地经营效率与效益,既符合市场经济的效率原则要求,又符合世界农业发展的基本趋势。党的十八大及十八届三中全会均提出了要引导与鼓励我国农户适度发展规模经营,这应是我国农村经济制度伦理的终极发展目标。

(二) 切实加强农业科技投入与推广,全面提高农业生产的效率与效益

长期以来,我国农业生产效率与效益低下,除了农业属弱势产业与农村是弱势地区等因素外,与农村劳动力自身教育科学文化素质普遍较低与劳动技能普遍较差也密切相关。当然,这不是农民自身过错,而是制度安排不公正所致,包括外出农民工在内,他们确实因户籍制度而承受了诸多歧视与不平等待遇。正如有的学者指出:许多不平等不是由人的天赋与勤劳造成的,更多的是由制度因素和不合理的公共政策造成的。[3] 然而,农村劳动力教育科学文化素质普遍较低与劳动技能普遍较差的客观事实也确实制约了其劳动效率与效益的提高。针对这种现状,各级政府都应有清醒的认识,秉着对历史负责、对农

---

[1] 卢荣善:《走出传统——中国三农发展论》,北京:经济科学出版社 2006 年版,第 325—327 页。
[2] 焦必方:《日本农地规模化经营的动向及启示》,载《复旦学报》(社会科学版)2000 年第 6 期。
[3] 卢现祥:《论制度的正义性》,载《江汉论坛》2009 年第 8 期。

民负责的态度,肩负起"补偿公正"与"结果公正"的职责,切实加强农村教育、农民技能培训、农业科技的投入与推广,加大对农村教育、职业技能培训等人力资本的投资,推进农民职业化建设。在巩固"两基"的基础上,继续强化农村教育与农民技能培训工作,各级政府都应在财政预算中拨出专款,同时组成专业队伍,下乡宣传教育党与国家的各项涉农法规、"惠农、富农"政策、乡风文明与市场经济常识,传授与推广运用农业、农村实用科学技术,特别是对外出农民工与有创业潜力与创业意愿的农民,要大力支持与重点培养,有针对性地安排相关职业教育、创业教育、市场意识与风险教育、经营理念与管理常识等方面的培训,为全面提高农村劳动者的劳动效率与效益夯实基础,进而增强他们的就业能力或创业能力。事实上,广大农民一旦得到了良好的教育培训与有效的社会照顾,就能激发他们的工作干劲与创造潜能,从而提高他们的工作效率,创造更高效益,从而带动农村生产劳动效率与效益的全面提高。正如美国著名经济学家西奥多·舒尔茨所指出,改造传统农业的根本出路,在于"通过农业推广活动和更多地办教育来向农民进行投资,使得农民能够采用并有效地使用现代生产要素"[①]。当然这里"新的生产要素"既包括技术创新,也包括对农民进行教育、培训、技术改造等人力资本投资。

(三)完善农村土地产权制度,确立农民对土地使用与占有权的主体地位

土地是农民的生存之基与保障之盾,是农民的命根,也是农村和谐与稳定的核心因素。长期以来,我国农村的土地制度规定农民对其承包的土地仅有使用权,农民与土地的关系实质是承包期内的合同关系,土地并非农民长期稳定的财产,因为土地所有权归农村集体组织所有,但农村集体经济组织不够明确,导致土地产权模糊,这样就无法解决土地经营中的各种矛盾,也无法发挥土地的应然效益,这就需要明确农民对土地的绝对使用权、占有权与相对所有权,使农民成为土地的真正主人,农民才会真正去珍惜、爱护与保护土地,最大限度地发挥土地的效能;同时,依据 2007 年我国颁布的《物权法》第 59 条第 1 款的相关规定:"农民集体所有的不动产和动产,属于本集体成员集体所有。"土地属于不动产,完全可以适用本法,依法可以确定每个农民在农民集体中的土地所有权份额,再对农村集体所有制进行股份制改造,确定农民在集体所有

---

① [美]西奥多·W.舒尔茨:《改造传统农业》,梁小民译,北京:商务印书馆出版 1987 年版,第 18 页。

权中的合理比例,进一步明确农民土地产权的份额,使虚拟于农村集体经济组织中的土地所有权份额明朗化,变为农民实有,明朗后的份额土地产权农民可以自由继承、迁移、入股或流转,从而充分实现农民的土地权益。相关学者也有类似的观点,如依据《物权法》中农民集体土地归"成员集体所有"的规定,设计"成员权"制度,以农民在农村集体中的成员资格确定其土地所有权份额,保障农民土地权益[1];而且原有《土地承包法》对土地承包期限有规定与不许土地自由流转,这在一定程度上会造就农民对土地的破坏性或掠夺性使用,因为随农户家中人口增减与承包期限的来临,土地会转包到其他农户,因此需要适当延长承包期限与相对稳定承包地,强化土地承包合同管理,对各类损地、害农行为坚决制止、严厉惩罚,以防止土地使用后质量下降或变质及农民合法权益遭到侵害。此外,还要继续完善现行《土地承包法》,在坚持土地公有与农户"平等、自主、等价、有偿"的双重原则的基础上,允许农村土地承包经营权能够自由流转,通过土地的合理流转,既能够实现土地作为生产要素与资本的优化配置,促进农业生产集约化、规模化、现代化,提高土地的经济价值和社会价值,又能使农民可以充分利用土地要素的价值,去获取第二产业、第三产业发展的原始资本及与市民平等的发展机会,从而有效促成农村的产业分工,提高农村土地的使用效率。

(四) 改革土地二元所有制,统筹城乡土地价格一体化与收益均等化

在综合国内学者对土地国有、土地私有、土地混合所有的有益观点与可行性建议基础上,应合理借鉴成都农地产权改革的成功经验,"以还权于民为基本思路,以市场流转为根本目的,以村庄自治为主要手段,最终实现农村居民与城市居民'同地同权'"[2],尽快改革长期以来我国实行的城市土地国家所有与农村土地集体所有的城乡二元土地所有制,这才是引发城乡二元土地收益分配严重失衡、土地制度公正、效率等德性因素缺失的根源。以"三农问题"专家陈锡文最近公布的一组数据为例,2012年上半年,全国商贸用地价格平均每平方米5 728元,住宅用地平均价格每平方米4 522元,而工业用地每平方米659元,只相当于商贸用地价格的11.5%,相当于住宅用地价格的14.6%。[3]价格的差异必然会诱发某些人铤而走险,去改变土地的使用用途,也为土地利

---

[1] 王利明、周友军:《论我国农村土地权利制度的完善》,载《中国法学》2012年第1期。
[2] 周其仁:《农村产权制度的新一轮改革》,载《三农资讯》,http://www.gdcct.gov.cn/politics/thinktank/201101/t20110126_433551_2.html。
[3] 陈锡文:《城镇化过程中的"三农"问题》,http://www.ccrs.org.cn/html/2013/09/16684.html。

用过程中的不公正行为发生提供了条件,同时不同土地的价格差异也必然会影响农民的土地赔偿利益分配,引发各地因土地用途差异的赔偿不公现象,这就强烈要求加快建立城乡一体化土地制度,充分满足农民对所承包土地的所有权需求,由国家来统一安排,建立土地统筹基金,再依据当地的物价确定失地赔偿标准进行合理分配,同时建立健全全国统一的土地收益分享机制,合理确定农民对土地的受益分配比例,让失地农民可以持续分享土地开发后所获的土地增值收益。实际上,实施城乡一体化,也应该统筹城乡土地价格一体化与城乡居民对土地收益的一体化,这也是当前社会发展的大势所趋与众心所望,许多人大代表与政协委员也多次提出了这样的建议,制度安排应该充分考虑大众的呼声。正如美国著名公共经济学家詹姆斯·M·布坎南所指出:社会哲学家的任务是拟定一种制度化结构,这种结构能够控制人的道德追求和效益追求,以便两个目标同时得到实现,并促成一个更好的道德世界,使人们"能够在一个实际上受局限的方面不受什么挫折地达到他们的目的"[①],这也正是我国农村经济制度发展的最好归宿与终极价值目标。

(涂平荣)

---

① [德]彼得·科斯洛夫斯基:《资本主义的伦理学》,王彤译,北京:中国社会科学出版社 1996 年版,第 67 页。

论中国传统诚信的运行机制

社会诚信总是植根于一定的历史条件,受到社会经济、政治及文化传统的影响。[①] 守信重诺是中华民族的传统美德,也是维系当代社会和谐稳定的精神命脉。传统社会诚信的有序运行是一个系统工程,政道相向而行的诚信召引是社会诚信有序运行的前提,系统多层的诚信教化是社会诚信有序运行的基础,自我认同的修养自律是社会诚信有序运行的关键,商业诚信的制度维系是社会诚信有序运行的保障。考察传统诚信的运行机理及维系机制,不仅有利于我们更好地解析传统诚信的特质,而且对传承发展优秀诚信文化,解决当代社会诚信缺失问题具有重要意义。

一、政道一体的诚信召引

梁漱溟认为,中国传统社会的运转"不靠宗教而靠道德,不靠法律而靠礼俗,不靠强制而靠自力"[②]。传统社会诚信的实现首先需要政治与道德一体化的相向而行:政统靠的是上位者,尤其是君主的诚信示范,并以儒家德政实行社会治理;道统靠的是儒家礼义教化,尤其是"士"阶层的勉力勇为,引领社会诚信风气。

经由人类初年的鬼神崇拜、祖先祭祀及天人观念的发展,传统诚信显现出政治伦理意义,表现为政治信任问题,并向一般社会关系推及开来。有学者认为中国传统社会有不信任与信任两个传统。所谓不信任传统,是指在法家思想指引下形成的君臣及其他社会关系,不仅君臣之间以利而合,父子、兄弟之间也是利害计算关系,人与人之间不存在任何信任。所谓信任传统即封建制

[①] 东西方不同的自然环境、政治、经济、社会结构衍生出不同的文化生态,决定着东西方诚信思想和观念呈现出不同的特质。西方传统诚信主要体现为宗教诚信和契约诚信,中国传统诚信主要体现为德性诚信。

[②] 梁漱溟:《中国文化要义》,上海:学林出版社1987年版,第212页。

度,是指自由人通过契约建立人身性君臣关系,经由封建的契约所建立的信,从最基层的井田,经过邦国,一直到天下,并且可以无限扩展。① 这种借助契约观念的解释虽有些牵强(与西方平等性契约关系具有本质区别,西方契约论的一个前提就是人身的自由与平等),但却也道出了一定道理,统治者的诚信示范是社会诚信的根基,即封建制的"委质为臣"是具有一定契约性、人身性的君臣关系,君臣双方均需要信守契约,各自履行相应的义务,君仁臣忠,君臣互信,才能天下有信。"君人执信,臣人执共(供)。忠、信、笃、敬,上下同之,天之道也。"(《左传·襄公二十二年》)

这种封建制的君臣互信关系在春秋时期遭到极大的破坏,即孔子认为在霸道的驱使下不尊周室、礼崩乐坏。以孔子为代表的儒家倡导恢复周礼,重建社会诚信。孔子不仅强调君臣之间、上下级之间的互信关系,也非常重视普通老百姓之间的信任。孟子更是以"仁政"为本,建构君臣与社会治理的基本手段与秩序,构筑诚信和谐的政治伦理和社会生态。遗憾的是,"诚信"之道难以在春秋、战国的乱世中推行。法家代表人物商鞅、韩非子一度也非常重视政治伦理中的诚信问题,但从根本意义上,他们倡导的"法、术、势"在很大程度上消解了政治领域中的君臣、君民互信。秋风在《儒家式的现代秩序》中提出中国传统社会的不信任传统即法家文化,虽有夸大法家对诚信戕害的地方,但其指出法务法不务德,而以功利和威权伤害了社会普遍信任确有一定道理。终秦一代,重法轻德,严刑峻法,"仁义不施而攻守之势异也"(贾谊:《过秦论》),秦至二世而亡也宣告了法家的破产。

汉总结秦政、秦制的经验教训而推行"罢黜百家,独尊儒术",以改造过了的儒家思想作为统治思想,继而提出"三纲五常"作为治国施政之道,将"信"提升为国家意识形态并兼具制度性效力的人伦规范(五常之一),基本奠定了中国后世政统与道德一体化的基本格局。这一格局强调德化之君的示范意义,重视道德理性的作用,相对忽视了具有普遍意义的宗教精神,从而确立了中国封建社会的政治图标。在传统中国的诚信体系中,通常政治信任是关键,起着支撑社会信任的底座和风向标的作用。中国历朝,政治清廉之际,往往社会信任度较高,政治腐败多发频发之际,普遍的信任危机极容易爆发。如统治者能够做到励精图治,士大夫官僚阶层能服膺上位,政令通畅,则可能出现汉唐之清明政治,社会诚信亦出现良好局面。对此,《吕氏春秋·贵信篇》有经典解

---

① 秋风:《儒家式现代秩序》,桂林:广西师范大学出版社2013年版,第32—33页。

释:"凡人主必信。信而又信,谁人不亲。故周书曰:'允哉允哉',以言非信则百事不满也。故信之为功大矣。信立则虚言可以赏矣,虚言可以赏,则六合之内皆为己府矣。"传统诚信实行的关键在于政道清朗合理,正可谓"信之所及尽制之矣"①。传统社会重视政治信任及对社会的指向作用,对于今天建设人际信任亦有重要的启发意义。

德政、仁政不仅是对上位者"君臣"的要求,亦是对下位者"民"的教化,正如古人言:"天生民而立之君,使司牧之,勿使失性,天之爱民甚矣。岂其使一人肆于民上,以从其淫而弃天地之性?"②居庙堂之高者,掌握教化治理之权,理应承担相应的责任。统治者对民众"约之以礼",其核心在"约之以理""约之以严敬",让个体在社会体统中各安其位,各尽其责。概言之,儒家诚信社会的达成,与个体的诚信人格养成密不可分。社会体统是个体人格养成的外围环境,人格养成是社会体统建设的必由之路,"礼"成为社会和个体之间联系的纽带,具有推动社会诚信建设与人格诚信培养的双重功能。在传统社会,人们处理各种社会关系,主要不是通过契约与规则,更不是通过功利利益的交换,而主要是通过义理来统摄诸种社会关系,由性善论而支撑的由己及人,因血缘亲疏远近导致的差序格局而以礼导之,以义理养育"仁心",以礼法规范"德行"。每一个人在不同的社会关系中找到自己的位置,同时在不同的社会关系实践中得到提升,成就君子式的社会理想人格,个人的成人之道就是社会的治理之道。在费孝通所言的差序格局中,这个己就是一个义理统摄的社会关系体。③因此,孔子说"一日克己复礼,天下归仁"(《论语·颜渊》)。

政统和道统的有机结合及发挥作用依赖于一个特殊的阶层——"士","士"在社会自治和诚信运行中发挥着至关重要的作用。中国传统伦理秩序之所以能历经两千余年王朝更迭、天灾人祸、外族侵凌而得以传承,与作为礼教担当者的士大夫的竭力为之有很大关系。传统的"士"实为诚信道统之根基和捍卫者。孔子说:"士志于道。"(《论语·里仁》)"士"之生命主旨在修道,而修道始于修身,继而齐家,进而向外推而扩之治国、平天下,内圣与外王之道不可分割,心性之学与治平之道相辅相成。正是由于广大士人以维护正道为历史

---

① 吴根友:《现代中国人际信任的传统资源——〈论语〉〈老子〉中的"信任"思想略论》,载《伦理学研究》2003年第3期。
② 钱穆:《国史新论》,北京:生活·读书·新知三联书店2005年版,第71页。
③ 潘建雷、何雯雯:《差序格局、礼与社会人格——再读〈乡土中国〉》,载《中国农业大学学报》(社会科学版)2010年第1期。

使命,才能够做到"自强不息""厚德载物",才能够做到"杀身成仁""舍生取义"。正如鲁迅所说,"有脊梁的中国人大有人在",中国就不会亡国、不会灭种。即便出现政统坏于上、强敌侵于前的危难情况,道统还是能勉力统合社会秩序。① 传统中国最晦暗的时代,诚信沦丧的时代,往往是"士"阶层的恒心与德性败落的时代,"士"精神的败落使得"士"蜕变成为贪腐官宦与恶劣乡绅,如费孝通先生曾在《中国绅士》中批判的那样。士风长存,社会诚信之德归厚,士风无存,社会诚信之德坏失,"士"对封建社会诚信的存亡兴衰起着至关重要的作用。

二、系统多层的诚信教化

中国传统文化历来重视诚信教育。孔子将道德教育置于教育的基础和核心地位,并高度重视诚信教育。《论语》云"子以四教:文、行、忠、信"(《论语·述而》),其中的"信"德是传统中国道德教育的重要内容。"能行五者于天下为仁矣",即做到包括"恭、宽、信、敏、惠"(《论语·阳货》)这五个方面就是践行仁。孔子倡导的"信"就是忠诚、信用、信任、诚实的意思②,教育学生要"主忠信"(《论语·学而》),所谓"主忠信",就是要以诚信教育为主。古人讲诚信教育不仅强调教育者言传身教、为人师表的示范效应,还强调教育要细致入微,入脑入心,如强调"心诚则灵""精诚所至、金石为开"的理念,通过诚信的实践磨炼和宣讲诚信的榜样激励等方法,培育学生的诚信品质。

古人重视诚信教育首先是在家庭里从蒙学开始,诚信教育从小抓起,从婴幼儿抓起。"如金之在镕,惟人所范;如泥之在钧,惟人所模。故视之以诚信,则诚信笃于其心矣;视之以诈伪,则诈伪笃于其心矣。模范之初,贵得其正。"③ 在家庭中,诚信在于孝亲睦长,如孔子言"孝悌也者,其为人之本欤"(《论语·学而》),通过胎教、父范母仪、生活日用及讲故事等多种形式实现诚信教化目的。《列女传·周室三母》中有记述:"太任者,文王之母,挚任氏中女也,王季娶为妃。太任之性,端一诚庄,惟德之行。及其有娠,目不视恶色,耳不听淫声,口不出敖言,能以胎教。"这里强调从怀胎之始即对孕婴进行诚信熏陶。④

---

① 潘建雷、何雯雯:《差序格局、礼与社会人格——再读〈乡土中国〉》,载《中国农业大学学报》(社会科学版)2010年第1期。
② 刘韵清、周晓阳:《论中国传统诚信文化》,载《船山学刊》2009年第1期。
③ 邱浚:《大学衍义补》卷五十,引刘彝之语,北京:京华出版社1999年版,第440页。
④ 彭安玉:《中国古代的诚信教化》,载《光明日报》2002年7月2日。

婴幼儿善模仿,父母是儿童的第一任老师,中国古代的父范母仪,强调的就是家长对儿童的示范教育。父范如曾子,母仪如孟母,可谓尽人皆知。曾子杀猪以取信于子的故事尤显教育意义:"婴儿非与戏也。婴儿非有知也,待父母而学者也,听父母之教。今子欺之,是教子欺也。母欺子,子而不信其母,非以成教也。"①重视家长的耳提面命,通过日常生活的细节引导儿童诚信成长。② 在启蒙教育中,父母长辈常常通过讲故事的形式对儿童进行诚信教育。中国古代的诚信故事俯拾即是,如商鞅立木、季札赠剑、管鲍之谊、范式守信、刘备三顾茅庐等等;也有不少因不守信用而败德坏身甚至亡国的故事,如周幽王烽火戏诸侯颇具警戒作用。

　　传统社会重视学校系统的诚信教育。朱熹提出了完整的德育阶段学说,对传统诚信教育做出了一个全面的阐释。他提出了一个循序渐进的从"小学"而"大学"的德育过程论。8岁至15岁受"小学"教育,16岁、17岁受"大学"教育。"小学"和"大学"的道德教育有不同的内容、方式和方法,"小学"阶段只是"教之以事",注重行为的训练,"如事君、事父、事兄、处友等,只是教他依规矩做去",不必教他们"穷究那理"。"大学"阶段就要"教之以理,如致知、格物及所有为忠信孝悌者"③。"小学"是"大学"的基础,"大学"是"小学"的深化。朱熹还编辑"圣经贤传"和三代以来的"嘉言善行"为《小学》,作为"小学"的德育教材,编著《四书集注》为"大学"教材,从而成为元之后科考的必读书目。司马光编撰的《居家杂仪》中有记述,男子七岁开始读《孝经》《论语》,八岁可以读《尚书》,九岁可读《春秋》及诗史,十岁可读《诗》《礼》《传》等,从而知仁、义、礼、智、信,再后可以读《孟子》《荀子》《杨子》乃至博览群书。④ 概言之,在不同年龄段施行不同水平层次的儒家经典教育,为学子包括诚信在内的价值观的萌发、形成与发展奠定了坚实的基础。休宁古林黄氏宗规又云:"古人有胎教、有能言之教,又有小学之教、大学之教,是以子弟易于裁就,彬彬蔚起有由然也。为父兄者须知子弟之当教,又须知教法之当正,又须知养正之当豫。七岁便宜入

---

① 韩非子:《韩非子》,北京:中华书局2007年版。
② 据宋邵博《闻见后录》记载,司马光五六岁时偶得一核桃,不会剥壳而食。其姐欲助之,却始终不肯。后姐姐因事稍离,一婢女帮他去掉外壳。姐回来后问是谁去掉了外壳,司马光随口道:"吾自去。"其父司马池目睹了吃核桃的全过程,见子撒谎,乃厉声训道:"小子安得漫语?"并教导说:"诚,为人之本也,人当取信于人。"
③ 朱熹:《朱子语类》,长沙:岳麓书社1997年版,第124页。
④ 费成康:《中国的家法族规》,上海:上海社会科学院出版社1998年版,第258页。

乡塾,随其资禀学艺、学书,渐长有知觉时便择端悫师儒日加训迪,使其德行和顺,自不失为醇谨。"(休宁:《古林黄氏重修族谱·宗规》卷一)这里明确规定了接受正规教育的开始年龄与学习内容。

学校诚信教育,不论是私塾、官学,还是书院教育,皆以"明人伦""成德为事"。"一切言行、心术,得无欺妄非僻,未能忠信笃敬否。诸童子务要以实对,有则改之,无则加勉。"(《示弟立志说》)明清之际,政府大力倡导和推动普及基层教育,乡村族塾义学得到了空前发展,呈现出书院风起、私塾涌现的景象,这为进行系统的诚信道德教育创造了有利条件和基础。传统学校诚信教育注重人的行为、习惯养成,反对空言说教,注重生活细节,强调表里如一,如朱子所言:"必始于洒扫应对进退之礼,礼乐射御书数之际,使之敬恭,朝夕修其孝弟忠信而无违也。"[①]不管是陆王心学还是程朱理学,虽然在道德教育、道德修养上有很大分歧,但都重视生活实践,强调对道德规范的认知和信服必须与生活实践联系在一起,做人与做事不可脱节,朱子的"格致工夫"与王阳明的"事上磨"在一定程度上是互通的。

传统社会的礼俗文化承载着社会诚信教育的重要使命,是一种乡土社会中自然的教育。礼俗作为一种得宜的规范和生活方式,与法律、制度的表现形式和作用方式有很大的不同,是一种广泛意义上的道德,有时甚至会超越道德的权威和效力,故西方有"习俗为王"的说法。礼俗主要有三种形式:一为古已有之、口耳相传的风俗;二为人们认同和遵循的"人情"习惯;三为成文或不成文的家规、族规、村规和民约。通过礼俗约束民众而实现"礼治"成为传统乡土社会维护秩序和治理的基本方式。礼俗文化是传统中国文化的底色,深深地影响着中国人的诚信心理和行为习惯,"入乡随俗""出入循礼""心理有依归,行为有参照",人们深受礼俗的浸染,因礼俗而有规矩,因循礼俗而有德性。出于对"礼"的基础及根据"义理"的认同,人们遵"礼"、循"礼"、守"礼",因而"义理诚信"就成为人们诚信的表现形态,义在心中,心中有约,理在行中,行为有据。诚信既是礼俗的题中要义,亦是礼俗的内化及要求,更是礼俗教化成功的保障。

作为礼俗文化具体体现的乡规民约实际上承担着社会诚信教育的重要功能,对维护社会有序运行起着重要作用。王阳明订立的《南赣乡约》中就有"讲信修睦"的规定,民众风随,南赣遂成良善之地。古徽州婺源《武口王氏统宗世

---

① 朱熹:《朱子语类》,长沙:岳麓书社1997年版,第124页。

谱·庭训八则》中专列"训信"条款彰明诚信,百姓谨守,古徽州因之成为道德高地。榆次常氏家族教诲族人诚信为本,常氏子弟获得"信誉遍满天下"的美名。乡规民约中也有惩戒性措施,对人们在诚信方面失德败规的行为进行惩处,轻则"斥责训诫""罚跪笞杖",重则"呈公究治""以不孝论罪"①,但对族人更严厉的惩戒无疑是那种道德层面的彻底否定,如规定"不入家谱""生不入祠""死不入祀"等。这种惩处对熟人社会的个体具有无比的威慑力,让人感觉生无立锥之地、死无葬身之所。

三、自我认同的修养自律

传统诚信不仅靠教育,还要靠自我修养。中国传统诚信实为一种自律性诚信,故诚信的获得与持守主要从自我修养中得来。要了解传统社会中的个体如何对社会诚信有自觉体认并能够进行自我修养,进而自觉行动而具有德性,必须考察传统社会人们的诚信论、人性论及心性修养论。

在传统社会,天人关系是人们哲学思考的起点,也是考察诚信道德的基础。传统儒家将伦理道德作为哲学思考的重点,致使道德观与宇宙论、认识论交织在一起,密不可分,形成所谓"天人合一"的思维模式。从伦理思想的角度而言,亦可称之为"宇宙伦理模式",将人伦关系视为宇宙的有机构成而与"天道"合一,由此规定了传统中国社会诚信思想的理论特色。在先民那里,天是最诚实无欺的,最讲诚信的。天地作为万物之母,不会欺骗人、蒙蔽人,"天理至实而无妄",对天理的遵从就成为人的使命所在,也是人的尊严和价值所在。儒家诚信观念主要集中在对"诚"的解释并以"诚"统"信"上。《中庸》首倡"诚者,天之道,诚之者,人之道也",诚信之"诚"具有哲学本体论的意蕴。宋儒周敦颐认为:"圣,诚而已矣。诚,五常之本,百行之源也。"(《通书·诚下》)"诚"不仅是万物之本,亦是一切价值判断之根源,其他德性皆以诚为本,又以诚为最高境界。朱熹亦强调"诚"为万物之根本和最高之道德境界:"诚者,理之在我者皆实而无伪,天道之本然也。思诚者,欲此理之在我皆实而无伪,人道之当然也。"(《孟子章句集注》)天道之"诚"对人们具有一种天然的亲近感,在缺乏普遍而强力宗教的传统社会具有相应的约束力。从《周易》中关于诚信的一个卦辞"中孚"的解释也可概观先民对诚信问题的思考方式。"孚"即禽鸟在巢中孵卵。由于禽鸟孵卵极为守时,称为"中孚",人们以此来解释"信",反映了

---

① 赵华富:《徽州宗族研究》,合肥:安徽大学出版社2004年版,第404—413页。

对于自然天道的认识与信守。

人们为何需要诚信以及能否做到诚信还出于对人性问题的考量。传统人性论主要有人性无善无恶论、人性有善有恶论、性善论、性恶论、性善恶混论等,但最主要的还是孟子的性善论与荀子的性恶论。孟子畅言人性善,善根来源于人的天赋的良知良能。孟子反对告子"生之谓性"的说法,认为人与动物的区别"几希",而人的"四心"正是人之为人的根本特征,"四心"就是人的四个善端,对应着仁义礼智四种道德规范,四心是人所天生的,为人所固有,人性是本善的。人性的四个善端不仅是人具有德性的前提,更由于人心的理性思考能力使人具有"良知良能"。"良知良能"的发挥能够使人不仅知天地,更能成贤成圣。孟子的性善论当然不是一种科学的道德人性论,他的道德论证本身具有明显的漏洞。但是,孟子性善论确实是反映人类美好精神的学说,是人类自身对道德自我的先天肯定,亦是人类自身对自我善性的美好期待。每一个社会个体无须上帝的救赎,靠自我的道德自觉,发现自我、发挥自我、创造自我就是成德之道。故性善论对传统中国社会影响深远,基本奠定了后世人性学说的主流方向。正是由于性善论的深远影响,所以人们对诚信的来源、本质及诚信的能力就有了根据。诚信来自于善端的发用,作为"五伦"之一的"信"规制于仁义礼智四德,缺失仁义礼智指引的信不必坚守,信的本质在于内在的真诚,以诚统信,诚信道德从而获得了自我意志内在的权威,而不需要假借外在权威、规则和利益的支持。个体养成诚信之德在于发掘本心,通过自诚而明和自明而诚两个途径。荀子的性恶论将人的生理欲望和自然资质视为人的本性,而且从道德性方面归结为恶。荀子的论证自然要比孟子高明得多,他深刻洞察了孟子性善论的缺陷,敏锐地看到了性善论可能给人们带来各行其是、不遵礼义法度的弊端。[①] 荀子的性恶论虽然力言人性的缺陷与不足,但他的目的无非是要强调人的自立、自主、自强、自制,化性起伪。可以说,他与孟子的人性论虽是殊途,但是同归于一个目的,都强调道德教化与修养,一个侧重于扬善,一个侧重于止恶。诚信的修养一个路向就是养浩然之气,一个路向就是要格君心之非,二者对于诚信德性的养成和持守同等重要,缺一不可。

考察传统诚信之德的养成一定要探究儒家的心性学说。传统儒家特别注重通过内心修养来培育诚信之德。孔子的反思与内省,孟子的存心与养气,《中庸》的"自诚明"与"自明诚"之道,程朱的"主敬""居敬"之法,王阳明的"致

---

① 焦国成:《中国伦理学通论》(上册),太原:山西教育出版社1997年版,第141页。

吾心之良知",等等,目的皆是运用心的涵养工夫实现目标的高远、动机的纯正、情感的真挚、意志的坚定、行动的坚决果敢。传统儒家认为,人德性高下的先决条件就在于是否具有诚的境界,如心有杂念,心灵虚妄,就不可能有善的行为,更不可能有人格的高远。当然,传统儒家并没有执于一端,单纯地强调内心修养,而忽视现实的情境和实践,他们也颇为重视心灵修炼与社会实践紧密结合,以诚统摄行,以行去磨砺诚,内在的精神活动与外在的行为实践相与为一,相互印证。在传统儒家看来,诚之培育与养成都是个体行为而非社会行为,不管是"发明本心"还是"切己自反",也不管是"居敬""穷理"还是"格物""致知",都只需要个体的自觉、自主、自控、自制,他人不可替代也无法替代。达致诚的路径无非两条:一条是向内诚意正心的体认,一条是向外格致的工夫。这两条路径要相互结合,程朱理学与陆王心学虽在"道问学"与"尊德性"的修养路径上存在很大分歧,但都没有否认内求的体悟和外求工夫的密切关联。儒家的心性之学当然首重内在的德性,高扬道德主体性、道德自觉性,因此,慎独修养就成为一种必须与可能。儒家慎独既是一种道德修养方法,也是一种道德实践,更是一种道德品质与道德境界。人们只有在他人看不见的时候,看不到的地方,仍然常怀戒慎之心,坚持诚实守信,做到表里如一,才是真正的道德君子。儒家慎独的修炼方式有三:一是着眼于细节小事,见微知著,积善成德,积小善而成大善,防微杜渐,防小恶而无恶。二是从"独"处着力,谨慎自律。"独"不仅是指一种空间上的"单独"状态,做到无人监督时的自我节制与严格自律,还指内心的"孤独"状态,做到心灵孤寂时的坚守,自觉规避爱好、欲望、情绪的侵扰。三是心理状态与外在行为的高度一致,言行举止符合社会道德规范要求,人的内心世界处于一种和谐状态。

四、商业诚信的制度维系

从总体上说,中国传统诚信是一种德性伦理。它没有彼岸世界的上帝或神的终极关照,不依赖外在法制或契约的规制,也不是依靠后设利益的刺激,而主要靠个体德性的自觉和自律,靠行为者的自我担当;对诚信的评价也不是靠外在的规则或后果,而是依据行为者行动所体现的德性。但中国传统诚信伦理并不否认和排斥外在约束机制,特别是在经济领域,诚信的实现常常需要有强有力的法制支持,需要将道德诚信与制度诚信结合起来,共同发挥作用。

如传统社会的道德与法律关系一样,道德诚信一方面需要制度诚信的有力保障,另一方面道德诚信可以直接上升为具有强制力的制度。《周礼》中就有记载人们为规避失信,交易双方订立契约性文件"券书",一旦失约,失约方就得按照约定赔偿,这可谓诚信制度化的早期雏形。秦律对经济活动也有专门的规定,规定手工业者必须在物品上刻上自己的名字,以显示诚信的要求,对自己生产的产品承担追偿责任。汉律对于经济活动中的失信行为,追责与惩罚的规定更加严苛、细致。唐律有专门条款,对不诚信的市场行为如制假贩假者杖击六十,强买强卖的行为杖击八十,可谓处罚严厉。宋律因循唐律,但有些规定更加严格,如售卖"纰疏布帛"或"涂粉人药",一旦事发,按照法律加重处罚。明清之际,随着集市的繁荣和商业活动的扩展,一些专门的法律条文得以颁发。明律规定:若"虚钱实契"侵占他人田宅的,一亩田一间屋以下者,笞击五十下,如果侵占五亩田三间屋的,罪加一等,杖击八十下,判徒刑两年;如果是为官者犯这等错误,处罚加重二等,以盗窃罪论处。[①] 大清律规定,欺行霸市、贱买贵卖者,杖责六十。[②] 清律还专设管理市场诚信行为的法令,其中《户律·市廛》对"私充牙行埠头""市司评议物价""把持行市""私造斛斗秤尺""器用布绢不如法"[③]等欺诈交易行为予以严格惩处。

作为中国传统商帮的典型代表晋商、徽商具有儒商的特色,堪称信义诚信在商业领域中的具体实践。商人的德性自律及商帮的相与互助是晋商、徽商取得成功的关键,但我们也应明晓晋商、徽商诚信伦理也需要强有力的外在约束,需要制度甚至法律的外在支持。严明的法律制度保障了商业诚信活动的有序开展,同时商帮的诚信伦理也具有制度化倾向乃至直接成为制度。晋商、徽商植根于中国传统文化,而传统文化作为非正式制度对晋商、徽商的正式制度——经营管理制度的确立提供了价值来源与精神动力,构成了晋商、徽商经营管理思想的文化底色和支撑。儒家所倡导和规制的各种"礼",既是中国传统社会独具特色的文化传统、价值观念、意识形态、风俗习惯等非正式制度的总和,也具有各种制度化的成分。就规约诚信而言,晋商、徽商还将宗法、家训、族规等作为道德诚信制度最重要的现实载体。介于礼俗与国家法律之间的宗法、族规、家训等制度文化也直接影响着晋商、徽商的生存与发展。以晋商祁县乔家为例,乔致庸制定了"不准纳妾、不准虐仆、不准嫖妓、不准吸毒、不

---

① 怀效锋点校:《大明律》,北京:法律出版社1999年版,第376页。
② 田涛、郑秦点校:《大清律例》,北京:法律出版社1999年版,第792页。
③ 田涛、郑秦点校:《大清律例》,北京:法律出版社1999年版,第793页。

准赌博、不准酗酒""六不准"家法①,对家族成员进行严格的约束和管教,使其行为符合规矩,如家族中个人失信并导致对方一定损失,家族需承担连带责任,赔偿对方相应损失。徽州宗族制定的族规对宗族成员的言行举止也有严格规定,对不当及败德行为实施严明的惩罚措施。

在浓郁的地域诚信文化的关照之下,晋商、徽商在漫长的发展历程中,亦建立了各具特色的商帮诚信制度,来保障商帮活动的有序开展。晋商开创性地创立了票号制度,建立了东家、票号员工、客户一体化的诚信网络,票号的精要之处全在于员工对东家的信义及东家对客户的承诺。东家有信用,票号有信誉,东家和客户才有利益,员工守信义才能有自己的利益,通过票号制,使得东家、掌柜、职业经理人、员工和普通商户成为不可脱节的利益纽带和利益共同体,一荣俱荣,一损俱损。② 徽商的诚信制度首推"公匣管理制度"③,此制度推出了"推举司匣、轮房管匣、匣务公开、公众监督"④等诚信经营管理机制,为徽商的百年兴盛不衰奠定了重要基础。

当然,以现代文明法制理念来看,传统诚信制度在以下几个方面存在缺陷或不足:一是在国家法律制度方面,由于封建社会的历史局限性,缺乏宪法的根本保障,也没有保护自由原则、平等主体的民商法体系,因此,晋商、徽商无论是作为商帮团体还是个体企业,在与强权的政府打交道时,明显处于劣势与不利地位,不得不依附于政治势力和官僚集团。二是缺乏也不可能产生现代性的产权制度。责权利明晰的产权制度是诚信制度的根本,不管是晋商还是徽商,其产权制度缺失或明显滞后,深陷家族化陷阱,商帮的构成具有典型的宗族性,商帮管理与宗族管理高度耦合,家族公有产权的特性制约着产业的升级发展。这种产权制度是晋商、徽商早期成功的必要条件,但随着商业规模的扩大及商业活动的深入发展,家族式的管理模式和权责制度的滞后,财产权利的边界难以确立,所有权与控制权、经营权分离度很低,利益分配机制难以创新,内部激励难以获得持续动力,外部资源难以进入,其局限性显露无遗。三

---

① 刘建生、刘鹏生、燕红忠等:《明清晋商制度变迁研究》,太原:山西人民出版社2005年版,第246页。

② 沈永福:《德性、制度与利益——传统诚信运行的三个路向》,载北京市社会科学联合会、北京师范大学组编:《中国梦:教育变革与人的素质提升》(上),北京:北京师范大学出版社2013年版,第391页。

③ 刘道胜:《明清徽州宗族文书研究》,合肥:安徽人民出版社2008年版,第351页。

④ 刘道胜:《明清徽州宗族文书研究》,合肥:安徽人民出版社2008年版,第357页。

是缺乏建立在契约精神上的现代诚信制度。现代诚信制度肇始于近代西方以商业诚信观和西方契约信用文化为基础的制度,与中国传统诚信文化相比,西方商业诚信制度更多的是强调法律约定的确定性,维护商业交往行为的正常运行。而晋商、徽商主要以"人情信任心理和人情道德的自为调节功能"[①]为主,缺乏独立于交易双方而且被双方认可的第三方机构,没有对交易活动进行仲裁、评价、监管及惩处的常设外部力量,更不可能有成熟的市场运作和监管机制。因此,纵使晋商有票行天下般的红火,晋商商帮有抱团取火般的协力,徽商有富可敌国般的荣耀,但制度化的缺陷是其自身所无法解决的阿喀琉斯之踵。在西方制度化诚信逐步建立乃至日益成熟的时代背景下,在中国风云裂变的社会变局中,传统商帮必然摆脱不了与法治社会、市场经济时代断裂的命运而走向衰微。

(沈永福、邹柔桑,原载于《中国人民大学学报》2017年第5期)

---

① 王淑芹等:《信用伦理研究》,北京:中央编译出版社2005年版,第136页。

第五部分
道德资本与其他道德问题

　　道德资本理论是伴随着各种道德理论的发展而发展起来的。在当代中国,科学发展的伦理问题、公民社会的伦理问题、经济生活的伦理问题以及生态环境的伦理问题,都是影响中国社会发展的重要道德问题。

马克思、恩格斯的道德观：
历史唯物主义、价值规律与研究类型

马克思主义与道德的关系是马克思主义史上频频产生争议的重大问题。这意味着，在马克思主义改造世界的过程中，社会和历史对马克思主义理论不断提出了伦理学上的要求。发展马克思主义伦理学，应当从历史唯物主义的角度理解马克思、恩格斯的道德观，从现代经济生活条件中依据价值规律深入研究道德问题。这也是马克思、恩格斯在文本中指明的方法和路径。发展马克思主义伦理学，需要不断丰富和完备研究类型，更为全面系统地发挥伦理学面向问题、面向行动、面向创新的知识功能。

一、对历史的回顾

众所周知，马克思、恩格斯在世时，不仅避谈道德问题，甚至还表现出对道德的抵制和不屑，以至于有不少西方学者认为他们是"反道德论者"。虽然也有不少学者为马克思、恩格斯辩护，认为他们不谈道德问题，只是因为研究兴趣和论辩主题所致。但无论如何，至少马克思、恩格斯在世的时候，基本没有人认为他们在伦理学上有特别的建树。恩格斯在《反杜林论》中的表述就是对马克思主义道德观的定论。然而，马克思、恩格斯或许万万没想到，在他们身后，马克思主义与道德的关系成了一个纷争不断、悬而未决的难题。

恩格斯逝世不久，伯恩斯坦就开始质疑科学社会主义，认为社会主义的最终目的只是乌托邦，社会民主党的主要任务是促进"工人阶级本身智力和道德成熟"的运动，而运动的目的和口号就是"回到康德去"的"伦理社会主义"[①]。伯恩斯坦的言论在德国社会民主党内引起了轩然大波。作为党内"正统马克思主义"首席理论家，考茨基与伯恩斯坦的修正主义展开了论战。为此，他还

---

① ［德］爱德华·伯恩斯坦：《伯恩施坦文选》，殷叙彝编，北京：人民出版社2008年版，第314—336页。

专门写了本名为《伦理学与唯物史观》的书，用机械决定论和功利主义解释马克思主义的"科学"道德观。不过，由于他的理论水平有限，伯恩斯坦最终并没有被彻底驳倒。现在看来，考茨基和伯恩斯坦的争论具有某种历史意义。它隐含着对马克思主义理论两种不同的理解路径：一种是意识哲学的方式，一种是科学理论的方式。而这两种方式的分野，从某种意义上讲，就是后来的"西方马克思主义"在人道主义和科学主义上的分野，而这两种方式的分野，恰恰是由对道德问题的争议引发的。

20世纪30年代前后，一些丢失的马克思的手稿被意外地发现，其中包括著名的《1844年经济学哲学手稿》。这份手稿的问世对"西方马克思主义"产生了重要影响，特别是手稿中浓墨重彩的异化概念。与此同时，研究黑格尔哲学的兴趣在世界范围内开始不同程度地升温，从而使黑格尔的"辩证法"和"异化"概念以黑格尔的方式推动了对马克思相关概念的发掘与探索。① 其结果就是对马克思意识哲学的开发，重新定义主体在马克思主义中的地位和作用。这种理论方式就是人道主义的（Humanist）或批判的（Critical）马克思主义。德国的法兰克福学派和法国的存在主义是其代表。虽然这种意识哲学并未冠以道德的名义，但在异化概念和批判理论中显然隐含着道德判断。因此，从某种意义上讲，人道主义的或批判的马克思主义必定是与伦理相关的。然而，作为科学主义马克思主义的一支，结构主义的马克思主义对这种理论方式进行了激烈的批判。其代表人物阿尔都塞旗帜鲜明地提出"马克思主义是理论上的反人道主义"，认为包括道德观念在内的主体意识只能是对客观事实的体验和感受，不能作为科学成分融入马克思主义理论。

20世纪50—60年代，正当结构主义马克思主义和存在主义马克思主义在西欧论战的时候。赫鲁晓夫在苏共二十大上全盘否定斯大林，提出社会主义发展要更多地体现"人道主义的一面"。这个重大的历史事件对世界社会主义运动产生了深远的影响。它不仅作为反面教材声援了在西欧被热烈讨论的人道主义马克思主义，而且以人道主义实践为核心的东欧"新马克思主义"（Neo-Marxism）也应运而生。

苏共二十大事件也震动了英美。英国共产党著名理论家汤普森立即做出反应，提出了"社会主义人道主义"的口号，认为社会主义的发展不能"忽略人

---

① David McLellan: Then and Now: Marx and Marxism, Political Studies, 1999, 47(5), pp 955 - 966.

的思想和道德态度在创造历史过程中所发挥的作用"①。作为"社会主义人道主义"最重要的支持者之一,时为英国共产党员的著名伦理学家麦金泰尔为这个概念提供了系统的证明。他结合马克思的早期文本,运用亚里士多德伦理学的功能论证,强调把道德上的应该和个体欲望联系起来,统一在人们创造自己历史的活动中,引导社会主义未来的发展方向。不难看出,这也是一种基于主体意识哲学的论证方式。

20世纪70年代以后,西方世界的马克思主义研究中心开始从欧陆向英美转移。伴随着西方政治哲学研究的复兴,对马克思主义道德观的讨论再次成为研究的热点和争议的中心。区别于早期欧陆学者的意识哲学路径,英美学者大多是在当代政治哲学的框架内讨论马克思主义与道德的关系。因此,他们的讨论和意识哲学无关,并且拒斥意识哲学中源自黑格尔的辩证法和整体主义。他们采用分析的政治哲学方法重建马克思的道德观或道德理论,试图为后资本主义社会的制度安排提供规范性论证。这就是"分析的马克思主义"。但它的反对者认为,试图用传统的或当代的政治理论重建马克思主义是完全无效的,因为马克思的政治理论是对两种主要的政治哲学的批判:批判以正义作为社会制度第一美德的政治哲学主题(如罗尔斯);批判以尊重权利所有者的个体权利为第一美德的政治哲学主题(如诺齐克)。②

历史地看,无论是早期的意识哲学,还是当代的政治哲学,都是研究者运用马克思主义回应不同历史时期新问题的结果。值得注意的是,道德总是作为一个重要的部分出现在这些回应中,甚至作为主要的应对方案。这就给我们提出了一个问题:在批判资本主义社会、发展社会主义社会的历史进程中,道德究竟发挥着怎样的作用?

二、历史唯物主义与道德情境主义

尼尔森在《马克思主义与道德观——道德、意识形态与历史唯物主义》一书中认为,我们对马克思主义道德观的理解应当结合历史唯物主义,应当和传统的对道德形而上的理解区分开来。为此,他区分了三种对道德的提问方式:

---

① 张亮、熊婴:《伦理、文化与社会主义——英国新左派早期思想读本》,南京:江苏人民出版社2013年版,第6页。

② Buchanan, Allen E: Marx and Justice: the Radical Critique of Liberalism, London: Methuen, 1982, pp 50-60.

本体论的提问方式为"道德是什么?";认识论的提问方式为"什么是对的,什么是错的?";而道德社会学的提问方式为"在阶级社会中,道德的典型功能是什么?"。在尼尔森看来,马克思主义伦理学作为历史唯物主义的内在部分,其基础只能是道德社会学。道德学说的研究应该被纳入社会学研究中去,从社会学的角度思考历史唯物主义与道德学说的关系,以历史唯物主义的性质规定道德的本质、作用和社会功能。这样一来,马克思主义伦理学就会免于落入传统的以哲学本体论的研究对象和以认识论的研究对象来规定道德学说研究对象的窠臼。因而也就使道德学说摆脱了形而上学的纠缠和判断是非、对错的反映论的泥潭,从而区别于相对主义,包括文化相对主义(Cultural Relativism)、伦理相对主义(Ethical Relativism)、元伦理的相对主义(Meta-ethical Relativism)、概念的相对主义(Conceptual Relativism),以及伦理怀疑论(Ethical Skepticism)和伦理虚无主义(Ethical Nihilism)。基于此,尼尔森认为,马克思主义的道德学说是某种情境主义(Contextualism)。[①]

尼尔森对道德情境主义的解释是:"道德上被需要的,几乎没有例外地伴随着情境的变化而变化着某种值得考虑的衡量方式。情境主义并不认为对错或好坏取决于某人的态度、许诺或某人将接受的无论什么可普遍化的原则,而是在某种值得考虑的衡量方式中,取决于人们发现自身所处的客观情形。因此,情境主义不是任何形式的相对主义,因为对错或好坏并不取决于某人、某种文化、某个阶级、某种不可名状的事物所相信是正确的那样,也不取决于每个人是如何概念化事物或每个人会接受何种正当的标准。而是,对错在很大程度上取决于人们有哪些需要和人们发现自身所处的客观情形。"[②]这种情境主义的道德观是与历史唯物主义相适应的。因为"我们可以说在情境 X 中的时段 t1 上某某道德原则是正确的,在情境 Y 中的时段 t2 上某某道德原则是正确的。这些判断是普遍的并能横跨生产方式的。而且,尽管并不作要求,但历史唯物主义允许存在着从 t1 到 t2 到 t3 的理性进步过程这样的判断。在无例外的情况下(Ceteris Paribus),这种判断更有益于人类的发展,从而优于在时段 t1 上的固着状态。这显示了一种对道德的理解方式,一种看待事物的道

[①] Kai Nielsen: Marxism and the Moral Point of View: Morality, Ideology, and Historical Materialism, Boulder, Colorado: Westview Press, 1989, Introduction.

[②] Kai Nielsen: Marxism and the Moral Point of View: Morality, Ideology, and Historical Materialism, Boulder, Colorado: Westview Press, 1989, pp 39–40.

德方式。它是非相对主义的、情境主义的,与历史唯物主义相适应的"①。尼尔森认为,恩格斯在《反杜林论》中批判普遍的、永恒的、绝对的、主观的道德原则,坚持道德在相对性与绝对性上的统一,其实质就是这种情境主义道德观的体现。

的确,恩格斯在《反杜林论》的《道德和法。永恒真理》一节中就认为,阶级社会中同时存在着不同的阶级,而社会道德就是阶级道德的体现:封建贵族阶级有封建阶级道德,资产阶级有资产阶级的道德,无产阶级有无产阶级的道德。从绝对的终极性角度来说,没有一种道德是合乎真理的。而评判道德先进性的标准就看它是否代表着现状的变革、代表着未来的发展方向。对此,恩格斯总结道:"人们自觉地或不自觉地,归根到底总是从他们阶级地位所依据的实际关系中——从他们进行生产和交换的经济关系中,获得自己的伦理观念。"②

更为重要的是,阶级道德之间并非是不相关的,而是相伴相生的。在《道德和法。平等》一节中,恩格斯就说,无产阶级的平等要求"是从对资产阶级平等要求的反应中产生的,它从这种平等要求中吸取了或多或少正当的、可以进一步发展的要求,成了用资本家本身的主张发动工人起来反对资本家的鼓动手段;在这种情况下,它是和资产阶级平等本身共存亡的",而"无产阶级平等要求的实际内容都是消灭阶级的要求。任何超出这个范围的平等要求,都必然要流于荒谬"③。这意味着,作为进步道德的无产阶级道德并不超越历史,就在历史的社会之中。或者可以更为具体地说,无产阶级道德就在资产阶级道德内部作为资产阶级道德的对立面出现的。从这个角度理解,我们是否可以从矛盾的资产阶级道德中推演出无产阶级的道德要求呢?

同样是在《道德和法。平等》这一节中,恩格斯指出回答这个问题的线索:"一切人类劳动由于而且只是由于都是一般人类劳动而具有的等同性和同等意义,在现代资产阶级经济学的价值规律中得到了自己的不自觉的,但最强烈的表现,根据这一规律,商品的价值是由其中所包含的社会必要劳动来计量的。"在这句话的注脚中,恩格斯特别提到:"从资产阶级社会的经济条件中这

---

① Kai Nielsen: Marxism and the Moral Point of View: Morality, Ideology, and Historical Materialism, Boulder, Colorado: Westview Press, 1989, p 8.
② [德] 马克思、恩格斯:《马克思恩格斯文集》(第 9 卷),北京:人民出版社 2009 年版,第 99 页。
③ [德] 马克思、恩格斯:《马克思恩格斯文集》(第 9 卷),北京:人民出版社 2009 年版,第 112—113 页。

样推导出现代平等观念,首先是由马克思在《资本论》中作出的。"①这意味着,马克思、恩格斯对社会道德的理解是可以从社会的经济条件中推导出来的。更具体地说,进步道德(无产阶级道德)是可以从现存的社会经济关系的内部矛盾中推导出来的,而价值规律就是解开谜题的一把钥匙。

三、价值规律与道德观念

在《资本论》的《劳动力的买和卖》这一节中,马克思在论述完劳动力这种独特商品的价值特性和交易状况之后,突然话锋一转,谈起了自由、平等、所有权(自我所有原则)和边沁(功利主义)这些道德观念②:

"劳动力的买和卖是在流通领域或商品交换领域的界限以内进行的,这个领域确实是天赋人权的真正伊甸园。那里占统治地位的只是自由、平等、所有权和边沁。自由!因为商品例如劳动力的买者和卖者,只取决于自己的自由意志。他们是作为自由的、在法律上平等的人缔结契约的。契约是他们的意志借以得到共同的法律表现的最后结果。平等!因为他们彼此只是作为商品占有者发生关系,用等价物交换等价物。所有权!因为每一个人都只支配自己的东西。边沁!因为双方都只顾自己。使他们连在一起并发生关系的唯一力量,是他们的利己心,是他们的特殊利益,是他们的私人利益。"③

马克思说的这段话可以有两种理解:其一,他采用了某种反讽的表达方式,批判了资本主义社会在道德上虚伪的两面性:流通领域是道德上的伊甸园,是表面的道德,而生产领域是道德上的失乐园,是真实的道德场景。这是人们通常的理解方式。而我们更为关注第二种理解方式:流通领域的道德恰恰是现代道德的体现。它就是马克思从现代经济关系中推导出来的现代道德

---

① [德]马克思、恩格斯:《马克思恩格斯文集》(第9卷),北京:人民出版社2009年版,第111页。
② 有些学者并不认为自由、平等、所有权(自我所有原则)和边沁(功利主义)属于伦理的或道德的概念。参见 Allen Wood: The Marxian Critique of Justice, Philosophy and Public Affairs, vol.1, no.3, Spring 1972; Richard W Miller, Analyzing Marx: Morality, Power, and History, Princeton University, Press, Princeton, N.J. 1984. 有些学者却认为,这些概念恰恰是马克思主义道德理论的基石。参见 G. A. Cohen: Freedom, Justice and Capitalism, New Left Review, no. 126, 1981; George Brenkert: Freedom and Private Property in Karl Marx, Philosophy and Public Affairs, vol. 8, no. 2, Winter 1979; Derek P. H. Allen: The Utilitarianism of Marx and Engels, American Philosophical Quarterly, vol.10, no.3, July 1973。
③ [德]马克思、恩格斯:《马克思恩格斯文集》(第5卷),北京:人民出版社2009年版,第204—205页。

观念。正如恩格斯所指,无产阶级不仅可以从这些观念中获得"正当的、可以进一步发展的要求",还可以借由这些资本家提出的观念反过来反对资本家。我们以平等观念为例。

所谓平等,从形式上讲,就在于采取同一种尺度。在现代经济社会,在商品生产和商品交换关系中,同一的尺度就是一般人类劳动。人们可以作为商品占有者发生关系,只是因为一般人类劳动是商品交换的同一性基础,私人劳动可以通过商品交换转化为社会劳动,从而在彼此承认的交换关系中发生联系。在交换过程中,等价交换之所以是一种原则,只是因为在一般人类劳动这个同一性尺度上,人们只有通过等量劳动换取等量劳动。在马克思、恩格斯看来,平等的商品占有者之间进行等价交换,这是资产阶级政治经济学研究的前提和原则之一。但资产阶级政治经济学并没有说清楚这一前提是如何产生的、这一原则为什么会成为商品交换的原则。马克思在《资本论》的《商品章》中对价值理论的研究就是对这个问题的回答。商品、货币、使用价值、交换价值、价值、相对价值形式、等价形式等,这些概念或范畴背后体现的是人类劳动在交换过程中的不同方式和形式。他们彼此之间纷繁复杂的关系只不过是劳动交换关系通过物并在物的层面体现的关系,但却被物的关系所掩盖。更为重要的是,在商品从简单价值形式到扩大价值形式再到一般价值形式的发展过程中,隐含着人类通过互相承认有用劳动建立平等关系的内在要求。而作为一般等价物的商品即货币,既在一定程度上推动了这一趋势,又在另一方面作为这个社会的异己的存在物控制着这一趋势。这就是恩格斯所说的现代资产阶级经济学"不能自觉"的地方。

因此,我们完全可以从流通领域得到如下推论:(1)如果等量劳动只有和等量劳动进行交换才是平等的,那么等量劳动就应当获取等量劳动作为回报,其衡量标准是社会必要劳动时间,即对等原则。不平等意味着,等量劳动没有获得等量回报,交换不是发生在等量劳动之间。这里有一个问题是:无论社会必要劳动时间是否能够精准地衡量等量劳动,用劳动换取劳动是对平等的质的规定。(2)在生产领域,工人的等量劳动并没有获得等量回报,因此工人受到了剥削。以往,人们习惯于把流通领域和生产领域分开,在生产领域用"自我所有原则"评价剥削问题。尽管"自我所有原则"也可以从某种意义上用来批评剥削:因工人生产的东西不属于自己而受到剥削。但"自我所有原则"拥有强烈的个体主义趋向,因此不能完全区分它和自由至上主义的关系。这里的关键在于,工人所有的东西和工人生产的东西是两个不同的概念,所有是工人的私有，而工人生产的东西是被社会认可转化为社会劳动的东西，只有在社会劳动的同一性尺度上才能加以评判。(3)根据等量劳动换取等量劳动的平等原则，一个人只能用自己的等量劳动进行等量交换。如果他用不是出于自己劳动的产物进行交换，哪怕交换是等量的，这种交换也是不正当的。换句话说，等量劳动交换原则还可以用来批评私有制。因为私有制从本质上说是对不完全属于个人的劳动产物的私人占有。

显然，平等的商品占有者之间进行等价交换这条原则，既是资本主义社会在流通领域的现实，也是资产阶级社会推崇的观念。但正是在这样的观念中，我们可以通过吸取合理的成分、正当的要求来进一步发展。而其中的关键就在于马克思对价值规律的阐发。在这里，现代经济关系及其内涵的平等观念是现实存在的，它们之所以成为现实，是因为价值规律使然。而正因为价值规律的作用，现代经济关系及其内涵的平等观念又必将朝着对立面变化发展，产生新的现实。正如恩格斯对黑格尔那句名言的反向理解：凡是现实的，都是有理性的，凡是有理性的，都是现实。

四、道德观念与研究类型

正如上文尼尔森的观点，马克思主义显然是把道德在阶级社会中的功能看作是道德的本质。这意味着，道德没有自己的独立本质和历史，因此，道德也就没有所谓的本体论和形而上学。马克思主义的道德观应该建立在道德社会学的基础上。与尼尔森持一样观点的胡萨米也认为，道德社会学是历史唯物主义的一部分。它在历史观察中为道德观的社会起源提供理由。在马克思那里，说明一种规范，必须明确(1)它在生产方式中是如何产生的；(2)它是如何在那个社会中与社会阶级相适应的。从而，强调马克思的道德社会学需要注意两个重要的方面：(1)包括道德观在内的上层建筑的各要素不是附带现象的(Epiphe-nomenal)。马克思的有关自我实现、人道主义、共同体、自由、平等、正义等规范不能仅仅因为他们在资本主义条件下缺乏相应的制度框架就可以被归结为无意义(Insignificance)。这些规范在转变无产阶级意识的过程中担负着某种批判的功能，它们赋予这种功能以否定的力量并促使革命变革。(2)尽管马克思并没有明确地处理那些观念和价值的社会起源与它们的真理(Truth)、有效性(Validity)、道德可欲性(Desira-bility)之间的关系，然而他的理论实践清晰地显示他并没有把两者混淆起来。从而，在马克思看来，一种理论能否被接受必须通过理性的论证来解决。典型地，马克思是在探索一种理论的逻辑力量,也就是它的前提假设与结果以及它对被观察到的相关现象的充分说明。①

但是,胡萨米在提醒我们注意的第二个方面实际上超出了道德社会学的领域。的确,道德社会学是历史唯物主义的一部分,是对道德的起源、基础和演变的社会学解释。但观念和价值的真理性、有效性和道德可欲性不全都来自道德社会学。这里有两点值得注意:(1)道德的可欲性涉及道德主体的心理学问题。而心理现象的发生机制有其特有的内在规律。这属于道德心理学的研究领域,不能完全划到道德社会学中去。而在这一点上,马克思、恩格斯是没有涉及的。当然,这主要因为在他们所处的时代,心理学研究还基本处于空白状态。这一点其实被西方马克思主义所关注。法兰克福学派就曾经用心理分析的方法进行马克思主义研究。萨特说马克思主义中存在"人学空场",实际上也是意识到马克思主义理论体系中对个体意识研究的缺位。只不过他是用一种意识哲学而非心理学来补位。理解现代社会的道德事件、行为和状况,需要结合道德在心理层面和社会层面的交互作用。而且,随着现代社会关系越来越复杂,变动越来越激烈,受这些关系的影响,人的心理意识会越来越敏感。科学地分析这些心理意识会加深人们对社会现象的理解。(2)道德社会学和道德心理学不能替代哲学意义上的规范伦理学。但这里所指的哲学,并不是形而上学意义上的哲学,而是作为方法论和思维方式的哲学。对道德现象的社会学分析和心理学分析不可能自动得出规范分析。因此,作为哲学的规范伦理学需要借助从社会学和心理学中得来的经验分析进行判断。它不仅要引导人们的行为,给人们判断对错是非提供理由,还要为一定社会的制度安排提供规范性依据。从后一个层面上讲,马克思主义伦理学也包含政治哲学的部分。但现代政治哲学在自然状态条件下通过理性设计方法研究规范原则的方式显然与马克思主义强调对社会的实证分析格格不入。因此,政治哲学在马克思主义伦理学中不能作为基础的研究类型。

在西方思想史上,黑格尔对人类善恶问题做出了迄今为止最为系统的研究。他在《法哲学体系》中构建了一个庞大的体系,构造并演绎了从抽象法(自然权利)上升到道德法(善恶主观形式的法)再到伦理法(自在自为的善恶法)的三种法的递进形式,不仅把个体和共同体通过这种法的形式有机结合起来,还层层分析了三个伦理共同体(家庭、市民社会和国家)的内在发展关系,几乎涉及所有善恶问题的领域、方面和环节。撇开黑格尔用自我意识哲学构造这

---

① Z I Husami: Marx on Distributive Justice, Philosophy and Public Affairs, 1978, 8(1), pp 27-64.

一体系的弊端不说,他的这个体系对理解人类善恶问题的整全性具有极大的启发价值和历史意义。

20世纪80年代,前苏联伦理学家阿尔汉格尔斯基曾经制定了一个马克思主义伦理学研究的类型框架。他在《马克思主义伦理学的对象、结构和基本方面》中指出,马克思主义伦理学研究的基本对象是善恶辩证法。它的知识体系的结构是:以哲学为基础涵盖哲学心理学问题、规范伦理学问题、伦理学的社会学问题、应用伦理学研究四个方面。现在看来,这个体系结构仍不过时。不过,对于马克思主义伦理学来说,把善恶辩证法作为研究的基本对象似乎不能充分体现这门学科偏实证性的特点,从这个意义上讲,罗国杰教授提出的道德现象更为贴切。

总之,马克思主义伦理学是一种仍在建构和完善中的新型伦理学。它没有现成的理论体系和研究方法,需要后继者深入研究并不断开发。更为重要的是,马克思主义伦理学需要根据不同的时代精神和社会不同发展阶段的要求不断调整面向问题、面向行动的知识更新节奏,更多地发挥应有的社会功能。

(张霄,原载于《湖南师范大学社会科学学报》2018年第1期)

劳动关系伦理的提出及其价值旨归

制度规范(尤其是法律制度规范)与道德规范是当今社会对个体行为的基本约制手段。社会中的个体无论作为经济个体、政治个体、法律个体以及道德个体等,都要受到特定社会规范的制约和调节,从而确保社会在一定张力范围内完成既定的社会规划和社会目标。本文即从道德规范的角度探讨劳动过程中劳动关系的伦理之维,从市场经济条件下劳动关系的内在本性入手,对劳动关系提出价值评价和道德规范要求,以期对我国现有社会主义市场经济条件下的劳动关系进行伦理反思,对劳动关系调整以及和谐劳动关系构建提供理论观照。

一

人是关系的存在物。在人的所有关系中,劳动关系是人与人之间的最基本的交往关系,是人类社会经济生活中处于核心地位的综合性范畴,同时也是人的道德关系的基础。在西方社会,它又称"劳资关系""产业关系"。在我国社会主义市场经济条件下,通常只称劳动关系。

作为一种社会经济关系,劳动关系是由处在一定社会环境中的个人及其群体组成的复杂社会系统。从根本上来看,劳动关系是人们为了进行社会劳动而结成的相互关系,它是两大基本生产要素——劳动力和生产资料相结合的产物。劳动关系的主体就是两大基本生产要素的所有者,即劳动者和生产资料所有者。当生产资料的所有者是国家时,劳动关系表现为劳动者与国家、集体的关系;当生产资料的所有者是私人时,劳动关系表现为劳动者与资本所有者的关系。我国《劳动法》中对劳动关系也有明确定义,它是指用人单位如国家机关、事业单位、社会团体、个体经济组织和企业与劳动者在劳动过程中发生的关系。它体现了以劳动者为本位的法理思考,兼具有人身关系和财产关系的性质。从内涵上来看,劳动关系主要包括劳动者之间的关系、劳动者与劳动对象之间的关系、劳动者与劳动资料之间的关系、劳动者与劳动成果之间的关系等等。其中,占主导地位的是劳动者与生产资料所有者之间的关系。劳动者与劳动者之间的关系,主要表现为同一劳动集体中人与人之间的分工、协作关系以及与之相关的利益关系;劳动者与劳动对象之间的关系表现为人与自然物的关系;劳动者与劳动资料之间的关系,主要指劳动者与劳动工具、劳动环境等的关系;劳动者与劳动成果之间的关系,既涉及劳动者对个人消费品的分配关系,又包括劳动者与消费者之间的关系。在现实的劳动关系中,由于牵涉到了人与人、人与社会、人与自然的多重关系的交互作用和影响,这使得对劳动关系的把握也需要多角度和多视角,但其关注的核心始终是作为主体的人在其中的地位和作用。劳动关系作为人与人之间的一种最基本的社会关系,它不仅是一种经济关系、法律关系,同时也是一种伦理关系。作为劳动主体的人是具有一定伦理道德观念的人,因此许多劳动关系中的具体问题、具体标准的争论实则关联着的是对公平、公正等伦理原则和规范的争论。劳动关系伦理就是在劳动关系中体现的伦理道德,它是在劳动关系领域,主要以劳动关系双方内心信念为基础,调整劳动关系双方相互关系的行为准则和规范。劳动关系的伦理规约是一般伦理道德观念在劳动关系系统中的具体体现,它的形成是基于各相关劳动关系双方通过多方协商而达成的"道德共识"。同其他一切伦理道德规范一样,劳动关系伦理一旦形成,就会对劳动过程起到引导和规范作用。由于劳动关系伦理不是超越于社会之上的特殊伦理道德,所以,它的状况如何直接与社会整体的伦理道德状况密切相关。也就是说,当社会整体的伦理道德状况较好时,劳动关系伦理往往表现较好;反之,当社会的整体伦理道德状况较差时,劳动关系伦理往往表现较差。当然,这并不排除在社会整体的伦理道德状况较好时,局部的劳动关系伦理较差;在社会整体的伦理道德状况较差时,局部的劳动关系伦理较好。反过来,劳动关系伦理的状况如何,也反映着整个社会的伦理道德状况。由此可见,劳动关系不只是一种纯粹的经济关系,同时也是一种道德关系。只有把劳动关系既当成一种经济关系,又当成一种道德关系来看,才能在全面理解和把握劳动关系的基础上建立起合理的劳动关系。

我国目前劳动关系伦理的提出是与劳动关系上存在的诸多问题密切相关的。由于这些问题的存在,使得我们必须重视和加强劳动关系伦理的研究,努力建立起和谐的劳动关系,为市场经济的发展提供有力保障。由于我国的计划经济向市场经济的转接是在一个特殊社会条件和特定历史背景下进行的,因此所遭遇到的问题和困难也就更多。随着市场经济体制在我国的逐步建立和发展,带来了许多新的问题和新的挑战,经济生活中的劳动关系也发生着深刻的变化。主要表现在:经济增长未带来较多的就业增长,下岗和农村劳动力转移等方面积累的就业问题未得到大的改善;劳动者整体素质偏低;劳动力市场建设不完善,就业扶持政策与在部分地区落实程度不够,就业服务体系建设滞后,再就业资金紧张;居民过高的就业心理预期未得到合理的引导等等。① 在计划经济体制下,我国的劳动关系总体是稳定的,其根本原因是在计划经济体制下企业没有自主权,管理者没有法人代表权,劳动者没有对自身劳动力的所有权和支配权,所有权力都掌握在政府手中。但是计划经济体制下劳动关系的这种和谐稳定是以牺牲效率为代价的,这与社会主义的终极追求又是不相吻合的,所以进行以建立市场经济体制为目标的经济改革势在必行。随着我国新的市场经济体制的逐步建立,劳动关系利益主体之间的矛盾与冲突日益显露出来,劳动关系中的不稳定、不协调的因素呈增长趋势,劳动争议数量逐年攀升,劳动关系问题已不得不引起人们的高度重视。如何化解和协调这些矛盾与冲突,实现劳动关系的稳定与和谐,成为我们在发展中不可回避的问题。这一问题的解决关系着改革和整个社会经济生活的健康发展,也关系着社会的稳定和人民生活的幸福。因此,加强对劳动关系伦理研究,提高社会各界及劳动关系主体各方对这一问题的重要性的认识和运作上的自觉性,构建和谐劳动关系,这对于社会改革、稳定和发展都具有极其重要的意义。

劳动关系的特性及其协调方式不仅受到经济体制的影响和制约,同时还受到来自系统内部诸要素的影响和制约,包括人的品德素质、思想观念、行为方式等等。说到底,劳动关系不是物与物的关系,而是人与人的关系。劳工问题的解决,劳动关系的协调不仅有赖于系统组织、有效管理和经济决策,而且有赖于伦理道德的有效运用。目前我国劳动关系在宏观上主要是依靠政策的调整和扶持,微观上依靠劳动关系双方权利义务的约定来维持。但我国的劳动关系还不够稳定,具有很大的变动性。导致劳动关系不稳定的因素主要有:就业压力大,劳动力总体供过于求,劳动力资源分布不均匀,劳动者素质不高、技术缺乏等。正因为如此,有学者主张社会公众达成共识的公平、公正、效率的伦理原则必然成为调节劳动关系的法律、制度和规则的最深层次的价值观。② 针对

---

① 劳动和社会保障部规划财务司:《劳动和社会保障事业发展"十一五"规划战略研究》,北京:中国劳动社会保障出版社2005年版,第116页。

② 谢卫东:《浅谈伦理价值与劳动关系之和谐》,载《上海工会管理干部学院学报:工会理论研究》2004年第4期。

我国当前劳动关系的现状,劳动关系伦理首先就表现在对劳动关系的合理而有效的保障上,而这又通过劳动合同集中体现出来。由劳动合同的确立形成劳动双方的利益关系是市场经济的一个重要特征。在我国由计划经济向市场经济的转变过程中,劳动关系也实现了向市场化转变,劳动者从"身份型"的固定工变为"契约型"的合同工,其实质是用人单位和劳动者双方彼此的权利和义务都通过劳动合同加以规定。然而,劳动合同的签订还只是完成了第一步,更为重要的是劳动关系主体双方对劳动合同的履行。在劳动合同的履行中讲究信用,履行诺言,既是最基本的道德要求,也是劳动关系双方各自的义务和责任。不仅如此,"由于个人不违反规定和不侵犯产权——甚至当私人的成本——收益计算会使这样的行为合算时——这一简单的事实,规则和产权的执行费用就会大大减少。……劳动会勤勤恳恳,管理会兢兢业业;契约就会像在法律上那样,同样在精神上受到尊重"①。可见,用人单位和劳动者在双方自愿的前提下,签订公平合理的劳动合同,并且自觉履行这一合同,对于建立良好的劳动关系具有举足轻重的作用。这对于劳动关系伦理建设来说也意义重大。就我国目前的市场现状而言,作为强势群体一方的企业能否自觉与作为弱势群体一方的劳动者签订并履行劳动合同,在劳动合同的签订过程中能否切实保障劳动者的合法权益,直接关系到劳动关系的和谐与稳定。为了更能体现劳动关系主体双方的公正和平等,目前在一些地区开始试行由企业、劳动者和工会参与签订的三方集体合同,从而更大程度地维护劳动者的合法权益不受侵犯,这在一定程度上缓解了劳动关系主体双方的紧张关系。

二

劳动关系伦理有着深厚的学理基础。一方面,现代市场经济条件下劳动关系伦理的分析逻辑经历了由主观逻辑到客观逻辑、异化反思逻辑到实践革命逻辑的转变。在欧洲近代哲学中黑格尔确立了哲学上的异化反思逻辑,开辟了一条理论上的社会批判路径。他从自满自足的绝对理念出发,借助异化概念,说明了主体到客体再到主体的否定之否定的发展过程。实际上,黑格尔通过绝对观念确立了理性至上法则,现实的一切都要接受理性的拷问,并通过

---

① [美]道格拉斯·C.诺思:《经济史中的结构与变迁》,陈郁、罗华平等译,上海:上海三联书店1994年版,第59页。

与完满精神的比较,反观自身的不足,接受理性的批判,这样一来,绝对观念就成了至高无上的神和他的社会批判原动力。在黑格尔之后,在他的异化反思逻辑框架下,费尔巴哈、鲍威尔以及赫斯等人分别揭示了宗教异化、政治异化和金钱异化等社会现象,对社会生活中的各种社会关系展开全面的分析批判。在此基础上,马克思进一步将异化理论推进到了对私有制条件下的社会劳动的分析,从而形成了异化劳动理论。与黑格尔从绝对理念出发不同,马克思的出发点是人的类本质,即自由自觉的活动,这是他对现实进行反思的理论依据。尽管马克思没有超出异化反思逻辑的框架,但是,他从以绝对观念为出发点的黑格尔的思辨哲学转向了以人为出发点的费尔巴哈的人本主义,完成了对社会劳动的独特分析,揭示了人与人之间的异化关系。通过对劳动异化即人同劳动产品、劳动、类本质以及人的异化的分析,马克思得出结论:"不是神也不是自然界,只有人自身才能成为统治人的异己力量。"①劳动异化说到底是人的异化,是人作为异己的力量对人的统治,它的根源在于生产资料私有制。不过,正如马克思所说,这种从理性出发的德国式的批判从来没有离开过哲学的基地,正因为如此,它也只能诉诸理论的批判,而不是实践的改造。在马克思确立了唯物史观之后,他从有生命的个人存在出发,确认了生产劳动在人的生存和发展中的基础地位,从而形成了他的实践革命逻辑。他将对道德等问题的考察始终奠基在现实的基础而不是理性基础上,指出:道德、宗教、形而上学和其他意识形态"它们没有历史,没有发展,而发展着自己的物质生产和物质交往的人们,在改变自己的这个现实的同时也改变着自己的思维和思维的产物"。② 这样一来,道德问题的产生和解决都具有现实的根基,它归根结底取决于生产的发展状况和要求。基于此,马克思把资本主义社会看成是一个物役性社会,资本家和工人的关系体现着资本和雇佣劳动的关系,资本家是资本的人格化,工人是雇佣劳动的人格化,他们分别执行着资本和雇佣劳动的职能。这意味着资本家和工人之间的劳动关系的状况不是取决于人们理想化的设计,而是取决于劳动关系的性质以及这种劳动关系所依托的社会发展状况。劳动关系伦理的生发和改造,离不开社会生产的发展和改变。在异化反思逻辑下,劳动关系伦理体现的是理性的意愿和要求;而在实践革命逻辑下,劳动关系伦理体现的是社会生产的发展要求。劳动关系伦

---

① [德]马克思、恩格斯:《马克思恩格斯文集》(第1卷),北京:人民出版社2009年版,第165页。
② [德]马克思、恩格斯:《马克思恩格斯文集》(第1卷),北京:人民出版社2009年版,第525页。

理在根本上体现人对人的尊重,在劳动者身上体现社会的公平公正,但只有在与现实而不是人的理性结合时,它才具有真实的意义,才能得到合理的解释和建构。

另一方面,劳动关系伦理的提出是基于经济学与伦理学结合的知识合法性预设。倘若经济学与伦理学是两个彼此完全独立不可通约的知识领域,那么,劳动关系伦理也就无从谈起。从知识论的角度看,经济学与伦理学的结合既具有必要性也具有可能性。在必要性上讲,目前的经济学是顺应市场经济需求的经济学,一方面它积极寻求着实现资源有效配置,提高经济效益的有效途径和方法,为市场经济提供技术支撑;另一方面它又在尊奉利益最大化的基本原则下,为财富创造和攫取提供理论依据。然而,由于市场经济活动过程中的主体始终是人,因而任何技术支撑都不足以保证市场经济的顺利运行。从作为主体存在的人来看,道义支撑是必不可少的。这不仅因为市场经济以其创造的巨量财富给现实世界中社会以及个人生活造成了巨大冲击,更为重要的是它还引起了人们精神世界的强烈震撼甚至颠覆。在市场经济条件下,金钱成为推动社会发展的动力以及衡量一切的尺度,人们越来越追求工具价值,而使内在价值边缘化。这不仅会使市场经济慢慢失去活力,而且也使个人精神世界面临贫乏、空虚的危险,从而从根本上削弱经济增长的意义和价值。概言之,就现状来看,市场经济是建立在金钱基础上的竞争经济,它以财富增长为目的,其现实寻求远远大于意义寻求。它只能部分地满足人的需要和发展,其本身带有制度和道义上的缺陷和不足。在可能性上讲,经济学和伦理学尽管具有不同的知识结构、服从不同的思维逻辑,但这并不表明经济学与伦理学之间不能具有相互通约性。如果不是简单地囿于知识的门类之见,我们就不难发现,从社会的宏观意义上,经济学始终是人的经济学,伦理学始终是人的伦理学,它们最终都服从于人的需要和目的,并在此层面上达成一致。否则,游离于人之外的经济学也就不成其为经济学,游离于人之外的伦理学也不成其为伦理学。关于这一点,西方思想家们也为我们提供了佐证。例如德国当代著名学者科斯洛夫斯基在《经济伦理学原理》一书中相对于"经济资本(oeknomischeskapital)"提出了"道德资本(ethischeskapital)"的概念,用以说明经济学必须具有道德的前提,在经济学中要实现与伦理学的契合。1998年诺贝尔经济学奖获得者阿马蒂亚·森则在《伦理学与经济学》一书中也试图在伦理学和经济学之间寻求结合点。他说:"经济学是否应该与伦理学有更多的联系,却不能根据这些事情是否容易做到而定,而要看这样做是否值得。我已经指出,可以期望得到的回报是相当大的。"①正是因为经济学与伦理学之间内在结合的需要,所以,对劳动关系的伦理考量是其双方相互结合的题中应有之意。

从劳动关系伦理的现实基础来看,作为后发的现代化国家,我国的市场经济是在计划经济存在种种弊端情况下的一种自救行为,无论社会还是个人,本身都缺乏足够的物质和精神准备,它由此所带来的人与人之间关系的紧张以及精神的空虚就更为明显。基于此,我国的市场经济对于道德规范和道德标准的要求也就更为急迫和严峻。就劳动关系伦理而言,一方面从国际形势来看,保障劳动者权益,实现体面劳动,已成为全球化时代的普适伦理。在1995年世界首脑会议上,首先提出了劳工标准概念。在其后的1998年国际劳工大会上,国际劳工组织通过了《国际劳工组织关于工作中基本原则和权利宣言及其后续措施》,进一步将劳工标准称为"工人的基本权利",对劳动者人身权益、健康安全、就业机会等作了明确要求,并对用工中违反伦理的情况作了具体规定。另一方面我国目前的劳动关系尽管出现了市场化、法制化和国际化等新特点,但在劳动关系上仍然存在一些亟待解决的问题,主要表现在:第一,劳动者就业压力大、劳动标准(工资、工时、劳动安全卫生、福利、社会保障)不规范,部分劳动者生活贫困,变成城市贫困户;劳动力供过于求,劳动者处于弱势地位,劳动者权益受侵害现象增多。第二,企业改革后经营者权威强化,对企业资源的占有支配加强,而工人却失去了这种支配权利。第三,公有制企业改制过程中职工利益难以保障,下岗职工非正规就业多,社会公平失衡。第四,劳动者享受的社会保障程度低,社会困难群体数量扩大等。究其原因,既有企业或部门不能很好履行自身职责,工会难以正常发挥作用,职工权益难以得到有效维护,也有政府政策的不完善,劳动法律法规不健全,现行的劳动关系协调机制缺乏完备的制度规范,等等。凡此种种,都说明在我国目前的劳动关系中还存在着不少不尽如人意的地方,尤其是在劳动关系上表现出的伦理道德缺失现象,更应引起我们足够的关注。对劳动关系的伦理考量,正是基于道德对劳动关系调节的合理预期。正如涂尔干所说:"把道德引入劳动关系的领域,遏止了个人利己主义的膨胀,培植了劳动者对团结互助的极大热情,防止了工业和商业关系中强权法权法则的肆意横行。"②可见,在市场经济条件下,作为

---

① [印]阿马蒂亚·森:《伦理学与经济学》,王宇、王文玉译,北京:商务印书馆2000年版,第89页。

② [法]埃米尔·涂尔干:《社会分工论》,渠东译,北京:生活·读书·新知三联书店2008年版,第22页。

一种调节手段，道德不失为一种行之有效的保障和促进因素。而在社会主义市场经济条件下，一种合理劳动关系的形成，也需要有道德理性的主动介入和引领。劳动关系伦理不是建构符合理性设计的理想劳动关系模式，而是寻求符合现实需要的合理劳动关系，目的是为了真正体现对劳动者劳动权利的尊重，从而保证经济的良性发展。

三

劳动关系伦理建设是一个长期持续的过程。就目前而言，我国劳动关系伦理建设还处于初创阶段，它以建立和谐劳动关系为旨归，目的是保证劳动关系的稳定性。具体而言，构建和谐劳动关系就是使劳动关系双方达到和谐稳定状态，使生产要素达到优化组合，资源达到合理配置，促进社会经济发展，有利于社会稳定和个人幸福的获得。和谐劳动关系的建立需要社会提供和谐环境以及制度保障，而建设和谐社会也需要以和谐劳动关系为基石。建立和谐劳动关系既是劳动关系伦理的实践指向，又是和谐社会的基本要求。

社会主义和谐劳动关系理论是建立在中国特色社会主义市场经济劳动关系基础之上的劳动关系理论。在对和谐劳动关系的认识上，内含着权利和义务关系、劳动关系和主体的利益诉求以及公平正义等要求。总地来说，和谐劳动关系是以协调稳定为基本要求，它追求的是互利共赢的格局，以多方合作为主要特征，以公平正义为基本原则，主张推动劳动关系的建立、运行、监督、协调等方面规范有序、运转顺畅、公正合理、稳定协调以及和谐发展。它具有劳动者的权益得到有效保障，劳动关系主体双方责权明确，权利和义务对等，职工与企业互利共赢，公平和效率相统一等特征。和谐劳动关系要求企业不能一味追求效率和速度，而是在市场竞争和利益差异中积极寻求和谐，为企业发展提供长期有效的内在动力和保证。企业不能只是追求短期目标，而是应当长远规划，使企业发展高效、健康和可持续发展。

基于对和谐劳动关系以及市场经济的认识，建立和谐劳动关系应遵循以下基本原则：第一、法制保障原则。中国特色社会主义新型劳动关系的建立必须纳入相应的法律制度的框架范围，通过国家的制度干预，化解和消除各方利益冲突，促进社会的公平公正。第二、民主协商原则。社会主义新型劳动关系必须遵循平等、自愿、协商的原则，形成民主合作的良好氛围。第三、互利共赢原则。社会主义新型劳动关系应充分调动各方面的积极性，及时处理和化解劳动关系中的矛盾冲突，有效保证市场经济的顺利运行，促进社会经济的发展。

在我国目前劳动关系方面存在着的不和谐因素主要有：收入分配不合理、用工制度不规范、劳动力供求不平衡、劳动关系协调机制不完善、利益分配不对称等等，这些问题已严重影响了我国企业发展的潜力，成为社会失谐的重要表现之一，对社会发展也造成了不利的影响。因此，迫切需要政府、企业、工会以及劳动者个人、法律部门、媒体等的共同努力，提升劳动的公正内涵与伦理价值，构建和谐劳动关系。只有切实维护劳动者的基本权益和正当要求，才能为构建社会主义和谐劳动关系提供保证。

有鉴于我国目前劳动关系的实际状况，构建和谐劳动关系的途径主要有：

第一，政府的有效监管。自西方凯恩斯主义产生以来，人们愈益认识到政府在市场经济中的调节作用不容小视。尽管斯密主张在市场背后有着看不见的手在支配，但毕竟市场有着自身的局限性，它要求政府在适当的时候出场，通过合理干预，发挥对市场的宏观调控作用。就协调劳动关系而言，政府负有制定相关规章制度、劳动监察、平衡双方利益、化解矛盾的责任。尤其是在社会主义市场经济条件下，政府始终代表的是人民的根本利益，要为人民谋福利。为了实现政府的监管职能，政府应实现从 GDP（Gross Domestic Product）崇拜到 GNH（Gross National Happiness）关怀的角色转变。如果说 GDP 是衡量国富民强的标准，那么 GNH 就是衡量人的幸福快乐的标准。对于一个致力于把人民幸福作为发展宗旨的社会而言，在发展理念和决策中，就必须把人民的幸福程度作为检测社会发展成就的标准，而要实现这个目标，政府的执政理念和行政理念就要彰显以人为本的伦理理念、匡正公平正义的基本道德、尊重劳动者个体发展的主体价值，构建和谐劳动关系，凸显可持续发展伦理、追求人的全面发展和价值实现的终极关怀。在这一理念指导下，政府就没有理由缺席，需要有效行使公共权力和管理权威，从决策、立法、执行等方面对劳动关系进行规制、监督；对恶化劳动关系的行为进行控制，对劳动关系中出现的矛盾进行调解与仲裁等。

在我国传统的计划经济体制下，劳动关系直接表现为政府与劳动者的关系。随着国有企业的股份改制和非公有制经济的快速发展，劳动者从以往的企业主人翁转变为劳动力市场的劳动力所有者和出卖者。劳动者原有的计划经济体制时期所享有的诸如就业、工资、保险、福利等方面的权利就很难得到保障和实现。同时，由于制度和政策方面的不完善，市场经济下劳动者应该享有的权利诸如社会保险、就业保障、最低工资、集体争议等方面的权利则还未能实现。城市下岗工人人数增加，企业和职工矛盾和冲突加剧，增加了经济和社会发展的不稳定因素。由于市场主体地位客观存在的不平等,使双方之间无法按照互惠的市场交易理性完成交易,这就需要政府出面依靠相关法律、法规、政策进行一定的强制性调节。

目前由政府发挥主导作用来调节劳动关系是发达市场经济国家的普遍主张和做法。自进入现代资本主义发展时期,发达资本主义国家许多经济学家、社会学家为缓和劳动关系的尖锐对立,维护资本的统治和社会正常秩序,避免发生社会震荡,纷纷提出政府干预的主张。与西方发达国家相比,我国的所有制形式更加多样,社会仍处于转型时期,因此我国劳动关系的类型繁多、存在的劳动问题也更为复杂,亟须发挥政府的主导作用加以协调。不过,由于我国具有计划经济的历史背景,因而政府在构建和谐劳动关系中的主导作用具有历史性,更容易为人们接受和理解。

一方面要提高政府决策能力,保障劳动政策和劳动法规的科学性。政府要建立健全协调劳动关系的法律法规体系与公共政策。2008年我国《劳动合同法》的颁布实施,就体现了以人为本的立法精神,体现民生民意,关注劳动者,维护劳动者的合法权益,强化了企业的管理责任,为进一步制定法律法规提供了借鉴。政府还要推进决策科学化、民主化、程序化。民主科学决策可以弥补决策者的信息不足,纠正他们价值观念上的偏差,并且最大限度地调动群众的参与热情,发挥他们的积极性和创造性,尽可能地减少决策的失误,使决策的成本和风险降低到最小。政策法律制定还要合乎决策程序,运用现代科学技术和手段,做出准确预测和判断。

另一方面要依法执政,严格执行劳动政策和法律。由于劳动者处于弱势一方,因此,政府的劳动政策应以保护劳动者权益为基本原则,切实维护劳动者的合法权益不受损害。当前,劳动者权益保障问题,已经成为我国社会转型最为普遍和突出的社会经济问题。政府应通过相应的法律和政策,依法加强劳动监察,为企业和劳动者提供高效优质服务。就目前来看,政府当务之急是要求企业严格执行《劳动合同法》和有关工资、工时等劳动条件和劳动保护最低标准的劳动法规;加强执法力度和提高执法效率,及时、严肃地惩处企业经营者的违法行为,同时加强对执法部门的执法监督,消除行政执法过程中损害劳动者利益的各种行为。

第二,合理构建企业劳动关系。在和谐劳动关系构建中,企业是直接当事者,负有不可推卸的责任。它要求企业具有强烈的责任感和社会意识,自觉履行社会责任和义务。具体来说:一是以人为本。在当前的劳动关系中,劳动者处于相对弱势一方。企业应有意识地多从职工利益出发,从工作条件、工作环境和工作时间,薪酬福利待遇,关爱员工,帮扶弱势群体,加强职工培训等方面入手,切实保障员工的实际利益,解除员工的后顾之忧,给予员工合法的劳动权利,使他们在劳动中体会工作所带来的快乐和幸福;二是依法立约。签订劳动合同是劳动者权益得以保护的有力屏障。在当前我国的劳动力市场相对过剩的前提下,一些用人单位常常不与劳动者签订劳动合同,以此来逃避责任,或者签订了劳动合同,但不按劳动合同来执行,这是造成劳动争议和劳动矛盾的根源所在。依法签订劳动合同,尊重劳动者的劳动权利,是构建和谐劳动关系的基本保证;三是有效沟通。职工在企业中享有参与权、知情权,在信息化时代,企业有责任和有义务做到厂务公开,信息发布,从而避免因信息不对等而造成的误解、矛盾和冲突,只有有效沟通信息、化解矛盾,才可能构建和谐劳动关系;四是相互尊重。不能单方面地要求职工尊重企业,企业也要充分尊重职工,使他们的合法权利得到有效行使,利益得到合理维护。职工的合理化建议得到尊重和采纳,可以极大地调动职工的参与热情,有利于和谐劳动关系的形成;五是争议调解。目前通行的做法是成立劳动争议调解委员会,作为处理企业内部劳动争议的调解组织,就劳动合同、工作环境和条件、工作时间、劳动报酬等方面引发的争议进行协商和调解,从而使劳动关系中的矛盾冲突得以弱化和缓解。①

第三,充分发挥工会的协调作用。工会应该把维护职工合法权益放在突出位置,通过参与签订劳动合同,协调劳动关系和社会利益关系,着力解决涉及职工群众切身利益的矛盾和问题,在协调的基础上促进劳动关系的和谐,防止矛盾激化,推动建立规范有序、公正合理、互利共赢、和谐稳定的社会主义新型劳动关系。无论政府还是企业都必须高度重视工会的地位,充分认识发挥工会组织的作用是保持劳动关系稳定协调的前提条件,使工会在劳动关系制度中的法律地位进一步得到尊重和认可。

在我国目前一个极为重要的问题是确立工会的身份,给工会以合理定位。在长期的计划经济体制下,由于实行的是国家计划政策,企业不过是国家计划和利益的具体执行者和体现者,因此劳动关系上的矛盾争端较少,虽然工会是职工的代表,但它在协调国家、企业和职工利益方面的作用并不明显,更多充当的是福利机构,而不是协调机构和利益代表机构。随着计划经济向市场经济的转化,国家、企业和劳动者成为独立的利益主体,这就迫切需要明确工会

---

① 周世明:《企业如何构建和谐劳动关系》,载《党政论坛》2009年第17期。

在协调各利益主体之间的地位和作用。在社会主义市场经济条件下,特别是在劳动者进入劳动力市场以后,由于劳动者个人处于弱势地位,很难有效维护自己的利益,因此强烈要求要有自己的特定代表,能够表达自己的利益诉求。这就客观上给工会作了定位,那就是:它主要是劳动者为维护自己利益而产生和存在的,是职工合法权益的表达者和维护者。

既然工会是作为劳动关系中劳动者的代表而存在和从事各项社会活动,那就必须以维护劳动者的利益作为自己的基本任务。对于工会而言,维护劳动者的利益既是职工的主观要求,也是市场经济的客观规定。工会只有依法维护了劳动者的利益,才能使劳动关系稳定,进而实现职工和企业的共同利益。工会也只有充分发挥自己的表达和维护作用,才能得到职工和企业的认可,才能在协调劳动关系中真正发挥重要作用。

工会具有其他组织所无法替代的协调和稳定社会劳动关系的功能。这是因为市场经济下劳动关系的调节是由劳动关系的双方通过市场机制来自行调节,而不是政府强制执行的,工会代表劳动关系中劳动者的利益,缺少了工会便无法构成一个完整的劳动关系。因此,在市场经济条件下,劳动关系的调节必须要求工会参与,如果没有工会的参与,劳动关系便不能正常运行。既然工会是劳动者合法权益的唯一法定的代表者,是劳动者利益的维护者,因此对工会就必然提出更高的要求。我国目前工会的民主性、组织性、团结性和代表性等等都存在诸多问题,对工会的改革迫在眉睫。结合我国目前工会的现状,我国工会应当着重从民主化、职业化、社会化、行业化等方面进行改革,重构现行工会制度。首先,工会要民主化,强化民主管理。工会应协助企业健全职工代表大会制度,积极参与企业的决策,加强对企业各项规章制度制定和执行的监督力度,建立有效的信息沟通制度,做好厂务公开,满足广大职工的知情权。其次,工会要职业化,具有自身的相对独立性。工会只有具有一定的独立性,才能摆脱企业的制约,不致沦为企业的附庸。目前除了政府的工会组织外,企业工会往往不是专门独立的机构,基本上由职工兼任。由于缺乏自身的独立性,所以,工会在企业中无论是地位还是作用都十分有限,基本上只是停留在组织一些职工文娱活动、发放福利等,没有真正的实际权力。实行工会职业化以后,工会作为一个具体的职能部门,拥有自身独立的行政权力,可以加强对劳动的保护和监督,在企业发展方面发挥更大的作用。一方面企业工会除了组织职工开展各种健康有益的文娱体育活动,丰富职工的文化生活之外,还可以为职工提供系统的培训体系,开展技术革新、劳动竞赛等活动,有效地推进企业文化建设,另一方面可以采取相关举措,提高劳动者自身综合素质。劳动者既要增强法律意识,又要增强安全意识,提高职业道德。一旦出现劳动纠纷,劳动者可以避免采取极端手段,通过正常途径加以申诉和解决;正确处理商业秘密,对社会的复杂环境有清醒的认识;用先进的文化来武装自己的头脑,增加自身的劳动附加值。① 再次,工会要社会化,实行社会管理。工会实行社会化管理,就会削弱企业对工会的支配权,赋予工会更大的权力,这样才能保证工会更好地代表职工的利益,为职工利益服务。工会实行社会化管理还可以接受社会的监督,使国家的方针政策以及法纪法规得到更好的贯彻落实。最后,工会要行业化,组织行业工会。现行的工会组织之所以没有发挥出应有的作用,根源在于工会组织从组建到运行没有独立于企业和政府,无法独立自主地开展活动。因此必须对工会组织进行重构,全面组建行业工会。作为劳动者的代表,工会应围绕劳动关系的建立、运行、监督和调处机制、权益保障机制等方面开展工作,从而保证工会组织在构建和谐劳动关系中发挥切实有效的作用。

总之,和谐劳动关系是用人单位和部门建立和保持竞争优势的关键,也是劳动关系伦理的重要内容。和谐劳动关系的构建不仅需要用人单位和部门有公平通畅的制度保障,更需要管理者在日常管理中重视相关制度,并加以贯彻执行。这也要求管理者具备良好的沟通技巧和诚信的优良品质。同时,不同用人单位和部门的发展历史和文化会有很大差异,所以在构建和谐劳动关系方面,需要每个用人单位和部门结合自身的具体情况采取相应的措施。和谐劳动关系的构建有利于劳动关系双方实现"双赢",每个用人单位和部门在构建和谐劳动关系时都需要劳动关系双方的相互信任和长久合作,并付出持续不懈的努力。当然,政府作为中间人,通过不断完善相关法规和政策,对于规范和建立有序、良性的劳动力市场以及构建和谐劳动关系也非常重要。新的工会制度的构建将会使工会发挥更好的职能,促进和谐劳动关系的形成。建立和谐劳动关系既是劳动伦理研究的重点,也是和谐社会的基础。只有建立起和谐劳动关系,才能在社会的各个层面上建立起各种和谐的社会关系,从而推进我国的社会发展和进步。

(夏明月,原载于《哲学研究》2014 年第 5 期)

---

① 吕景春:《和谐劳动关系的"合作因素"及其实现机制——基于"合作主义"的视角》,载《南京社会科学》2007 年第 9 期。

经济伦理视域下的金融信用缺失与重塑

一、导言

从20世纪80年代以来,经济伦理已经成为我国社会主义现代化建设中的热点问题。而经历了近30年的研究,这一领域也取得了引人注目的成果。当代中国生产生活的诸多领域的发展都离不开经济伦理的引导和扶持。对于金融业而言,伦理更是其存在并且发展下去的重要基石。全球屡次爆发的金融危机一再表明了市场经济制度下金融行业的伦理失控和社会道德的沦丧。目前我国正处于转型时期,市场经济制度也在不断完善当中,更需要巩固社会伦理制度体系的构建,加强社会主义道德宣传和教育。

经济伦理理论由德国经济学家马克斯·韦伯较早时期所提出,他在考察西方近代资本主义产生时提出:"产生资本主义的因素是具有合理的记账、合理的技术和理性法的那种合理的永久性的经营,……必然补充的因素是理性精神,对生活普遍指导的合理性及合理性的经济伦理。"[①]目前,学术界对经济伦理一词还没有统一的定义,但总体上可以概括为涉及人类社会经济制度和经济生活中的道德问题,以及人们在社会经济生活中处理相关利益关系时所遵循的规范和准则。

由此可见,在金融这样一个特殊的经济领域中,经济伦理的存在尤为重要。金融服务的本意是帮助客户谋取最大利益、规避风险。而在现实社会中,金融行业却存在着种种背离经济伦理主旨的行为,包括洗钱、账户回扣、存贷丑闻等等。越来越多的人在金融市场上寻找套利机会,转移个人

---

① [德]马克斯·韦伯:《文明的历史脚步——韦伯文集》,黄宪起、张晓琳译,上海:上海三联书店1988年版,第156页。

风险和成本。基于这种社会现象,笔者尝试从经济伦理的角度探讨如何重塑金融信用的缺失,降低金融危机的发生频率,恢复金融市场运行的正规化。

二、金融市场信用缺失的现状分析

"信用"是一个纯经济学概念,体现的是价值交换后产生的活动,主要体现为商业领域、金融领域和流通领域赊销、信贷等交易行为。对于金融业来说,信用准则就是立业之根本。我国金融信用体系构建相对滞后,在信贷、资本、票据市场都存在着严重的损害金融信用准则的现象。近年来,金融环境中信用缺失的现象越来越严重。据统计,我国每年因为企业和个人逃避债务蒙受直接经济损失约达1 800 亿元,信用经济成了"赖账经济";因为三角债和现金交易,增加财务费用约2 000 亿元,三角债和多角债的大量存在直接阻碍了信用链条。甚至于有的地方政府从地方利益出发,在企业逃避银行债务的过程中"施以援手",使得银行在债权债务诉讼中"胜诉率高、执行率低"[①]。

(一) 银行领域的信用缺失现象

在银行信用领域,大量银行贷款逾期不还,一些企业通过设立子公司、注册新公司、企业兼并等渠道,转移资产,变相解除与银行的债务关系。而另一方面,银行本身由于监管机制的不健全,一些内部职员利用职务之便恶意经营,导致银行亏损严重。著名的英国巴林银行在经历了两百多年的辉煌历史之后,就是因为经理人的违规操作、造假账而倒闭。近年来,银行业频频发生违规违法的案件,违规发放贷款、违规办理票据业务、会计核算失误造成银行资金流失等等现象层出不穷,对银行领域的信用造成了极大的破坏。

(二) 证券领域的信用缺失现象

从全球范围看,证券行业造假事件层出不穷。2001 年年底的安然公司造假,虚报近6 亿美元的盈余和掩盖10 亿多美元的巨额债务,导致安然股票大跌,公司破产;2004 年8 月花旗集团交易员恶意操纵德国政府债券期货市场,致使欧元区债券市场交易中断。[②] 诸多证券业失信事件,给各国经济和国家政府的信用带来了极大的冲击。

证券市场作为一个直接融资市场,尤其在市场经济体制下,是确保现代企

---

① 于志洁:《论我国金融信用的缺失》,载《济南金融坛》2006 年第7 期。
② 洪必纲:《经济伦理视角下金融领域的信用缺失与矫治》,载《中国城市经济》2011 年第1X 期。

业股份制度长青的关键因素。然而,我国的证券市场却充斥着各种各样的信用流失的问题。一方面,上市公司为了最大化自己的利益,造假财务报表,骗取银行贷款、欺骗广大投资客户。而一些大股东为了牟取私利,利用职务之便肆意挪用、占用公司资金;另一方面,证券机构不遵守职业道德规范,为了推销自己代理的股票,故意夸大上市公司的业绩,借此抓住购买股票的顾客。而部分证券公司的工作人员利用自身在获取内部信息上的优势,挪用顾客的资金炒股。这一系列的行为都严重损害了证券市场的信用,大大降低了证券行业在客户心目中的诚信度。

(三) 保险行业的信用缺失现象

从我国目前保险行业的现状来看,保险行业的失信主要体现在合约签订、保险理赔和保险代理人行为几个方面。从合约签订阶段看,保险公司的失信行为主要体现在利用专业优势签订霸王条款,故意隐瞒重要信息,玩"文字游戏";从保险理赔阶段看,我国保险行业没有遵照国际通行的"严核保快理赔"准则,相反,经常拒不履行或拖延履行保险合同约定的赔偿义务,导致了投保易理赔难的普遍现象;从保险代理人行为的角度看,我国保险行业的培训机制并不成熟,保险代理人的资质良莠不齐,影响了整体的业务素质和道德水准。在自身利益的驱使下,保险代理人片面夸大产品增值功效、欺瞒顾客的现象屡见不鲜。

综上可见,在社会经济活动中大量失信行为的发生会带来诸如社会整体道德水平下降、社会诚信缺失、人与人之间缺乏信任等众多问题,从而进一步影响社会经济活动的有序展开。

三、金融信用缺失成因的经济伦理解读

从 20 世纪后半叶全球爆发的信用危机,到美国次贷危机引起的金融风暴,我们可以清楚地解读出这当中利益和伦理之间所产生的激烈的碰撞。罔顾伦理的经济活动和利益追求是导致全球金融信用丧失的关键因素之一。金融活动本身是一种契约关系,主要是依赖制度和法律的约束而形成的。但参与金融活动的主体是人,人除了对经济利益的追求之外,在人类社会的交往关系中也要遵循一定的道德准则的约束。换言之,在经济活动中,任何的个人或群体都有可能面临利益和道德的两难选择,都需要社会伦理来进行约束。既然在金融信用缺失中包含了经济和伦理二维构成,在对金融信用缺失进行分析的时候,除了从经济利益关系的角度,更加应该着重经济伦理的解读。

（一）主体道德失范导致信用伦理内在价值"空壳化"

在亚当·斯密《国富论》中有这样一段话：我们每天所需要的食物和饮料不是出自屠户、酿酒家和面包师的恩惠，而是出于他们自利的打算。我们不说唤起他们利他心的话，而说对他们有好处。后来的西方经济学家据此提出了"经济人"假设，认为个人追求自身利益最大化的行为最终会导致社会整体利益的最大化。因此，一度有人认为市场经济不需要社会伦理道德的调解，结果导致经济主体在经济活动中无限扩大自身利益追求，抛却社会责任、突破道德底线，为了利益可以牺牲一切。而事实是，个体理性行为会导致集体非理性的结果，最终并不会实现社会整体利益的最大化，反而会损害个人利益。在金融领域的表现就是金融业集体信用的缺失，以及因此给金融业和顾客带来的严重损失。因此，对于经济活动主体来说，需要遵循社会道德规范，诚信，守信用，不以个人偏好而以社会需求来作为金融活动的风向标。

（二）社会伦理制度不健全导致信用奖惩机制"空壳化"

当前金融领域的信用伦理危机还源自于缺乏有效的制度规范。中国目前的市场经济体制还不完善、不健全，正处于传统伦理制度的保障机制解体，经济伦理制度规范缺失的，导致伦理丧失的成本很低。一方面，失信所受到的惩罚不严厉；另一方面，守信的收益也不明显。反而呈现出守信成本高、收益小，失信成本低、收益大的现象，从而一部分群体无视失信的惩罚而做出违规违法的举动。而守信群体也因此而退出守信的队伍，在自身利益最大化的驱使下做出失信的行为，进而导致整个金融领域的信用缺失。

四、金融信用重塑的内在动力——伦理机能的发挥

信用原则是金融领域的重要行为准则，与西方国家相比，我国金融业信用体系的构建是滞后的。社会信用体系比较健全的国家，习惯上被称为"征信国家"，一般具有如下特征：经济形态以市场经济为主体；信用交易占市场交易份额较大；各征信国家都建立同等水平的信用管理相关法律；各类征信数据开放，与其他征信国家对等开放，信用管理服务门类齐全且普及；企业的平均信用管理水平很高，信誉良好。[①] 在社会信用体系当中，信用评级制度是金融信用体系构建的重要基础。具有公信力的信用评级体系应具有如下特征：由相对独立的第三方担任评级机构；评价方法全面、客观、科学，适应中国金融市场

---

① 林钧跃：《社会信用体系原理》，北京：中国方正出版社2003年版，绪论。

的特点;具备成熟的盈利模式以使之具有长久的生命力;有严格的责任制衡机制,恶意评级机构及其责任人员应当承担民事责任、行政责任甚至刑事责任。①而在我国,目前信息公开不论是制度规定还是渠道设计都是不完善、不畅通的,从而导致金融领域中交易双方信息不对称的情况十分严重,而信用评级更无从谈起。整个金融领域也随时面临着信用崩盘的危机。

引起金融信用危机的原因是多方面的,不仅需要通过法律的途径,还需要从制度设计、政府监管、体制改革等多个渠道谋求解决方法。从伦理自律的角度来看,通过社会道德规范的重塑来加强经济活动主体的守信行为,这是一种内在化的动力机制。具体来说,可以通过几个方面实现。

(一) 加强思想道德教育,建立诚信的社会道德文化环境

"征信国家"最基本的要求就是诚信。中国传统文化中讲求"仁、义、礼、智、信",中国古代商贾更是以"守信"作为经商的最基本指导原则。在社会主义市场经济中,诚信要求经济活动主体要实事求是、信守承诺、诚实经营。在经济活动中,诚信是获得"双赢"的关键,守信行为能为交往双方带来共同的经济利益。而社会全体的诚信行为有助于社会道德伦理规范制度的建立。营造诚信的道德文化环境有赖于社会舆论的导向作用,通过持续的社会主义道德教育和宣传,加上法律规范的外在约束,内外兼顾,营造诚信的社会道德文化环境。

(二) 建立健全社会伦理制度体系,实现内在自律

重塑经济伦理、恢复金融信用体系,不仅仅依赖于道德教育和口头宣传,更重要的是要建立健全社会伦理制度,将伦理道德要求以法律法规的形式固定下来,形成引导社会行为的正确导向。新制度经济学指出,有效率的制度能够促进经济发展,是构成经济发展的内生的变量。因此,与经济发展内在要求相吻合的经济伦理,会对经济发展起到推动作用,有利于经济效益的增长。同时,伦理道德规范也会唤起经济活动主体的积极性和责任感,有利于经济活动在获取利益的同时推动人与社会的共同发展。一个社会建立了良好的社会伦理制度规范,就能够形成好的社会风气,促使人们养成良好的伦理行为,反过来推进社会伦理制度进一步向前发展。

我国正处于转型时期,市场经济发展还不成熟,在经济利益的刺激下,部分经济活动主体难免会以个人偏好作为行为准则,一味追求个人利益,从而助

---

① 张宇润:《论金融信用安全的制度保障》,载《学术界》2006年第6期。

长尔虞我诈、拜金主义、唯利是图等不正之风的蔓延。经济伦理的重要作用就是要从根本上解决人们在经济活动中的利益关系的不均衡现象。① 建立起正确的"义利观",实现内在的道德自律,促进守信行为的产生。

(三)加强金融企业伦理建设,创新企业伦理文化观

金融企业伦理文化是金融企业在长期的经济活动中所形成的价值观和信念,能够帮助企业员工在工作中遵守道德伦理规范,合法操作,减少违规违法行为的发生。金融企业的道德伦理建设,重点在对员工的培训和思想教育宣传方面。企业领导层通过办培训班、请名师授课等方式,对员工进行职业道德伦理培训,同时辅以伦理制度规范的约束,加强金融伦理教育,在组织中树立正确的伦理道德观念,帮助员工减少失信行为产生的概率,在组织内部形成诚实守信的文化氛围。

(四)发挥政府监管作用,强化信用奖惩机制

金融领域伦理危机的预防和治理,不仅需要来自社会伦理制度的内在机能的发挥,还需要外在的监督管理机制的补充作用的发挥。政府对金融机构行为的监管,主要是惩治金融领域的不正当金融行为,比如操纵市场、内幕交易、欺诈客户、洗钱犯罪等行为,这些恶性行为严重地破坏了金融市场的秩序,损害了投资者的合法权益。政府和金融监管部门对于这样的行为应该进行严厉的打击。尤其中国正处于转型时期,由过去的宗族社会转变为现在的三口之家甚至是丁克家庭。传统社会下很多由宗族履行的伦理道德责任都交还给国家。加之中国正在由传统经济伦理向现代的市场经济伦理转变,在这个特殊时期,政府更应该承担起社会伦理的监督者和执行者的角色,将金融领域的伦理行为纳入监管范围,建立严格的信用奖惩机制,以经济效益和道德效益双重指标来衡量、评价金融机构的成绩。

(张晓磊,原载于《金融发展研究》2012年第10期)

---

① 陈博:《论经济伦理与和谐社会的关系》,载《辽宁经济职业技术学院学报》2010年第1期。

环境伦理背景下的企业绿色责任

环境伦理伴随着人类与自然的关系发展而发展。正如马克思所言:"社会是人同自然界的完成了的本质的统一,是自然界的真正复活,是人的实现了的自然主义和自然界的实现了的人道主义。"①可以说,在人与自然的关系上更多的体现了人类精神世界的进步。面对现实中的环境与生态危机,关照人与自然的关系则成为历史的必然,而用道德的视角审视这种关系更是深刻的、透彻的。

当前,大量的环境问题引起了公众与学者的关注,人们在谴责环境污染的同时提出对此行为主体者企业的道德规整,即作为市场经济运行的核心主体,企业必须承担维护生态平衡、保护自然环境、提供绿色产品的特定责任,这也成为社会各界的普遍共识。然而,现实中绿色危机和环境困局的不断出现,仍在提醒人们,推动企业自觉承担绿色责任还需有个漫长的过程,而学理上的探析也是必不可少的。

一、企业绿色责任渐成共识

在我国,随着改革开放后社会中大量环境问题的出现以及人们对人与自然关系的意识觉醒,环境伦理学获得了迅速而巨大的发展。从环境伦理的学科性质、研究内容、研究对象、人类中心与非人类中心主义、整体主义等等都有所探讨。环境伦理试图在剖析一切以人为中心、一切以人为尺度,为人的利益服务的命题基础上,探求人类中心论的合理性及其限度,进而在非人类中心主义的命题上寻找对社会负责的实践路径。正如恩格斯所告诫我们的:"不要过分陶醉于我们人类对自然界的胜利。对于每一次这样的胜利,自然界都对我们进行报复。"②

---

① [德] 马克思、恩格斯:《马克思恩格斯文集》(第1卷),北京:人民出版社2009年版,第187页。
② [德] 马克思、恩格斯:《马克思恩格斯文集》(第9卷),北京:人民出版社2009年版,第559—560页。

当前全球性的环境污染和生态破坏的严峻现实正说明了遵循人类中心论的思想、实行人统治自然的战略的局限性。这样的局限迫使我们不断突破已有的观念、拓宽陈旧的思想领域。海德格尔在《论人类中心论的信》中指出:"人不是存在者的主宰,人是存在着的看护者。"因此走向人与自然的和谐相处、相互依存是人类生存的前提,而扬弃对立、突破人类中心论也必将成为人类思想史上的巨大创新。发端于20世纪70年代的西方环境伦理正是在考量自然具有道德地位以及人与自然之间存在道德关系的层面上应运而生的,具有代表性的是美国的霍尔姆斯·罗尔斯顿在《环境伦理》一书中系统地建构了环境伦理的基本理论框架。他主张自然具有内在价值,尊重自然的内在价值是人的道德应该。在此基础上其努力实现自然世界与人类世界的沟通,构建自然价值与人类德性、自然与文化辩证互补的环境伦理学,开辟伦理道德的生态向度。

历史不是一成不变的,其发展是绝对的,曲折向前也是必然。而人类历史有两个主要过渡时期,第一个时期始于10万年前,从无意到自我意识的过渡。第二个同样重要的过渡时期发生在现在,我们的继续生存要求向新意识过渡。这个过渡不可能延长几千年甚至几百年,它应当在现今的一代人完成。历史发展的潮流催生了环境伦理。正是在此基础上,我国从事环境伦理学研究的学者们极大地推进了此学科的逐步完善,拓宽了传统伦理学研究的理论视野,深化了现代伦理学研究的理论深度。

而作为环境伦理的应有之义的环境责任其探讨是不容忽视的,责任是环境伦理重要的范畴之一。作为承担环境责任主体的企业在现实中探索与践行人与自然和谐原则成为当下重要的议题。可以说,在社会发展的潮流中,全球企业意识在被唤醒中,其应更多地考虑如何承担这份社会责任,其中企业绿色责任是必不可少的一部分。所谓企业绿色责任,指企业在谋求经济利益最大化的基础上,所负有的考虑和维护环境公益的责任。它是"创设于企业经济责任之外,独立于企业经济责任并与经济责任相对应的另一类企业责任"[①],特别是在谋求企业股东利润最大化之外,维护生态平衡、保护自然环境、提供绿色产品的一种特定责任。因此,企业绿色责任是根源于企业社会责任(Corporate Social Responsibility 简称 CSR),在一定意义上,是在环保领域中企业社会责任的外延与深化。

企业绿色责任与企业经济责任是有所区别的,但都内含于企业社会责任

---

① 卢代富:《企业社会责任的经济学与法学分析》,北京:法律出版社2002年版,第84页。

之中,尤其在法律责任与道德责任两个方面存在着区别。绿色责任与前者相联系,即法律规定的企业必须承担的保护环境、绿色生产的责任;与后者相联系,即道德规范所要求的企业理应承担的维护生态、绿色经营的责任。法律上的企业绿色责任是企业必须履行的一种法律义务;道德上的企业绿色责任是企业理应承担的一种道德责任。尽管法律与道德的适用范围有所侧重,但就法律和道德两个维度上的企业绿色责任而言,在法律层面上企业绿色责任是基本的、起码的、底线性的,是一种强制的法律责任;而在道德层面上则是层次高些,但符合大众期许的,甚或超越社会一般性要求的一种责任。对两者的区分更有助于了解企业绿色责任的由来。

对新事物的认识需要有个过程,对企业绿色责任的认识是在过程中积累下来的。我们认为在资本原始积累阶段企业对其绿色责任是处于无意识状态。直至20世纪30年代之后,伴随着企业社会责任意识的兴起,绿色责任的观念开始慢慢进入人们的视野。同时期,以美国1935年"黑风暴"为代表的生态污染事件不断出现,其严重后果不断显现,直接推动了企业绿色责任意识的形成与提出。此时,人们意识到企业的行为不仅仅具有内部性,还表现出外部不经济性,企业的行为间接地对自然环境起着作用,因此具有不可推卸的维护责任。在这一时期,清洁生产、绿色经营是企业绿色责任的外化表现。

20世纪60年代之后,随着国际环境保护运动的兴起、能源危机的显现、人类可持续发展的提出,企业绿色责任在全世界范围内得到充分的重视。一些专注于企业绿色责任的组织,如美国"环境责任经济联盟"开始成立;一批针对企业绿色责任的国际性宣言或指南,如《在环境和发展方面的 Rio 宣言》《环境责任经济联盟原则(CERES)》等被不断提出和签署。与企业社会责任研究逐步深入相适应,绿色责任的理念也获得了巨大拓展。此时,企业能够主动承担环保责任,预先应对各类环境挑战;同时创新绿色清洁的产品。总之,尽量减轻对环境的破坏成为现代企业发展的新理念。

我国企业绿色责任理念的形成与提出与改革开放的步伐是一致的,1978年之前,由于计划经济体制、政企不分,企业不存在现代化,更无从谈论企业的绿色责任。1978年至20世纪90年代,随着改革开放和社会主义市场经济体制的建立,政企分开及现代企业制度的建立,经济结构的改变及多元经济成分的发展,真正意义上的现代企业诞生了,但初期基于对经济利益的需求,曾一度忽略了企业对环境的责任,其绿色责任是淡薄的。因此,那时企业的环保是在政府的监督和干预下完成的,企业绿色责任意识处于朦胧阶段,但国家层面是不忽视的。

自20世纪90年代以来，在经济发展与国际接轨中，我国企业的绿色责任意识开始逐步形成，并在整合和提升中不断趋于完善。当前，在全球经济一体化的进程中催生出国际性绿色标准、绿色壁垒等原则，由此可见，绿色竞争力日益凸显，其必然要求有各类环保法规和条例与之相匹配。在这过程中，人们的环保意识不断加强，更是高涨了对企业履行绿色责任的呼声。因此，当前企业要具有竞争力就必然要承担绿色责任。我国颁行的《中华人民共和国公司法》第五条这样规定："公司从事经营活动，必须遵守法律、行政法规，遵守社会公德、商业道德，诚实守信，接受政府和社会公众的监督，承担社会责任。"这表明企业承担社会责任（包括绿色责任）有法律制度的保障。2005年在第七届绿色中国论坛上中国发表了《呼唤中国企业的绿色责任》，其中强烈呼吁中国企业顺应时代潮流，承担绿色责任，走绿色发展之路。[①] 这在某种程度上标志着企业履行绿色责任成为国家意识，也成为经济、政治、学术等各界人士的普遍共识。

二、企业绿色责任的理论基础

企业主关注企业自身的经济利益或股东的利润最大化是天经地义的，但是其在社会、环境、劳工等诸多方面的问题都有被忽略的可能，这在于企业价值观的定位。米尔顿·弗里德曼等自由主义经济学家就明确反对企业在赚钱之外额外承担其他责任，即在自由经济中，"企业仅具有一种而且只有一种社会责任——在法律和规章制度许可的范围之内，利用它的资源和从事旨在于增加它的利润的活动"[②]。换言之，企业只需遵守基本的法律法规，若关心其他道德问题则明显是不务正业。

事实上，这一观点可以追溯到"政治经济学之父"亚当·斯密那里。从他的经济理论中不难发现企业的主要责任在于是否有效运用各类资源为社会提供符合他人所需的产品和服务。只要达到企业责任就完成，其他问题则完全由市场那只"看不见的手"去协调解决。这种理论在西方经济学中长期占据主导地位，当然经过变化与整合其传统形态在当代转身为"市场原教旨主义"，简

---

① 潘岳：《呼唤中国企业的绿色责任》，载《环境经济》2005年第7期。
② [美]米尔顿·弗里德曼：《资本主义与自由》，张瑞玉译，北京：商务印书馆1986年版，第128页。

单而武断地认为自由市场不仅能够源源不断地创造财富,利用"下溢效应"①使所有人受益,而且能够自发地解决其他社会问题。然而,现实却是残酷的:"这种自我调节的市场的理念,是彻头彻尾的乌托邦。除非消灭社会中的人和自然物质,否则这样一种制度就不能存在于任何时期;否则,它会摧毁人类并将其环境变成一片荒野。"②可以说,"市场原教旨主义"的破产与弗里德曼承认其保守的新自由主义无法进入西方经济学主流一样③,是毋庸置疑的事实。

如此,在反思经济自由主义思潮的基础上,有必要对企业绿色责任的理论依据作深入的探究。19世纪伴随着现代工业革命的兴起和深入,西方世界出现了"雇主父道主义",雇主把企业视为一个家庭,将雇员视为自己的儿女,"物质上,设立一系列福利制度以体现他们的父道主义;精神上,他们对表现好的工人采取鼓励措施"④。因此,在这种情形下,雇主承担了一些超越经济利益的企业责任。这与我国改革开放之前,计划经济体制之下的"大工厂"有相似之处。企业在承担更多的道德责任,如为职工提供医疗、教育等服务。但是由于其定位比较低,现代化程度落后,因此在企业绿色责任意识上几乎是零。而在西方,随着工会运动、工人罢工和国家干预的日益频繁,即主体性与自主性的增强,雇主在企业中的"社会权力"逐渐丧失,雇主父道主义在20世纪初消逝。与此同时,伴随着社会主义市场经济体制的建立,旧式的企业模式也烟消云散。

面对全球化新趋势及现代企业制度的建立,蕴含企业社会责任包括其绿色责任意识的现代企业诞生,其要求有为其发展支撑的理论依据与基石。基于此,我们认为以下是其强有力的理论奠基:

第一,"企业责任"概念的提出。对责任的理解通常有两个意义。一是指分内应做的事,如职责、尽责任、岗位责任等。二是指没有做好自己工作,而应承担的不利后果或强制性义务。

正如马克斯韦伯所言,我们要倡扬责任伦理而不是意图伦理,就是要为行动承担后果,这样在行动之前才会经过深思熟虑。责任总是与主体的自由意

---

① 王绍光:《全球视野下的中国道路:1949—2009——坚守方向、探索道路:中国社会主义实践六十年》,载《中国社会科学》2009年第5期。
② [英]卡尔·波兰尼:《大转型:我们时代的政治与经济起源》,冯钢、刘阳译,杭州:浙江人民出版社2007年版,第3页。
③ 参见[美]米尔顿·弗里德曼:《资本主义与自由》,张瑞玉译,北京:商务印书馆1986年版,绪言。
④ [法]热罗姆·巴莱、弗郎索瓦丝·德布里:《企业与道德伦理》,丽泉、侣程译,天津:天津人民出版社2006年版,第40页。

志、审慎选择紧密相关。企业作为一个组织,一方面"对企业来说,给意愿自主权下个定义似乎很复杂";另一方面"对他人负责可能会导致某种与企业的思路风马牛不相及的没完没了的责任"①。随着法人观念的出现、组织理论的分析,企业负有法律责任越来越为人们所接受,同时企业的道德责任也通过确证企业的意向性和机构权力而在一定程度上被人们逐渐接受。正如戴维斯所言:"公司的社会责任来自于他所拥有的这个权力,责任就是权力的对等物。"②现代企业组织庞大,对经济、社会、生态等各领域有着深刻的影响,合理的承担社会责任成为企业应有的担当。

第二,"企业公民"理念的介入。企业公民是指一个公司将社会基本价值与日常商业实践、运作和政策相整合的行为方式。一个企业公民认为公司的成功与社会的健康和福利密切相关,因此,它会全面考虑公司对所有利益相关人的影响,包括雇员、客户、社区、供应商和自然环境。在一般意义上,公民资格以一种社会契约为前提,主要指政治方面,同时也涵盖经济和社会方面。确定公民资格的标准主要包括:"出生标准(最初源于罗马,这在现今最为普遍);司法标准(为法律所承认的公民的司法标准);经济标准(主要是税务)。"③有鉴于此,"企业公民"理论作为一种社会契约性的存在,是通过企业与社会之间的一系列建基于自愿原则和互利原则的契约来维持的。企业作为具有公民资格的实体,它必须承担包括环境责任在内的相应的社会责任。

第三,"利益相关者"被分析考虑。"利益相关者"(stakeholder)概念"首次出现是在斯坦福研究中心(现称 SRI 公司)1963 年的内部备忘录中的一篇管理论文",其内容最初包括"股东、雇员、顾客、供应商、债权人和社团"。从 SRI 公司的早期研究工作开始,利益相关者概念的历史轨迹有多个方向:"(1) 公司规划文献;(2) 罗素·阿考夫、C.韦斯特·丘奇曼和系统理论家们的著作;(3) 有关公司的社会责任的文献;(4) 埃里克·雷恩曼和其他组织理论家们的著作"。④从利益相关者理论来分析企业的存在与发展是必要的。事实上,企业要发展

---

① [法]热罗姆·巴莱、弗郎索瓦丝·德布里:《企业与道德伦理》,丽泉、侣程译,天津:天津人民出版社 2006 年版,第 146 页。
② 沈洪涛、沈艺峰:《公司社会责任思想起源与演变》,上海:上海人民出版社 2007 年版,第 8 页。
③ [法]热罗姆·巴莱、弗郎索瓦丝·德布里:《企业与道德伦理》,丽泉、侣程译,天津:天津人民出版社 2006 年版,第 122 页。
④ [美]R.爱德华·弗里曼:《战略管理——利益相关者方法》,王彦华、梁豪译,上海:上海译文出版社 2006 年版,第 37—39 页。

必须与诸多利益相关者保持良好的互动合作关系,必须关照各个利益相关者的利益,必须承担相应的超出经济利益之外的社会责任。这是一种企业"共生"理念,即企业必须与宏观的经济发展、政治稳定、生态良好相共存,与各利益相关者相共生。

可以说,上述理论为企业绿色责任的提出奠定了理论基础,也为企业绿色责任进行了可能性和合理性的探索。就我国现实而言,企业绿色责任与我们正在实践的中国梦高度契合,与我们在谋求的可持续发展紧密相关。企业绿色责任具有理论上的合理性论证,更具有国家层面的战略性。

三、企业绿色责任的实施路径

我们在追求和推动企业履行其绿色责任的过程中,面临不少的障碍和局限,要顺利实现企业的绿色责任,则必须认真对待,妥善处理企业绿色责任中涉及的问题。从宏观和微观层面的政策设计上都要注意企业绿色责任的落实。和谐社会未来要发展的新型企业就是打造绿色企业。增强企业的绿色责任意识。要从战略管理的高度,把承担绿色责任的企业形象建设当作企业的长期战略任务,并贯穿于企业发展的始终。

首先,推动科学发展的观念深入人心,摒弃人类中心主义的观念。人是自然的产物,没有环境,人的发展就缺乏依托的襁褓。环保意识说到底也是人的自我保护意识,没有环境的保护,人离毁灭就不远了。绿色责任意识的落实不是设计几个形同虚设的机构,而是要彻底深入人的观念。第一,在宏观上,人与自然的和谐要纳入一个有机的整体,相互依存、制约、促进。特别是企业的利润最大化追求必须把自身利益和社会利益结合,把社会利益作为考量的核心标准。第二,在道德上,把人与环境的关系纳入人类社会的道德体系,人与人之间的公平正义尺度同样适用于人与自然环境。现代社会对承担损坏环境的道德责任必须加以强化。第三,在立法上,保证环境保护实践的执行。将环境责任纳入法制轨道,依法治理和保护环境,甚至加大法律惩处力度。

同时,环保意识的加强还需要教育的常态化。在以人为本的基础上,在环保意识、专业技术知识等方面,保持环保技术创新同工艺创新相一致,推动企业承担更多的绿色责任,发展绿色经济。从人的基础教育开始,不仅仅是全体员工,还包括经营者、各级管理者和职工,教育不仅包括环保意识教育、环保知识教育,还包括岗位专业技术培训,等等。企业要有一整套完整的全体员工的环保教育训练系统。比如,要从企业经营的各个环节着手来控制污染与节约资源,达到企业经济效益,社会效益,环境保护效益的有机统一。因此,如果政府和企业在研究环保对策上,将环保投入作为企业开拓市场、降低成本、实现高效益的有效手段,整个社会的绿色环保意识就会得到较大的提高。

其次,要在企业中贯彻绿色发展理念,加强企业绿色文化建设。绿色企业文化将成为未来企业文化的核心组成部分。所谓企业的绿色文化,就是企业及其员工在长期的生产经营实践中,对保护环境、提高效率能源、节约资源等的看法和工作实践行为,这一文化理念对本企业的生产、生活活动以及与本企业的和谐人际关系等所产生的重大影响。在这样的文化氛围、企业精神、经营理念中,在长期的经营实践中,企业根据本企业的特点,形成自身的价值观念、道德规范和行为方式并逐渐为广大员工所接受,绿色文化成为企业文化的重要组成。绿色文化不仅仅体现在企业的外在物质产品上,也体现在企业的制度建设和员工的精神状态上。这三方面是相辅相成的,精神层面的建设是制度建设的思想基础,制度建设是物质产品显现的刚性约束和规范,而物质产品以外在的形式最终体现了企业的内在精神和制度的定位。所以说,未来企业的发展,已不是只注重经济指标,而是把社会效益、生态效益纳入总体考核范围,甚至,企业的观念是:企业的经济效益随时准备为社会效益和生态效益让位,做出牺牲。在这样的价值观引导下,产品的生态含量、社会效益含量尤为重要。

绿色企业文化的精髓在于强调企业对环境和社会的责任,把短期利益和长远利益,局部利益和全局利益统一起来,在生产和消费过程中都有绿色责任的观念,都有绿色文化的护航,企业才会实现永续经营,长盛不衰。企业既有的生产之后就不管后续消费的观念逐渐被抛弃,越来越多的企业将供应链扩展到消费者,把对环境保护的需求,贯彻到企业的整个经营活动中。这直接关系到人类的长久健康发展。

绿色文化作为企业文化的基础,是为了人类更好地生存和发展而进行的设计,人与自然、人与人,人自身的和谐是绿色文化的关键词。绿色文化将作为企业经营管理的长期指导思想,渗透到企业经营的方方面面,绿色企业是企业绿色责任的担当者,在企业绿色文化的熏陶下,企业最重要的绿色营销就是以满足消费者的绿色环保需求为动力,体现员工、企业、生态和社会可持续发展的经营发展模式,不断锻造绿色经营模式的灵魂。

第三,在政策措施层面,制定相关奖惩企业的措施,体现企业在绿色责任方面的担当。在实践中,不断完善相应的政策和制度,鼓励企业承担可持续发展的社会责任。政府做好企业发展的引导作用,发挥政府政策的指导作用,对企业的绿色决策起着重要的影响。为了实现可持续发展,环境资源保护政策的强化执行是政府追求经济效益的前提,只有在这个前提下,才有可能推出实施可持续发展的产业政策、区域政策和财政金融政策、贸易政策,实现多方面的有效结合。企业的绿色责任心越强,企业的可持续发展行为就能得到更多政策的鼓励和政府的认同,反过来,政府的支持和认同更加提高企业承担可持续发展社会责任的积极性。在具体做法上,如建立企业的环境信息披露制度,并对环境信息披露的真实程度、详细程度和披露方式进行适当规范,激励企业承担社会责任;完善国际认可的环境质量管理体系,规范企业环境管理制度等。

未来中国的经济发展将继续保持高速发展,中国已意识到必须在资源枯竭、环境污染等问题上加大投入,才能实现发展的可持续。在如何提高能源使用效率,提高可持续能源的比重等方面,都需要企业的绿色责任意识加强,比如,由于二氧化碳排放的加速,企业对气候的变化负有关键责任。在排放的标准和准入条件上,未来更需要在管理效率和机制上提高对气候的变化适应力。再比如,在税收和投资上,对能源效率、碳排放标准等给予大力支持。对新批企业设立较高绿色进入门槛;在企业干部考核上,加大企业绿色责任的相关考察;制定相关的指标体系和评估体系,加大指标体系里相关指标的权重;等等措施的制定和落实是政府和企业打造绿色的现代企业制度的急迫要求。

第四,推动非政府绿色组织(NGO)建设,促进企业的绿色责任担当。现代社会发展的一大趋势就是社会的自治程度加大。民众的环保意识的不断觉醒是绿色企业发展的动力。社会自治组织在对企业绿色发展上进行了有效的监督和促进。NGO的一个优势在于,它不带有盈利的目的,而是对社会的健康可持续发展抱有十分重要的关怀和忧患之情。它是从公众和消费者的角度对企业进行监督和引导,填补政府政策空白的地带,补充政府不能做的事情,特别是一些在政府视野之外的基层民众的具体问题,比如,它可以通过举行环境保护演讲、展览、演出、情报交流、学术研究义务活动等各种群众性活动,及时获取民众的心声,搭建企业与民众沟通的平台,使全社会的可持续发展观念和企业的绿色责任意识得到加强。目前,中国社会已自发出现很多非政府组织,如,北京的自然之友、北京地球村等,它们组织宣讲活动、出版宣传册子、设立环境保护基金;有的 NGO 还可以代表民众起诉违反环保的企业行为,建立环保指标,捍卫公众的环境权益;还定期公布环保调查数据报告,对人类生存的所依赖的能源、空气质量、水污染、野生动植物保护等环境问题进行及时分析报告,督促企业承担可持续发展社会责任,为企业提供可资借鉴的做法和目标,这些 NGO 获得很好的社会影响和社会反响。

非政府组织在环境保护方面起到了有目共睹的作用,特别是在敦促企业的绿色意识提升上,效果明显。这一引入第三方的思路是未来企业在可持续发展上的基本路径。必须指出的是,企业的绿色责任绝不仅仅是企业的环保意识,它同样是大众的集体意识,企业的绿色意识必须在一个充满绿色环保意识的社会氛围里才能得到完全的实现。

在环境伦理意识逐渐加强的现代社会背景下,从学理到实践都需要去深入探讨,寻找问题,提出建议,把企业的绿色责任意识渗透到企业发展的每一个环节。

(姜晶花,原载于《学习与探索》2013 年第 11 期)

当代西方美德伦理复兴的缘起：
一种元伦理学的视角

改革开放后不久，肇始于20世纪中叶的西方美德伦理复兴就迅速引起了我国学界的极大兴趣。"形成这种状况的直接原因看似来自国内学人对西方当代美德伦理的关注，但实际上更真实而自然的原因则是中国当代道德生活世界的急剧变化和我们自身文化精神的内在急需。"[①]此外，美德伦理的理论形态与儒家传统文化的伦理精神更是在某种程度上不谋而合，似乎与我们有一种"天然的"亲近感。在这一过程中，人们通常认为，西方美德伦理的复兴之路在很大程度上得益于学者们对现代性的反思，得益于他们对规范伦理的批判，尤其是对功利主义的批判。这种看法不无道理，并且能够较为清晰地刻画出伦理学发展在西方的大致进程。但本文想要指出的是，当代美德伦理的复兴过程与元伦理学同样有着极其重要的关联。

众所周知，当代美德伦理复兴的标志被公认为英国哲学家安斯库姆(G.E. Anscombe)于1958年发表的重要论文《现代道德哲学》(Modern Moral Philosophy)。在该文中，安斯库姆采用了一种历史的观点对现代道德哲学进行了独创性的、深刻的批评，并最终影响了麦金泰尔等许多学者。毫无疑问，即便不考虑任何文本的内容，也没有人会怀疑安斯库姆本人深受分析哲学与元伦理学的影响。因为当她在剑桥与牛津的那个时代，那里的哲学家们，如摩尔、黑尔、罗素、维特根斯坦等人都将大量精力放在了分析哲学与元伦理学之上，而这种重分析的学术进路也一直延续到今天。

但本文的工作主要是试图揭示元伦理学的具体观点如何影响安斯库姆，并促使她反思道德哲学，进而引发了美德伦理的复兴。其中，在笔者看来，这些观点主要有三个方面，分别是：情感主义对道德心理的界定、摩尔对自然主

---

① 万俊人：《美德伦理如何复兴？》，载《求是学刊》2011年第1期。

义谬误的界定,以及黑尔通过道德语言对伦理学的界定。相应的,安斯库姆在不同的文本中,分别针对这三种观点进行过反思与批判。

一、道德心理学

在《现代道德哲学》的开篇,安斯库姆说道:"目前,研究道德哲学对我们而言是难有所获的,我们应当把它放在一边;除非我们有一种充分合理的心理哲学,而这正是我们明显欠缺的。"[①]显而易见,在她看来,心理哲学对于道德哲学的研究是奠基性的、至关重要的先决条件。缺乏有效的心理哲学,就无法研究道德哲学。

当时,心理哲学或道德心理学的相关议题在元伦理学中占据着非常重要的地位。因为它们不仅要探究包括道德判断(moral judgement)在内的心灵状态到底如何形成,而且还要讨论这些心灵状态是否描述或反映了外在的客观世界。除此之外,道德心理学还要讨论道德的心灵状态是否能够成为道德行动的内在动机或直接诱因,这也就是道德领域的心身互动问题。而在20世纪50年代时期,元伦理学内部最为盛行的一种心理哲学就是情感主义(emotivism),其主要代表人物有艾耶尔(A. J. Ayer)与斯蒂文森(Stevenson)等。

简单地说,艾耶尔认为只有分析(analytic)命题与综合(synthetic)命题才有意义,因为根据他的"可证实原则"(Verifiability Principle),只有这两种命题才能辨别真假。或者说,只有这两种命题具有真值,具有适真性(truth-aptness)。而伦理命题既不是分析命题,亦不是综合命题,而"仅仅是情感的表达,既不为真又不为假"[②]。所以,"杀人是错误的"最多相当于"杀人,我呸!"。

斯蒂文森则从其他方面论证了情感主义,他有两个观点较为重要:(1)道德争论的本质。他认为,我们每个人原本所持有的态度(attitude)在道德争论中扮演着重要的角色,态度决定了我们在讨论道德问题的时候会考虑何种信念(beliefs),因而"把道德问题同纯科学问题区分开来的,主要就是态度分歧"[③]。(2)道德动机的本质。斯蒂文森根据休谟对于动机的解释,证明了道德判断与信念不是同一回事,这主要分三步:首先,休谟认为,单独的信念并不

---

① G. E. M. Anscombe: Modern Moral Philosophy, in Ary Geach, Luke Gormally (eds), Human Life, Action and Ethics: Essays by G.E.M. Anscombe, Imprint Academic, 2005, p169.

② A. J. Ayer: Language, Truth and Logic, Dover Publications, INC, 1952, p103.

③ [美]查尔斯·L.斯蒂文森:《伦理学与语言》,姚新中、秦志华等译,北京:中国社会科学出版社1991年版,第18页。

会激发我们的行动,我们必须要有欲望(desires)。其次,斯蒂文森认为,道德判断自己就能够激发我们的行动。最后,由于信念不能单独成为行动的动机;道德判断能够成为行动的动机;因而,道德判断不是信念。于是,斯蒂文森也就将道德判断与事实判断区分开了。

由上可见,按照他们对道德动机或道德心理的解读方式,道德知识就难以避免地被还原为一种情感的表达。在元伦理学中,包括情感主义在内的"非认知主义"(non-cognitivism)都否定了道德哲学的客观性,并前所未有地对实践的道德哲学的合法性地位构成了严峻的挑战。

因此,安斯库姆如果不能提供一种取代情感主义的道德心理学,那么她也就无法为道德哲学找到坚实的根基,或许这也就不难理解她为何在《现代道德哲学》的开篇就如此强调心理哲学的重要性了。实际上,安斯库姆早已开始关注道德动机或行为动机,在1957年,她就已经出版了著名的《意向》(Intention,或译"意图")一书。按照安斯库姆女儿的说法,该书源自她的一系列课程,而该课程则源自她反对牛津大学授予杜鲁门名誉学位之后所引发的社会争论。

在该书中,安斯库姆创造性地提出了意向的概念,并重新解释了人类行动的理由。她当时已然提出了一个非常重要的观点,叫作"不用观察就知道的知识"(non-observational knowledge)。安斯库姆认为,人类行动的意向实际上离不开这种知识,但人们却没有注意到它。如果要了解这种不用观察就知道的知识,我们就需要研究古典哲学和中世纪哲学所遗留在人们心中的那些实践知识、实践推理与实践智慧。用一种不精确的说法来理解就是,我们看似主观的意向都要受到潜意识的影响,而这个潜意识其实是历史留在我们心中的实践知识与实践智慧。因而,她在书中就提出了一个至关重要的问题:"有没有可能是近代哲学全然误解了某种东西,即古代和中世纪哲学家们所谓的实践知识呢?"[①]

因此,在笔者看来,安斯库姆对现代道德哲学的批判,或许早已在《意向》中留下了线索。人类行动的动机并非一个纯粹主观的东西,而是我们在历史留下的背景知识中所进行的一种有理由的选择。换言之,通过"不用观察就知道的知识",该书至少在某种程度上摆脱了把人类动机视为主体情感的非认知主义。因为纵使知识没有被观察到,它仍然是客观的,不以主体的意志为转移。虽然之前的心理哲学未能给出令人满意的答案,但这条道路是可行的,这也就是安斯库姆选择的道路。显然,这个观点亦是对道德非认知主义的直接拒斥。

[①] [英]G.E.M.安斯康姆:《意向》,张留华译,北京:中国人民大学出版社2008年版,第60页。

总之,情感主义对道德动机的解读将道德哲学排除在知识体系之外;若要重新确立道德哲学的合法性地位,就必须给出一种新的心理哲学,消解情感的相对性与主观性。反观安斯库姆,我们可以发现,她通过引入意向与不用观察就知道的知识,揭示了行为动机背后的古典哲学与中世纪哲学遗留下来的实践知识,从而保障了意向的客观性。而在此后的研究中,安斯库姆也始终都在追问着人类行动与实践的理由,并试图给出更加清晰的解释。以上是从主体的道德动机层面说明元伦理学对安斯库姆的影响;另一方面,即从客体的道德事实来看,安斯库姆同样回答了元伦理学提出的一个重大问题,即事实与价值的二分。

二、自然主义谬误

安斯库姆同样十分重视对"自然主义谬误"(Naturalistic Fallacy)的回应与批判。除了《现代道德哲学》一文之外,她还曾经在《论显白事实》(On Brute Facts)中专门论证过这一点。"自然主义谬误"是摩尔的核心论点之一,简言之,他认为"善"是单纯的、不能分析的概念,因而无法被定义,道德属性并不能还原为自然属性或其他任何属性。于是,任何试图以其他属性定义"善"的行为都犯了自然主义谬误。可是,这个名称会让人误解,误以为它是指以自然属性去界定道德属性,但摩尔反对的却是以所有其他属性(包括自然属性与所有其他的非自然属性)去界定"善"。

"自然主义谬误"的影响在伦理学界是深远的,其中最重要的一点是它进而引出了事实(facts)与价值(values)的二分或隔阂。但实际上,摩尔并不承认这个隔阂,因为他本人认为价值就是事实,两者是同一的,并认为我们获得规范事实的方法是通过直觉。也正因此,摩尔的元伦理学也被称为一种直觉主义。但无论怎么说,自然主义谬误的提出都使得此后的道德哲学家再也无法回避事实/价值的二分问题。

而安斯库姆在回应这个观点之时,并非直接回应摩尔,而是回应更早的由休谟提出的"是与应该"问题。休谟认为,从一个描述性的(descriptive)前提出发,我们无法推论出一个规范性的(normative)结论。但正如普特南所说,休谟对事实和价值的理解其实与现代人的理解并不相同,"休谟的意思是,当一种'是'判断描述一个'事实内容'时,那就无法从中导出'应当'判断"[①]。换句

---

① [美]希拉里·普特南:《事实与价值二分法的崩溃》,应奇译,北京:东方出版社2006年版,第16页。

话说,休谟更强调的是推理过程中的问题:假如论证的前提之中不包含"应该",那么结论之中就不可能包含"应该"。

针对这样的观点,安斯库姆则认为,休谟提出的"是"与"应该"问题其实包含着几个不同的层面,而她主要关注的是两个:(1)休谟"否定从'是'推出'应该'",意味着否定从'是'推出'亏欠'(owes)";(2)它还同样意味着否定"从'是'推出'需要'(needs)"①。换言之,"应该"含有多个层面的意思,包括"亏欠"和"需要";但假如我们能从"是"推出"亏欠"或从"是"推出"需要",就意味着我们在某种程度上从"是"推出了"应该"。对此,我们分别来看:

其一,"是"与"亏欠"。安斯库姆认为,我们对事实的描述依赖一定的语境(contexts)或背后的制度(institutions)。通常情况下,事实描述都不充分,"彻底全面地描述所有的环境,完全就没有这么一回事"②。比如,就以下两个行为而言:(1)杂货商把一袋土豆扔到我家门口之后走了;(2)杂货商提供或销售给我一袋土豆。前者是被经验观察到的事实,后者中的"提供"或销售是无法被经验观察到的。但在一定的商业制度背景之下,我们就能说明杂货商是销售给我了一袋土豆,这是一个事实。相较于"杂货商销售给我一袋土豆"而言,"杂货商把一袋土豆扔到我家门口之后走了"是一个显白的事实(brute fact)。同样,相较于"我亏欠杂货商多少钱"而言,"杂货商销售给我一袋土豆"是一个显白的事实。何种事实更显白是相对而言的,而它们是否为事实的关键在于背后的语境与制度。

其二,"是"与"需要"。假如下午一点半上课,你需要一点之前从床上爬起来;假如你想要购买那个价值一百万的别墅,你需要一百万的金钱。可见,"需要"和目的相关。没有目的,就没有相应的需要。有人说,我就是需要呼吸空气,但背后目的还是想要活着;假如你不想活着,你就不需要呼吸空气。然而,事实上,你的需要还与你的身体机能(事实)相关。你需要补充钙和维生素,不仅依赖你想要健康这个目的,而且要依赖你的身体是如何构造的这个事实。所以,通过科学研究发现了我们的肉身是什么,就能知道我们要想健康时需要什么。向日葵是一朵花,就能推出向日葵需要阳光。

由上可见,通过"亏欠",安斯库姆再次强调了语境与制度的重要性;通过

---

① G. E. M. Anscombe: Modern Moral Philosophy, in Ary Geach, Luke Gormally(eds), Human Life, Action and Ethics: Essays by G.E.M. Anscombe, Imprint Academic, 2005, p171.

② G. E. M. Anscombe, "On Brute Facts", Analysis, 1958(3).

"需要",安斯库姆则在某种程度上强调了古希腊对人本质或灵魂的理解。这与她在《意向》中对道德心理的解读其实是异曲同工的。换言之,前面所提到的"不用观察就知道的知识"和这里的语境、制度都可以视为决定道德客观性的重要因素,它们在现实生活中都没有被直接提及,而是隐藏在道德动机与道德行为的背后。可见,这两点都是安斯库姆对元伦理学的回应,同时也都为安斯库姆对现代道德哲学的批判奠定了基础。最后,我们再来看元伦理学与分析哲学对现代哲学提出的另一个挑战,即语言分析的问题。

三、道德语言

相较于以上两个批判,安斯库姆对黑尔的道德语言所进行质疑则更加直接,也更具有戏剧性的效果。1957年,安斯库姆在英国BBC电台做了一个不太出名的演讲,题为"牛津道德哲学家败坏了年轻人吗?"该演讲后来也刊登在了BBC著名的报刊《听众》(The listener)上。在该文开篇,安斯库姆写道:"存在问题的道德哲学,就是与语言分析(linguistic analysis)有关的那种,它在英语世界有不同的倡导者。它们并非是聚集在一起的一整坨,但从外部来看,它们却十分相似。它们中的任何一个都不具有优先地位,却彼此相关,就像是同一起源的不同衍生物。牛津现在就有这种哲学形式,而这正是牛津最新的道德哲学,也是我在这里关注的对象。"[①]

牛津最新的道德哲学正是黑尔所提出的道德语言理论。虽然黑尔与安斯库姆都反对艾耶尔与斯蒂文森等人的观点、反对情感主义;但黑尔认为,"伦理学乃是对道德语言的一种逻辑研究"[②]。因而,黑尔反对从心理哲学的层面理解伦理学,而认为只有道德语言才是伦理学的研究对象。因为主体的心理始终是特殊的、个别的,而规范意义上的道德语言才具有普遍性。于是在黑尔那里,对伦理学的研究就完全被还原为对道德语言的分析。

与之相反,安斯库姆则极其重视心理哲学对于道德哲学的奠基性作用,所以她显然对黑尔的这种理解并不满意。虽然她并不认为以黑尔为代表的牛津道德哲学家们能够败坏青年人的心灵,但这并非是一种表扬。因为在安斯库姆看来,败坏青年人意味着青年人学习了道德哲学之后会变得更坏,但她认为,他们学不

---

① G.E.M. Anscombe: Does Oxford Moral Philosophy Corrupt Youth, in Ary Geach, Luke Gormally(eds), Human Life, Action and Ethics: Essaysby G.E.M. Anscombe, Imprint Academic, 2005, p159.

② [英]理查德·麦尔文·黑尔:《道德语言》,万俊人译,北京:商务印书馆1999年版,前言。

学黑尔的道德哲学都一样,根本没有任何区别。或许,对于作为实践哲学的伦理学来说,安斯库姆对黑尔的指责比批判它败坏青年人要更加严重。她认为,像柏拉图的正义观念等理论到了黑尔他们这里,都将变成谬误。"正义"这样的概念在他们眼里都是含混不清的,而他们所传授的责任观念和社会常识也没有什么区别。

由上可见,安斯库姆对黑尔的元伦理学,尤其是对语言分析的道德哲学存在着不满,但她仍在《现代道德哲学》之中简单地处理了一些道德语言的问题。在她看来,现代道德哲学所使用的"道德责任"(moral duty)或"道德义务"(moral obligation)等概念都需要被抛弃;如果我们要更加清晰地表达道德命题,最好使用"不诚实"(untruthful)、"不贞洁"(unchaste)、"不公平"(unjust)等语言,去替代"道德错误"(morally wrong)等概念。比如:就撒谎而言,我们说它是一个"不诚实"的行为,比说它是一个"不道德"的行为,就要清晰许多。因为有人会质疑撒谎到底是否道德,但没人质疑撒谎是一个欺骗他人的不诚实的行为。于是,仅仅通过语言或概念的替换,许多道德难题就迎刃而解了。

换言之,安斯库姆认为黑尔的道德语言研究是完全无效的,因为它对于伦理或道德世界无法产生任何影响。虽然她也会探讨语言或概念,但她的目的并非关注道德语言本身,而是关注道德语言背后的历史语境,因为我们只有在历史语境中,才能把握道德语言的真正含义。而这也正是安斯库姆批判现代道德哲学的重要一环。

四、批判与复兴

因此,安斯库姆从道德心理学、自然主义谬误与道德语言三个方面对元伦理学的批判,似乎都围绕着一个核心的要点:我们要诉诸道德动机、道德事实和道德语言背后的语境,我们要诉诸人类生活背后那些未经观察到的、历史遗留下来的制度与知识。而这一点恰恰是安斯库姆对现代道德哲学最深刻的批判,也是诱发美德伦理复兴的核心思想。

安斯库姆认为,任何一个阅读过亚里士多德伦理学与现代道德哲学的人,都会发现两者之间存在的巨大差异。在亚里士多德那里,构成骨架式的或奠基式的伦理概念"在现代语境中似乎是缺乏的,或至少是隐而不显的,或者只是在遥远的幕后起作用"。[①] 那么,这到底是怎么发生的呢?"答案存在于历史

---

① G.E.M. Anscombe: Modern Moral Philosophy, in Ary Geach, Luke Gormally(eds), Human Life, Action and Ethics: Essays by G.E.M. Anscombe, Imprint Academic, 2005, p169.

之中：在亚里士多德和我们之间出现了基督教，以及与之相伴的强调律法概念的伦理学"①。换言之，"责任"或"义务"等概念意味着我们要遵守规范、遵守神圣的律法，律法之所以存在就必须要有其权威的立法者；而当我们丢弃了中世纪的"神圣立法者"等概念之后，"道德"概念就变得不再清晰了。

正是基于这种极具革新性的理解方式，安斯库姆对现代道德哲学进行了深刻的批判。如上所述，安斯库姆在处理行为动机时引入了"意向"与"不用观察就知道的知识"，这一方面回应了元伦理学的情感主义，另一方面则强调了近代哲学误解了古典与中世纪哲学家们所提出的实践知识。她在处理"是/应该"问题时引入了"亏欠"与"需要"，这一方面回应了自然主义谬误与事实/价值二分，另一方面则强调事实所依赖的语境与制度。此外，她还着重批判了道德语言分析的研究方式，并始终着眼于道德心理与道德行动的研究；虽然她也简单处理了道德语言问题，但她仍然是强调这些术语已经丢失了它们所存在的历史语境。显然，这三个方面都与她的极具革新性的理解方式密切相关。

可见，正是面对元伦理学关注的这些核心问题时，安斯库姆找到了现代道德哲学的弊病，并开始了美德伦理复兴之路。就此而言，麦金太尔的思想就深受安斯库姆的影响。在《追寻美德》的开篇，麦金太尔也明确地说："我们所拥有的就只是一个概念构架的诸片断，并且很多已缺乏那些它们从中获取其意义的语境。"②而通过麦金太尔的著作，通过他对情感主义的批判、对于事实与价值问题的回答等，我们可以再次看到元伦理学在当代西方美德伦理复兴过程中所起到的重要作用。

除了麦金太尔之外，安斯库姆的思想显然还影响到了许多其他哲学家。按照纳库尔·克里希那(Nakul Krishna)的说法，"安斯库姆的思想最主要影响了两个人：一个是麦金太尔，他继承了安斯库姆对现代哲学的批判，并将其拓展到对整个西方文化的批判；另一个是科拉·戴蒙德(Cora Diamond)，她按照安斯库姆的思路，进而指出了现代生活中'概念丢失'的问题"。③ 但是，戴蒙德似乎并没有走向美德伦理复兴的道路。她主要研究了现代道德哲学家如何看待丢失的概念，并认为我们所丢失的概念其实在某种程度上得到了补偿，或者

---

① G.E.M. Anscombe：Modern Moral Philosophy，in Ary Geach，Luke Gormally (eds)，Human Life，Action and Ethics：Essays by G.E.M. Anscombe，Imprint Academic，2005，p175.

② ［美］A.麦金太尔：《追寻美德：道德理论研究》，宋继杰译，南京：译林出版社 2003 年版，第 2 页。

③ 纳库尔在剑桥大学 2017 年 Michaelmas 学期"Schmilosophy"研讨小组第四周的发言。

以另一种方式回归到了我们的现代生活之中。

  总而言之，我们有时习惯于把美德伦理、规范伦理与元伦理学等并列论述，进行横向的比较；但在纵向上看，西方道德理论有其自身的历史，而这也就意味着它们有着内在的起承转合与千丝万缕的联系，这值得引起我们的重视。或许，西方美德伦理学的复兴应被视为对现代元伦理学的一种扬弃，而无视元伦理学，就难以明晰当代西方美德伦理学的研究成果。或许，正是元伦理学中的重要议题促使安斯库姆反思规范伦理与元伦理学的不足，并试图寻求新的出路。而她之所以能够形成自己这种独特的评价现代道德哲学的方式，却主要基于她所持有的天主教信仰，抑或她的亚里士多德—托马斯·阿奎那主义的深层立场。因此，元伦理学理论无疑是现代西方道德哲学研究的基础之一；但是，从安斯库姆对元伦理学的不满之中，我们也能在某种程度上看到其局限性所在。

            （陶涛，原载于《伦理学研究》2018年第3期）

论共享发展的内在张力及合理调适

社会发展总是存在各种张力现象,共享发展过程同样具有其内在的张力。社会主义共享发展之路没有现成的经验照搬、没有具体的模式套用,只能在实践中摸索前进。因此,推进共享发展不可能一帆风顺,必定呈现曲折的发展进程。科学认识共享发展内在张力的本质特征、价值功能以及具体的张力形态,并在此基础上为张力确立合理的边界并不断进行调适,以充分发挥张力的积极效应、尽可能降低或避免其消极效应的产生等这些问题,对于减少或避免共享发展中的曲折或挫折具有重要意义。

一、共享发展内在张力的内涵及其价值意蕴

在共享发展中,存在各种张力现象。"在社会发展的过程中,往往存在着这样一些矛盾:矛盾的两端不可或缺而又无法均衡,总是处于一种'此消彼长'或'彼消此长'的相互拉拽的力量之中,并在这种相互拉拽的力量之中保持动态平衡,从而推动社会在这一动态平衡中带着某种负作用向前发展。这种状态就是社会发展的张力状态。"[1]一方面,从本质上看,各种张力现象是事物之间矛盾作用的客观体现。所谓"矛盾两端不可或缺"即意味着矛盾双方相互吸引、相互依赖的方面;所谓"此消彼长"或"彼消此长"等即意味着矛盾双方相互制约、相互作用的方面。另一方面,这种张力现象又是一种特殊类型的矛盾显现。在共享发展的一定阶段,矛盾张力的任何一端都不能完全克服另外一端,二者间也难以达到完全的平衡。矛盾两端相互拉拽、牵扯的力量既维系着适度的紧张状态,又始终保持着动态的大致平衡,从而形成一定的张力。"如果社会张力过于紧张,社会张力的张力弦就有绷断的危险,社会有序的结构关系就可能被破坏。"[2]正

---

[1] 强以华:《论社会发展的伦理张力》,载《哲学研究》2003年第12期。
[2] 夏东民:《现代化原点结构:冲突与转型》,北京:中国社会科学出版社2008年版,第73页。

是这种张力的存在及其作用的积极发挥,促使共享发展的健康、有序、持续推进。

从社会发展规律看,共享发展应该遵循人类社会发展的客观规律。张力的存在及其运行机理本身就是社会发展规律的一种显现。在共享发展中,依据矛盾变化的情势,保持张力弦处于最佳状态,促使张力达到最佳效应,就可以发挥张力的积极作用。从社会发展价值取向看,共享发展内在地包含着共享伦理。"所谓共享伦理,是一种建立在社会主义经济基础之上的,突出人民主体地位,以人民利益作为衡量是非善恶对错的最高标准的伦理价值体系,它是对以为人民服务为核心的社会主义伦理价值体系的一种更为清晰、更富有时代内涵和更具有可操作性的表达。"[①]适度的张力促使共享发展遵循共享伦理,以更加合乎伦理的方向发展,有利于加快社会的共享进程,以使得人们最终均过上和谐、美满、幸福的生活。

具体而言,合理的张力对于共享发展具有重要的价值意蕴。首先,适度的张力有利于释放全社会活力。共享发展是一个差异的均衡过程。处理好差异与均衡的内在张力,为实现全民共享而大力推进利益的均衡,可以打破僵化的利益格局,尤其是以体制机制改革破除既得利益集团的固有利益,满足民众对利益、权利的共享诉求;同时为满足人们不同层次的差异需求,不断完善社会主义市场经济促使人们公平竞争。破除僵化的体制机制和完善市场经济,有利于释放全社会的活力。其次,适度的张力有利于保持社会健康发展。共享发展以社会整体与局部的协调发展为前提。调节好整体与局部的内在张力,以局部的突破带动整体发展;同时依据社会系统、整体的运行规律,以全面共享引领全面建设,避免社会片面发展带来的消极甚至病态效应,从而保持社会健康、良性发展。再次,适度的张力有利于激发社会动力。共享发展是需求与供给的有机统一,协调需求与供给间的内在张力,以人们的共建保障充分、优质的供给,不断提升发展质量,满足人们美好生活需要,在满足消费升级的需要中激发人们参与生产的积极性,不断获得社会发展的动力;同时,以共享的有效需求带动市场,形成需求与供给间的良性循环,从而不断激发社会发展的动力源。最后,适度的张力有利于保障社会的有序运行。共享发展是公平与效率相统一的发展。科学对待公平与效率间的内在张力,尽力消除发展中的不公平现象,疏通人们在利益诉求方面的渠道,以共享缓和社会矛盾紧张状

---

① 彭柏林:《共享伦理的基本要求及其在志愿服务领域的体现》,载《伦理学研究》2017 年第 4 期。

态;同时,以效率提升为解决不公平问题以及实现更高层次的社会公平奠定强大的物质基础。公平与效率间的张力可以成为社会安全阀,从而保障社会稳定、有序运行。

总之,适度的张力既有利于遵循社会发展规律而推进"发展",又符合伦理价值目标而实现"共享",促使"共享"与"发展"相得益彰、相互促进,从而顺利推进全民共享、全面共享、共建共享以及渐进共享。

二、共享发展内在张力的主要形态

习近平指出,共享发展包含着全民共享、全面共享、共建共享以及渐进共享四个方面,这四个方面紧密相关、彼此相融,构成有机统一的整体。基于张力视角,共享发展的四个方面分别包含差异与均衡、整体与局部、需求与供给、公平与效率间的内在张力。

(一)全民共享:差异与均衡间的内在张力

从发展的主体上看,共享发展是全民共享。共享发展既需要保持差异发展,也需要追求均衡发展。就全民共享而言,存在着差异与均衡间的内在张力。

一方面,差异与均衡之间相互统一、相互促进。首先,共享发展以社会生产力持续发展为前提,差异发展为均衡发展奠定物质基础。从总体上看,均衡发展的总体水平与社会物质生产力的发展是一致的。推动生产力发展,一是立足差异发展的现状,渐进推动均衡共享。立足于我国社会主义初级阶段各区域发展不同层次之现状,因地制宜,逐步推进共享进程。二是维系差异发展的环境,更好地促进市场竞争。实践证明,社会主义市场经济是发展生产力的内在要求。坚持共享发展,要求人们在市场经济中公平的参与竞争,满足不同人群多层次的比例共享与差异发展。三是保持差异发展的特色,有利于各方面的优势互补。不同区域发展有着自己的地理资源、文化传统、民族特色等。坚持差异发展,既保持各区域或各部门的特色,又利于各自的协作发展、优势互补。总之,在鼓励人们追求差异发展过程中,促进社会生产力发展,为社会均衡发展提供坚实的物质基础。其次,共享发展内在要求均衡发展,需以"均衡"保持差异发展"度"的限定。人们在追求差异发展过程中,应保持差异发展合理的度,动态推进社会均衡发展。一是均衡发展有利于社会公正的真正实现。就共享发展而言,社会公正不是停留于抽象的口号上,而是现实地存在于均衡发展过程之中。只有均衡发展,才能防止过度差异发展带来的社会不公,进而保证全民共享。二是均衡发展有助于不断消除区域或行业的凝固性,使得经济、社会发展合乎所有人的发展需求,进而可以更好地巩固差异发展带来的经济、社会成果。三是均衡发展有助于增强对于不同人群的感召力、凝聚力,进而促使社会稳定、有序发展,反过来为差异发展赢得和谐的社会环境。

另一方面,差异与均衡之间相互矛盾、对立。差异发展的出发点是个体利益、局部利益、当下利益,而均衡发展的逻辑起点是社会利益、全局利益、长远利益。在共享发展中,若片面强调人们对物质功利、差异发展的追求,那么一部分人为尽可能获得利益,会以牺牲另外一部分人的正当欲求或整体、全局、长远利益为代价,导致不同区域、不同群体利益分享的差距拉大,尤其是强弱并存,均衡发展就无法实现。但若片面追求均衡发展,过分强调整体利益、共享利益、长远利益,而轻视或忽略各个区域、部门的正当利益,轻视或忽略人们在市场经济条件下的多样、多层次需求,必然会抑制人们积极性的发挥,最终影响均衡发展量的积累、质的提升。马克思指出,人们正是在对利益的追求过程中不断满足并提升人的生活需要。"第二个事实是,已经得到满足的第一个需要本身、满足需要的活动和已经获得的为满足需要而用的工具又引起新的需要,而这种新的需要的产生是第一个历史活动。"[1]因此,人们的需求动机一旦被抑制,经济社会发展的动力就易丧失,均衡发展的内容也最终会变为空洞无物。

相对于全民共享,需要处理好差异发展与均衡发展之间的关系。共享社会要求均衡发展,保障每个人的正当权利,满足各类群体尤其是弱势群体的实际利益。同时不得阻碍他人正当利益的获取、社会整体利益的增进。唯有如此,才能逐步推进全民共享,与全民共享的实现就处于一致的状态。反之,若片面追求均衡发展而牺牲差异发展,则社会发展就会失去内在动力,全民共享也难以实现;若片面追求差异发展而牺牲均衡发展,则会加剧利益群体的对立,极易产生社会的两极分化。这样,与全民共享的实现就处于一种对立状态。在差异发展与均衡发展关系之间,二者既相互依赖、相互促进,又相互制约、相互作用。也即任何一方无法也不能完全压制另外一方,二者间始终保持着动态平衡的相互拉拽之力。由此,处于一种内在的张力之中。

---

[1] [德] 马克思、恩格斯:《马克思恩格斯文集》(第1卷),北京:人民出版社2009年版,第531—532页。

(二) 全面共享：整体与局部间的内在张力

从发展内容上看，共享不应是社会发展成果的单一内容，而是全面的共享。全面共享以社会全面发展为前提。共享发展既要重视各个局部领域的功能，又要重视因局部间的相互联系、相互作用而形成的整体功能。就全面共享而言，存在着整体与局部间的内在张力。

一方面，整体与局部之间相互统一、相互促进。首先，全面共享以局部领域的功能发挥为前提。建设、完善好经济、政治、文化、社会、生态各个领域是全面发展、全面共享的前提。从客体角度看，社会是一个包含各子系统组成的客观的系统整体，经济、政治、文化、社会、生态每个领域都可以视为一个子系统，任何一个领域对社会全面发展、全面共享，都具有不可或缺的功能。一是经济、政治、文化、社会、生态各领域的互动作用，有利于保持社会整体的平衡与有序。社会系统是有序的系统，各个子系统的相互作用，保持着彼此的依赖与契合，推进着社会整体始终处于从有序走向无序、从无序走向有序的过程。二是经济、政治、文化、社会、生态各领域的互动作用，利于促进社会整体的不断发展。社会子系统之间相互补充、彼此协同与契合，促进社会整体处于总体上的前进、发展之趋势。其次，全面共享追求社会整体的功能效应。社会整体功能的有效发挥是各个局部领域功能发挥的根本前提。一是以社会整体功能保障局部领域功能的有效发挥。社会整体功能不是社会各结构层次、组成要素的简单相加，它具有各组成部分所没有的整体特性。各个局部是整体中的构成部分，只有在社会整体功能即全面发展前提下，才能更好地保障经济、政治、文化、社会、生态各局部领域功能的有效发挥。二是整体规制局部，整体功能状态及其变化影响着各个局部。社会系统具有"全息"现象，经济、政治、文化、社会、生态各领域的发展都要受到社会整体的制约和影响。社会全面发展对组成它的子系统具有协调、限制、平衡作用。在社会整体的控制和协调下，局部领域的发展、共享要服从社会全面发展、全面共享的总体规划和影响，不能脱离社会整体而过分的超前或滞后。

另一方面，整体与局部之间存在相互矛盾、彼此对立的方面。从客体角度而言，倘若只重视某些局部领域功能发挥，而其他领域功能未充分发挥，势必影响到社会系统的健康运行，社会整体功能就无法发挥。而一旦社会整体出现问题，局部领域的功能发挥必然会受到影响。从主体角度看，社会虽然是由个人组成的，但任何社会现象都不是个人活动和个人行为的直接总和，整体社会的合力也不是所有单个人的简单相加。参与共享发展需要社会各组成部门人员的合理匹配,并形成最佳的整体合力。但现实中,人们往往过多认可本系统、自我所在部门的重要性,认为自我系统、部门在推动共享发展中发挥着最重要的功能,因而会或多或少地轻视或忽略其他系统、部门领域的功能。若片面强调自我系统、部门的应有功能,就不可避免地同时妨碍社会其他子系统、部门功能的应有实现,由此造成整体与局部间关系的阻梗甚或割裂。由此,全面发展、全面共享的目标就难以实现。社会发展总体上遵循着不平衡的发展规律,若片面强调社会整体的稳定功能发挥,过分强调各个领域的均衡发展,轻视甚至压制某些局部领域的引领作用,尤其是轻视局部领域在改革发展中的突破功能,最终也不会利于整体的发展。只有以局部领域的突破带来社会整体发展,在整体发展中实现局部领域的突破,共享发展的质量方可全面提升,才能更好地实现人们的全面共享。

总之,相对于全面共享,社会整体与局部是一个矛盾的统一体。当处理好局部与整体的一致关系,使得局部领域的发展与社会整体相协调,社会能做到全面发展,就能保证全面共享;而当局部的发展与社会整体严重不协调,出现片面甚至畸形的发展,就难以实现全面共享。在整体与局部之间,不可否定整体的功能,也不可忽略局部的作用。二者间相互依赖、相互制约的动态关系形成一种内在的张力。

(三) 共建共享:需求与供给间的内在张力

从实现原则上看,共享发展既包含着共建、也包含着共享,是共建与共享的辩证统一。共享发展既需满足人们合理的共享需求,也要求人们共同参与社会生产以保障充分供给。就共建共享而言,需求与供给是一对矛盾统一体,存在着内在的张力。

一方面,需求与供给之间是相互统一、相互促进的。首先,满足人们利益需求,必须以共建保障社会供给。习近平提出,共建是共享的前提。一是依靠共建,保障充分供给。共享发展的前提是应拥有丰富的物质财富与精神财富,需要不同领域、多种行业、多类人群在实践活动中生产创造。习近平指出:"国家建设是全体人民共同的事业,国家发展过程也是全体人民共享成果的过程。"[①]离开了人们的协作生产,无法提供丰富的社会财富供给,共享需求就成了无源之水、无本之木。二是依靠共建,保障高质量的供给。人们的需求层次

---

① 习近平:《在庆祝"五一"国际劳动节暨表彰全国劳动模范和先进工作者大会上的讲话》,载《人民日报》2015年4月29日。

在不断提升,只有提高生产效益,不断完善供给结构,才能以多层次、高质量的供给满足人们不断提升的共享水平。其次,共享引领共建,需求对供给也有着重要的反作用。一是需求决定供给。根本而言,需求决定着供给的存在价值。凡是不能适应共享发展的生产供给,一定会失去其存在的意义而最终被抛弃。二是需求引导供给。需求引导着供给的重点和方向。一定时期,应满足人们基础性的共享需求以及部分合理的高层次需求,以需求层次的提升引领供给结构的完善。三是需求拉动供给。共享既是发展的目的,也是发展的一种手段。坚持共享发展,在促进社会公平、改善民生的过程中,通过满足人们的正当需求、引导合理需求、激发高层次需求,挖掘有效的消费潜力,有利于拉动全面的供给,提升经济社会发展的效益。

另一方面,需求与供给之间也存在对抗和冲突。共享与共建、需求与供给也会出现背离现象。首先,就供给方面来看,如果我们不能很好地以共享引领共建,无法满足人们的合理需求,就难以实现真正的共享。目前的主要问题有:一是供给不足。民生建设诸多领域的公共基础设施,贫困地区生产、消费等供给均严重不足。另外,相对于人们不断提升的共享水平,在民主、法治、文化、生态等方面也存在着供给不均与不足的问题,不能满足人们日益增长的美好生活需要。二是供给过剩。虽然有社会的供给,但供给结构不完善,低层次的供给无法满足人们多样化、个性化的消费需求,造成一定时期供给过剩,难以实现人们的全面共享。三是供给无效。现实中社会生产虽然提供了一些供给,却不一定很好地满足人们需求,甚至起着负向作用。例如,以破坏环境为代价的发展就无法满足人们对生态权益的需求,甚至阻碍了人们其他合理需求的实现。其次,就需求方面来看,如果不能很好地满足人们的共享需求,反过来也影响着有效供给的实现。人的需求满足、利益实现与发展程度是紧密相关的,"人的发展总是通过利益的维护和肯定而得到实现的。……利益被维护到什么程度,人的发展就达到什么程度"。[①] 人的需求满足、利益实现即素质、能力发展程度也影响着社会的发展状况。实践中,如果一部分人多方面的需求长期无法得到满足,其共建的素质、能力发展必然受限。这样,影响共建合力,进而影响着有效的供给保障。另外,人们的需求向更高层次发展,也影响着供给结构的完善与供给质量的进一步提升。我国不是需求不足,或没有需求,而是需求变了,供给的产品却没有变,质量、服务跟不上。有效供给能力

[①] 丰子义:《马克思主义社会发展理论研究》,北京:北京师范大学出版社 2012 年版,第 258 页。

不足带来大量"需求外溢",消费能力严重外流。解决这些结构性问题,必须推进供给侧改革。必须把改善供给结构作为主攻方向,实现由低水平供需平衡向高水平供需平衡跃升。①

相对于共建共享,需求与供给间是一对矛盾的统一体。当处理好需求与供给间的一致关系,需求和供给能做到彼此相互适应,使得市场有序运转、社会健康运行,就能保证共建与共享的相互促进;而当需求和供给出现严重不协调,相互制约、彼此作用,难以凝聚共建合力或者难以实现真正的共享,共建共享目标就无法实现。在需求与供给关系间,二者相互制约、相互作用。只有在以需求引领供给和以供给保障需求的同时作用下,方可推进共建共享。由此,二者之间始终存在着一定程度相互牵扯的紧张关系,处于一种内在的张力之中。

(四)渐进共享:公平与效率间的内在张力

从实现过程上看,共享发展是一个渐进的过程。共享发展既是对公平正义的追求,也是对发展效率的追寻。只有在效率提升的过程中,逐步实现社会公平,才能达到渐进共享之目的。就渐进共享而言,公平与效率间是一对矛盾统一体,存在着内在的张力。

一方面,公平与效率之间是相互依存、相互促进的。首先,公平正义的实现有利于提升效率。共享发展本身体现了公平正义,公平正义的实现为效率的提升提供基本动力。改革发展成果不是少部分人的专享品,每一个人都应公平享有。"如果说'共建'是'市场内公平'的话,'共享'与'共惠',则体现了'市场外公平',通过'市场外公平',实现分配领域'矫正的正义'或'补偿的正义'。"②实现社会公平,有效改善民生,既能调动、激发社会各阶层和群体生产经营的积极性和主动性,又可以促进人们增加生产和消费投入,形成拉动经济增长的稳固内需,持续的提升生产效率。其次,效率是实现公平的物质基础和制度条件。生产效率的高低决定着收入分配的内容与规模。提升生产效率,促进生产力的发展和创造更多、更好的物质与精神产品,可以为公平分配奠定物质基础。另外,就共享发展而言,社会公平包括机会公平、参与公平、分配的公平等全方位、全过程的公平,需要多方面体制、机制的保障。而体制机制的

---

① 习近平:《在省部级主要领导干部学习贯彻党的十八届五中全会精神专题研讨班上的讲话》,载《人民日报》2016年5月10日。

② 高惠珠:《论中国特色社会主义视阈中的公平与效率》,载《上海师范大学学报》(哲学社会科学版)2008年第1期。

完善也是建立在生产效率提升、社会生产力发展的基础上。因此,生产效率的提升是解决分配不公平的根本途径。

另一方面,公平与效率相互制约、相互作用。效率和公平在一定条件下也会出现冲突。效率原则不可能自发地实现公平;公平原则也并不必然会促进效率的提高。在共享发展中,若片面强调一时的公平、共享,不去追求生产效率,没有充裕的物质、精神财富的保障,就难以谈及人们发展权利的公平获得。"实现社会公平正义是由多种因素决定的,最主要的还是经济社会发展水平。"[1]另外,过分强调公平,很容易滑向平均主义,不利于市场经济价值规律作用的发挥,由此会牺牲生产效率而导致社会发展难以为继。但若片面追求生产效率,又会以牺牲社会公平为代价,导致社会发展人群的分化。从国际经验来看,经济高速增长阶段通常伴随着收入差距拉大,但收入分配格局并不会随着经济的进一步增长而自动改善。我国出现的人群分化问题与长期以来的效率优先原则有着必然的联系。

相对于渐进共享,公平与效率始终是一对矛盾,需要处理好公平与效率之间的关系。在效率提升的前提下,不断提升公平的程度,使得效率与公平都能达到较高的程度,与渐进共享就处于完全统一的状态。反之,如果以牺牲效率为代价换取公平或者以牺牲公平为代价换取效率,效率与公平之间严重失衡,既影响效率提升,也影响社会公平水平提升,这样,与渐进共享就处于完全对立的状态。正是公平与效率关系间相互影响与作用的状况,我们无法只顾及公平,也无法只注重效率。正确的做法是依据渐进共享的过程,确立效率与公平之间合理的张力。

三、共享发展内在张力合理调适的主要原则

共享发展内在张力虽然是一种客观存在,但其具有双重效应,对共享发展的进程既具有积极的促进作用,也具有消极破坏作用。在共享发展过程中,人们无法对内在张力的矛盾双方何者优先给出一个普适性的答案,只能在出现冲突的具体阶段,依据实际情形对若干内在张力进行及时的调适,合理调适应遵循以下若干基本原则。

---

[1] 中共中央文献研究室:《习近平关于社会主义社会建设论述摘编》,北京:中央文献出版社2017年版,第28页。

(一) 客观性原则

张力的存在是共享发展进程中的客观现象。社会发展不可能处于无张力状态,共享发展的过程必然贯穿着内在的张力。"世界上的各个历史时期,从来没有存在过一个绝对稳定与和谐的社会,社会矛盾和社会张力的存在,从来都是一种社会常态。"①共享发展虽然包含着社会主体的意志与目的,但张力的存在不是以人的意志为转移的。如我们不能为了实现"共享"而片面强化"均衡""整体""需求"与"公平",我们也不能为了促进"发展"而片面强调"差异""局部""供给"与"效率"。在差异与均衡、整体与局部、供给与需求、公平与效率间如果任意否定消除一方、利用矛盾的一端完全克服另外一端,导致张力弦绷断,其必然带来社会结构的失序、发展的停滞甚至巨大的社会冲突。在共享发展的一定时期,差异与均衡、整体与局部、供给与需求、公平与效率间也不可能达到完全的平衡状态,二者间一定会存在相互拉拽的适度紧张之势。那种试图可以消除某些张力的想法都是虚幻的、徒劳的,否则,会因违背规律而遭受惩罚。

因此,认识张力的客观性特征,有利于我们正确把握共享发展中张力的运行机理及其功能效应,消除非此即彼的线性思维或单纯的主观热情与愿望,在认识并利用共享发展内在张力客观运行规律的基础上科学推进共享发展。

(二) 变动性原则

社会发展中的任何张力即作为矛盾双方间相互对抗与相互吸引的力量,总是处于一种"此消彼长"或"彼消此长"的相互拉拽之中。在共享发展的整个进程中,矛盾张力双方力量对比不是恒定不变的,随着时间的推移、环境的变化、条件的改变等,双方力量对比会发生一些变化,体现为一种永恒的变动性。平衡是相对的,不平衡是绝对的。也就是说,矛盾双方由于相互作用而呈现必要的紧张状态是一个动态发展过程。

在动态平衡中达至适宜的理想状态,就会产生适度的张力,从而推动共享发展。"社会张力具有可变性的前提条件是滞后要素必须随着前行要素的不断前移而不断跟进,进而拉动原点不断跟进,这样,要素间的社会张力就会随之变化,随之弱化,在动态中保持相应的社会张力。"②如当经济发展到一定程度,随着物质水平的提升,人们对社会全面共享、对需求质量的要求也会越来

---

① 叶匡政:《社会张力也是安全阀》,载《北京日报》2016年4月18日。
② 夏东民:《现代化原点结构:冲突与转型》,北京:中国社会科学出版社2008年版,第77页。

高;当整个社会效率的提升促使经济社会发展进步,人们对社会公平权利的期盼也就越来越高。由此,认识到这种变动性,需要社会主体依据矛盾双方力量的变化,有意识地参与和适时地进行调节,以使得矛盾双方达至大致的平衡。

(三)适度性原则

张力是矛盾双方之间相互制衡、相互作用产生的力量,具有相互吸引、相互依赖的方面,也具有一定的相互对抗性。由于"社会发展的张力的两端都有价值,并且一旦某一端的价值增至某一界限,又会衍生出某种负价值,而且其价值越大往往负价值也就越大"。① 当张力两端发生冲突时,若任由张力一端力量发展或任意强化某一端力量而轻视或忽略另一端力量,其衍生的某种负价值肆意横行,内在张力的消极效应就会出现,必然产生社会发展进程的阻力。

各种张力的矛盾两端相互拉拽状况最终会作用共享发展的进程。在一定时期,当张力的负价值形成的滞后力量有可能等于或大于社会前行力量之时,共享发展的进程会出现暂时的困难、停滞、甚或回旋倒退。如我们曾为了发展经济强化了"效率"而轻视了"公平",出现社会分配扭曲、贫富差距过大等很多未预料到的连带问题,反过来也阻碍了经济发展;我们曾注重经济发展,但轻视了全面发展,却带来价值道德迷失、利益集团僵化、生态污染等不利社会发展的后果。因此,就共享发展而言,需要通过全面深化改革,运用适宜的改革策略、合理方法不断调适张力双方力量对比状态,对矛盾一方产生的时机、环境、条件等给予一定的纠偏与调整,使矛盾两端相互作用产生的张力归于合理的范围,防止矛盾两端的严重失衡。也即只有保持共享发展内在张力的适度性,才能避免张力的消极效应。

(四)人本性原则

社会发展有自身的组织运行秩序,遵循自身的运行规律,但社会发展根本目的是为了促进人的全面发展。"人民对美好生活的向往,就是我们的奋斗目标。"②引导张力发挥积极作用,同时有效避免张力消极效应最为根本的是需要遵循人本性原则。基于人本性原则,应确立一种"伦理张力"。"我们只能在承认张力始终存在的基础上,使这种张力成为合乎伦理的张力;确立'伦理张力'

---

① 强以华:《论社会发展的伦理张力》,载《哲学研究》2003年第12期。
② 习近平:《习近平谈治国理政》,北京:外文出版社2014年版,第4页。

应是处理社会发展张力的最佳选择。"①这就需要社会主体根据实际情况,设定张力两端拉拽合理的道德界限,促进社会公平正义、实现人民根本利益、满足所有人的幸福生活需求。

张力调适的人本性原则要求人们共享水平与社会发展程度达成基本一致。现实中,在差异与均衡关系之间,存在的突出问题是社会各区域发展的差异性还比较大。因此,调适的重点是更加注重利益均衡的要求,推动我国各个部门、区域的协调发展,不断缩小各区域的贫富差异。在局部与整体的关系中,突出问题是社会、生态等领域的建设还相对滞后,影响了全面建设的进程。因此,张力调适的侧重方向应确立为注重局部的短板,加强局部与整体的协同,以全面建设不断提高人们的共享质量与幸福程度。在供给与需求之间,一个突出问题是社会发展还不充分,供给的结构不完善,供给的质量还不高。现实中关注的侧重点应推动创新发展,加强生产结构的调整。在公平与效率关系之间,当下的主要问题是在对经济效率追求的同时,整个社会对公平正义关注得还不够。实践中应重点完善各项制度,保障人们应有的公平发展机会、公平发展权利、公正享有发展成果;加强政策扶持与调节,以利益调整为着眼点强化利益均衡,切实保障每个人的权利和自由。

(罗健,原载于《伦理学研究》2018年第5期)

---

① 强以华:《论社会发展的伦理张力》,载《哲学研究》2003年第12期。

后　记

　　《道德资本与社会发展》是一部集体性著作，它收录了多位学者的"道德资本"研究成果，意在全方位展示最新的道德资本理论研究现状。本书的作者信息如下（以章节先后为序）：

　　王小锡（博士，南京师范大学教授、博士生导师）
　　王露璐（博士，南京师范大学教授、博士生导师）
　　余达淮（博士，河海大学教授、博士生导师）
　　范渊凯（博士，南京财经大学讲师）
　　郭建新（南京审计大学教授）
　　尹明涛（在读博士，南京艺术学院副研究员）
　　朱金瑞（博士，河南财经政法大学教授、博士生导师）
　　刘　琳（博士，南京航空航天大学教授、博士生导师）
　　张　露（博士，江苏开放大学副教授）
　　李志祥（博士，南京师范大学教授、博士生导师）
　　张志丹（博士，上海师范大学教授、博士生导师）
　　李玉琴（博士，南京财经大学副教授、硕士生导师）
　　史慧明（博士，南京师范大学副教授、硕士生导师）
　　江　勇（南京师范大学在读博士）
　　张　振（博士，南京师范大学教授、博士生导师）
　　汪　洁（博士，南京师范大学副教授、硕士生导师）
　　涂平荣（博士，南京特殊教育师范学院教授）
　　沈永福（博士，首都师范大学教授、博士生导师）
　　张　霄（博士，中国人民大学副教授、硕士生导师）
　　夏明月（博士，上海财经大学副教授、博士生导师）
　　张晓磊（在读博士，南京师范大学讲师）

姜晶花（博士，北京科技大学副教授、硕士生导师）
陶　涛（博士，南京师范大学副教授、硕士生导师）
罗　健（博士，江苏理工大学教授）

　　本书集结了以上二十四位作者的智慧，王小锡教授、郭建新教授、余达淮教授和我一起策划了全书框架，由我进行具体的联络、组织、统稿以及定稿工作。非常感谢中国伦理学会会长万俊人教授为本书亲笔题名。在编辑出版过程中，南京师范大学出版社张春主任就全书的结构和体例提出了很多有益的意见，责任编辑秦月老师对全书的文字进行了认真的审读。

　　道德资本理论是一个非常有生命力的理论，充分发挥道德的资本功能，对于提升国民的道德素养、促进社会的繁荣发展具有非常重要的意义。本书是我们全体作者的一家之言，有很多不到之处，敬请广大读者和学界同仁多多批评赐教。

李志祥

2019 年 10 月于南京颐和公馆